国家出版基金项目
NATIONAL PUBLICATION FOUNDATION

有色金属理论与技术前沿丛书

有色冶炼镉污染控制

CADMIUM POLLUTION CONTROL OF NONFERROUS METALLURGY

闵小波　　柴立元　著

Min Xiaobo　Chai Liyuan

中南大学出版社
www.csupress.com.cn

中国有色集团
CNMC

内容简介

Introduction

《有色冶炼镉污染控制》一书基于镉污染特征及控制技术现状，围绕锌冶炼伴生镉的强化浸出与高效回收，镉污染土壤修复等，以镉源头减排与污染控制为主线，系统介绍了最新的理论与技术研究成果。全书共分为四章，分别为镉污染特征及控制技术现状、锌冶炼渣强化浸出动力学、含镉料渣清洁利用技术和矿冶区镉污染土壤化学生物联合修复技术及相应的工程案例。

本书可供从事有色冶金环境保护、重金属污染防治工作的科研人员和工程技术人员使用，亦可作为高校和科研院所研究生的教材及参考书。

作者简介

About the Author

  闵小波，男，1973 年生，博士，教授，博士生导师，享受国务院政府特殊津贴，主要研究领域为有色重金属的污染防治，包括了从重金属冶炼过程源头减排到废水回用、废渣资源化的全过程。国家重金属污染防治工程技术研究中心副主任、国家环境保护有色金属工业污染控制工程中心副主任、环境工程研究所所长。入选国家创新人才推进计划"中青年科技创新领军人才""教育部新世纪优秀人才""湖南省高校学科带头人""第十届中国环境科学学会优秀环境科技工作者"。主持国家"863 计划"项目课题、国家自然科学基金项目、国家环保公益性科研专项、湖南省科技重大专项等 10 余项。获国家科技进步二等奖 1 项，技术发明二等奖 1 项，省部级科技奖 6 项，发表论文 100 余篇；申请专利 60 余项。

  柴立元，男，1966 年生，博士，教授，博士生导师。教育部"长江学者奖励计划"特聘教授，国家杰出青年基金获得者，国家 863 计划资源环境技术领域主题专家。长期致力于重金属污染防治技术的开发、团队建设以及产业化。主持完成了国家杰出青年科学基金、国家自然科学基金重点项目、水体污染控制与治理国家重大专项子课题、国家科技支撑计划重点项目、国家 863 计划重点项目、国家环保公益科研专项、教育部新世纪优秀人才基金、教育部科研重大项目、湖南省科技重大专项等科研课题 50 余项。以第一完成人获得国家技术发明二等奖 1 项，国家科技进步二等奖 1 项，何梁何利基金科技创新奖 1 项。发表 SCI/EI 收录论文 200 多篇；获国家授权发明专利 66 项，出版教材专著 4 部、国际会议论文集 2 部。

学术委员会

总序 / Preface

当今有色金属已成为决定一个国家经济、科学技术、国防建设等发展的重要物质基础，是提升国家综合实力和保障国家安全的关键性战略资源。作为有色金属生产第一大国，我国在有色金属研究领域，特别是在复杂低品位有色金属资源的开发与利用上取得了长足进展。

我国有色金属工业近30年来发展迅速，产量连年来居世界首位，有色金属科技在国民经济建设和现代化国防建设中发挥着越来越重要的作用。与此同时，有色金属资源短缺与国民经济发展需求之间的矛盾也日益突出，对国外资源的依赖程度逐年增加，严重影响我国国民经济的健康发展。

随着经济的发展，已探明的优质矿产资源接近枯竭，不仅使我国面临有色金属材料总量供应严重短缺的危机，而且因为"难探、难采、难选、难冶"的复杂低品位矿石资源或二次资源逐步成为主体原料后，对传统的地质、采矿、选矿、冶金、材料、加工、环境等科学技术提出了巨大挑战。资源的低质化将会使我国有色金属工业及相关产业面临生存竞争的危机。我国有色金属工业的发展迫切需要适应我国资源特点的新理论、新技术。系统完整、水平领先和相互融合的有色金属科技图书的出版，对于提高我国有色金属工业的自主创新能力，促进高效、低耗、无污染、综合利用有色金属资源的新理论与新技术的应用，确保我国有色金属产业的可持续发展，具有重大的推动作用。

作为国家出版基金资助的国家重大出版项目，"有色金属理论与技术前沿丛书"计划出版100种图书，涵盖材料、冶金、矿业、地学和机电等学科。丛书的作者荟萃了有色金属研究领域的院士、国家重大科研计划项目的首席科学家、长江学者特聘教授、国家杰出青年科学基金获得者、全国优秀博士论文奖获得者、国家重大人才计划入选者、有色金属大型研究院所及骨干企业的顶尖专家。

国家出版基金由国家设立，用于鼓励和支持优秀公益性出版项目，代表我国学术出版的最高水平。"有色金属理论与技术前沿丛书"瞄准有色金属研究发展前沿，把握国内外有色金属学科的最新动态，全面、及时、准确地反映有色金属科学与工程技术方面的新理论、新技术和新应用，发掘与采集极富价值的研究成果，具有很高的学术价值。

中南大学出版社长期倾力服务有色金属的图书出版，在"有色金属理论与技术前沿丛书"的策划与出版过程中做了大量极富成效的工作，大力推动了我国有色金属行业优秀科技著作的出版，对高等院校、研究院所及大中型企业的有色金属学科人才培养具有直接而重大的促进作用。

王淀佐

2010 年 12 月

序言

镉是重要的战略性基础材料，广泛应用于颜料、涂料、电镀、镍镉电池、有色合金加工等方面。我国是全球最大的镉生产国，产量约8000t/a，占全球总产量的1/3。镉主要伴生于锌精矿中，含量一般为0.05%~0.7%，锌冶炼伴生镉的回收是我国镉生产的主要来源。因此锌冶炼行业已成为有色金属工业中最重要的镉污染源。

2011年2月，国务院正式发布《重金属污染综合防治"十二五"规划》，将镉与砷、汞、铬、铅等并列为第一类防控重金属进行重点防控。2012年国务院颁布的《湘江流域重金属污染治理实施方案》明确了湘江流域镉污染防治的三个重要方面，提出"源头控制、清洁生产、末端治理"的镉污染防治指导思想。治理和控制镉污染是湘江流域乃至国家重金属污染治理、改善民生的重大任务之一。

目前，湿法炼锌企业回收镉均采用传统的焙烧—浸出—净化液富集—火法精炼工艺。该工艺从锌电解液净化过程中得到铜镉渣、铜钴渣并从中回收镉。由于工艺流程长、过程复杂，加之镉的浸出率低，锌液净化过程中铜、镉、钴混杂，镉的走向分散，铜镉渣处理过程中镉回收率低，造成大量镉的流失与污染，对环境及居民身体健康造成严重危害。现有湿法炼锌工艺中镉随锌冶炼中间物料扩散到不同的产物、废液以及其他各种冶炼渣中，形成二次污染。2010年环保部发布了《铅、锌工业污染物排放标准》（GB 25466—2010），要求现有企业镉排放浓度小于0.02mg/L。因而，急需研发湿法炼锌过程中镉的高效富集与回收技术，以实现镉源头减排，促进行业的可持续发展。

《有色冶炼镉污染控制》一书以镉污染源、源头减排、清洁生产及末端治理为主线，系统介绍了镉污染特征、锌冶炼渣强化浸出理论与动力学、含镉料渣清洁利用技术、矿冶区镉污染土壤化学生物联合修复技术及工程案例等最新研究成果。通过改进和提升技术及装备，大力推行锌冶炼各工序的清洁生产，提高伴生镉资源利用率，实现各种重金属的源头减排，阻止镉等重金属污染物的排放，对改善区域环境质量、缓解地方资源短缺压力具有重要意义。

《有色冶炼镉污染控制》一书的出版不仅可丰富学科的基础理论，而且将推动镉源头减排技术的进步，具有重要的学术价值；含镉料渣清洁利用工程及矿冶区镉污染土壤化学生物联合修复工程的示范与推广，对我国锌冶炼的可持续发展具有重大的推动作用。

2016 年 12 月

前言 / Foreword

　　重金属污染已对我国的环境和居民健康构成了严重威胁。由于重金属污染物具有累积性和高毒性，不能通过自然界本身的物理、化学或生物方式净化降解。近年来，土壤中的重金属长期累积使得我国的"镉米""血铅"等重金属污染事件频发，每年因重金属污染造成的经济损失至少达200亿元。重金属污染已成为政府和社会公众高度关注的民生问题。镉是国家重金属污染防治规划中重点防控的五种有害毒物之一，具有代表性和针对性。治理和控制镉的污染是国家重金属污染治理及改善民生的重大任务。

　　有色金属工业是我国经济和国防建设中的支柱产业。然而，不断增长的消费需求与污染减排的矛盾日渐突出。重金属污染已成为严重阻碍有色金属工业发展的重大问题，因此，重金属污染的源头减排势在必行。镉是锌精矿中的一种伴生金属，镉的冶炼回收需要依托锌的冶炼回收技术。现有湿法炼锌过程中镉的去向分散、回收率低，造成镉随锌冶炼中间物料扩散到不同的产物、废液以及其他各种冶炼渣中，形成二次污染。湿法炼锌过程中镉的高效富集与回收技术以及镉污染土壤综合治理技术，可实现镉的源头减排和土壤中镉的高效治理，促进锌冶炼行业的可持续发展。

　　本书第一、二章由闵小波、王云燕、柯勇、梁彦杰、柴立元编写；第三章由杨建广、郑诗礼、何静、闵小波编写；第四章由郭朝晖、杨志辉、张望、黄顺红、柴立元编写，全书由王云燕统稿，闵小波、柴立元审定。

　　本书的研究工作得到了湖南省科技重大专项［2012FJ1010 湘

江流域镉污染控制关键技术研究与示范]的资助，在此表示感谢。另外，还要感谢团队成员史美清、唐崇俭及研究生张纯博士、张建强硕士等为本书所做的贡献。书中所引用文献资料统一列在参考文献中，部分做了取舍、补充或变动，而对于没有说明的，敬请读者或原资料引用者谅解，在此表示衷心的感谢。

由于作者水平所限，书中疏漏在所难免，敬请读者批评指正。

目录 / Contents

第一章　镉污染特征及控制技术现状 ·· （1）

1.1　镉资源分布 ·· （1）
1.2　镉污染源及形态分布 ·· （4）
　1.2.1　镉污染源 ·· （4）
　1.2.2　镉污染分布 ·· （5）
　1.2.3　镉污染特征 ·· （6）
　1.2.4　镉形态转化 ·· （7）
1.3　锌冶炼过程镉的存在形态 ·· （8）
　1.3.1　焙烧阶段镉存在形态 ·· （8）
　1.3.2　常规中性浸出阶段镉存在形态 ·· （8）
　1.3.3　热酸浸出阶段镉存在形态 ·· （9）
1.4　锌冶炼过程镉源头减排与污染控制技术现状 ·································· （9）
　1.4.1　锌冶炼过程镉富集与减排研究现状 ······································ （9）
　1.4.2　含镉料渣清洁利用技术研究现状 ······································· （10）
　1.4.3　镉污染土壤修复技术研究现状 ··· （12）

第二章　锌冶炼渣强化浸出动力学 ·· （14）

2.1　锌冶炼中浸渣矿物学特征与浸出特性 ·· （14）
　2.1.1　锌焙砂矿物学及理化特征 ··· （14）
　2.1.2　中浸渣矿物学及理化特征 ··· （17）
　2.1.3　中浸渣浸出特性 ··· （21）
2.2　铁酸锌镉二氧化硫还原分解机制及动力学 ···································· （25）
　2.2.1　铁酸锌镉的理化性质 ··· （25）
　2.2.2　铁酸锌镉二氧化硫还原浸出理论 ······································· （27）
　2.2.3　铁酸锌镉浸出过程特征 ··· （33）
2.3　中浸渣还原浸出特征及镉浸出动力学 ·· （46）
　2.3.1　中浸渣还原浸出工艺特征 ··· （47）
　2.3.2　中浸渣还原浸出过程特征 ··· （52）
　2.3.3　中浸渣镉还原浸出动力学 ··· （55）
　2.3.4　还原浸出渣理化特征 ··· （63）

2.4 中浸渣活化强化浸出及沉铁 ⋯⋯⋯⋯⋯⋯⋯⋯⋯⋯⋯ (65)
  2.4.1 球磨活化对中浸渣理化特征的影响 ⋯⋯⋯⋯⋯ (65)
  2.4.2 机械活化渣还原浸出过程特征 ⋯⋯⋯⋯⋯⋯⋯ (70)
  2.4.3 还原浸出液沉铁过程特征 ⋯⋯⋯⋯⋯⋯⋯⋯⋯ (80)

第三章 含镉料渣清洁利用技术 ⋯⋯⋯⋯⋯⋯⋯⋯⋯⋯⋯ (91)

3.1 含镉料渣强化浸出过程特征 ⋯⋯⋯⋯⋯⋯⋯⋯⋯⋯ (91)
  3.1.1 含镉料渣表面复合膜层破坏机制 ⋯⋯⋯⋯⋯ (91)
  3.1.2 多金属含镉物料强化浸出 ⋯⋯⋯⋯⋯⋯⋯⋯ (92)
3.2 富镉液非均匀电场高效提镉技术 ⋯⋯⋯⋯⋯⋯⋯⋯ (117)
  3.2.1 富镉液非均匀电场提镉工艺基础 ⋯⋯⋯⋯⋯ (117)
  3.2.2 非均匀电场高效提镉工艺 ⋯⋯⋯⋯⋯⋯⋯⋯ (119)
  3.2.3 非均匀电场高效提镉工业应用 ⋯⋯⋯⋯⋯⋯ (132)
  3.2.4 提镉装置的工业化设计与运行 ⋯⋯⋯⋯⋯⋯ (141)
  3.2.5 含镉料渣清洁处理与资源利用工程案例 ⋯⋯ (142)

第四章 矿冶区镉污染土壤化学生物联合修复技术 ⋯⋯⋯ (148)

4.1 水口山矿冶区土壤镉污染边界及其功能定位 ⋯⋯⋯ (148)
  4.1.1 示范研究区概况 ⋯⋯⋯⋯⋯⋯⋯⋯⋯⋯⋯⋯ (148)
  4.1.2 布点采样 ⋯⋯⋯⋯⋯⋯⋯⋯⋯⋯⋯⋯⋯⋯⋯ (148)
  4.1.3 分析测试与评价方法 ⋯⋯⋯⋯⋯⋯⋯⋯⋯⋯ (153)
  4.1.4 矿区土壤中镉污染边界 ⋯⋯⋯⋯⋯⋯⋯⋯⋯ (154)
  4.1.5 典型区域镉结合形态分布特征 ⋯⋯⋯⋯⋯⋯ (159)
4.2 土壤中镉的化学阻隔材料 ⋯⋯⋯⋯⋯⋯⋯⋯⋯⋯⋯ (160)
  4.2.1 土壤中镉化学固定材料的筛选、改性与复配 ⋯ (160)
  4.2.2 土壤中镉化学固定技术参数 ⋯⋯⋯⋯⋯⋯⋯ (164)
  4.2.3 土壤铅镉固定剂 – 多羟基磷酸铁的制备及改性 ⋯ (168)
  4.2.4 化学固定技术对土壤镉化学形态转化的影响 ⋯ (173)
  4.2.5 化学固定技术对土壤中镉稳定性效果评价 ⋯ (175)
  4.2.6 模拟酸雨条件下土壤铅镉的释放特征 ⋯⋯⋯ (177)
4.3 矿冶区镉污染土壤化学 – 植物联合生态修复新技术 ⋯ (179)
  4.3.1 化学固定修复工艺 ⋯⋯⋯⋯⋯⋯⋯⋯⋯⋯⋯ (179)
  4.3.2 镉污染土壤植物修复技术 ⋯⋯⋯⋯⋯⋯⋯⋯ (186)
  4.3.3 化学强化作用下镉污染土壤植物组合修复技术 ⋯ (213)
4.4 矿冶区镉污染土壤化学 – 植物联合生态修复工程案例 ⋯ (219)
  4.4.1 工程基本概况 ⋯⋯⋯⋯⋯⋯⋯⋯⋯⋯⋯⋯⋯ (219)
  4.4.2 工程土壤重金属污染调查 ⋯⋯⋯⋯⋯⋯⋯⋯ (219)
  4.4.3 工程建设技术方案 ⋯⋯⋯⋯⋯⋯⋯⋯⋯⋯⋯ (229)

参考文献 ⋯⋯⋯⋯⋯⋯⋯⋯⋯⋯⋯⋯⋯⋯⋯⋯⋯⋯⋯ (238)

第一章 镉污染特征及控制技术现状

镉是银白色有光泽的金属,熔点320.9℃,沸点765℃,密度8650 kg/m³,有韧性和延展性。镉在潮湿空气中缓慢氧化并失去金属光泽,加热时表面形成棕色的氧化物层,若加热至沸点以上,则会产生氧化镉烟雾。镉是锌冶炼工业过程中的副产品,可用多种方法从含镉的烟尘或镉渣中获得金属镉,进一步提纯可用电解精炼和真空蒸馏。镉主要用于钢、铁、铜、黄铜和其他金属的电镀,对碱性物质的防腐蚀能力很强。镉的化合物还大量用于生产颜料和荧光粉。镉可用于制造体积小和电容量大的电池。硫化镉、硒化镉、碲化镉用于制造光电池。镉的毒性较大,被镉污染的空气和食物对人体危害严重,且在人体内代谢较慢,日本因镉中毒曾出现"痛痛病"。镉污染主要源于其生产和使用过程,如锌等金属的冶炼、电池的使用等过程。锌冶炼伴生镉的回收是我国镉生产的主要来源,因此锌冶炼行业已成为有色金属工业中最重要的镉污染源。

1.1 镉资源分布

镉在地壳中含量为0.1~0.2 mg/kg。镉的单独矿物不多,一般作为锌的伴生金属存在。在普通的锌矿中,锌与镉的比例在200∶1和400∶1之间。闪锌矿是锌矿中最具有经济开采价值的矿物,镉与锌的化学性质相似,所以在闪锌矿的晶格中镉经常替代锌。

美国地质调查局(USGS)2014年公布的数据显示,截至2013年全球镉总储量为50万t,中国是镉储量最为丰富的国家,为9.2万t,占全球总量的18.4%。其他镉资源蕴藏较丰富的国家有秘鲁、墨西哥、印度、俄罗斯、美国等。2014年全球镉产量2.22万t,与2013年持平。亚洲是全球最大的初级镉金属产区,以中国、韩国、日本为主。表1-1为2013年和2014年全球精镉产量及分布情况。2014年,日本的精镉产量由2013年的1830 t降至1790 t,而韩国的产量由4000 t增至4090 t,中国镉产量以7300 t仍居首位,呈小幅增长趋势,约占全球总产量的33%。全球近63%的精镉产于亚洲(中国、印度、日本、朝鲜和韩国),20%产于欧洲和欧亚中部(保加利亚、德国、哈萨克斯坦、荷兰、挪威、波兰和俄罗斯),仅13%产于北美(加拿大和墨西哥),4%产于南美(阿根廷、巴西和秘鲁)。在亚洲,中国是金属镉的主产国。

表 1-1 2013 年和 2014 年全球精镉产量及分布情况   单位：t

国家	2013 年	2014 年
澳大利亚	380	380
保加利亚	400	400
加拿大	1400	1270
中国	7000	7300
印度	450	450
日本	1830	1790
哈萨克斯坦	1200	1200
韩国	4000	4090
墨西哥	1490	1440
荷兰	560	570
秘鲁	695	710
波兰	400	400
俄罗斯	1200	1200
其他国家	1020	1000
全球总计	22000	22200

中国镉资源分布特点为：多与铅矿、锌矿等以共生、伴生形式存在；主要分布在中部、西南部及华东地区，镉资源探明储量占全国镉累计探明总储量的 88%，保有储量占全国总保有储量的 87.1%。据统计，中国镉采出量主要集中在西南地区，占中国总采出量的 59.4%。根据《全国各省矿产储量表》，我国探明镉矿储量的有 23 个省、市、自治区。根据《矿产工业要求参考手册》，镉矿规模按储量分类为：大型镉矿（储量大于 3000 t），中型镉矿（储量 500~3000 t），小型镉矿（储量小于 500 t）。

全国已发现镉资源产地百余处，保有储量近 38 万 t，铅锌矿伴生镉储量相对较多，约占总储量的 90%；其次为铜矿，约占 4.2%，其余为多金属矿床和铁矿床。表 1-2 和图 1-1 为我国中型、大型和超大型伴生镉矿床及分布图。含镉矿床更多集中于云南、四川、广西、广东、江西、湖南和福建等地，其中云南东北部 18 个铅锌矿床中伴生镉的储量达 9 万多吨，约占全国总储量的五分之一。

表1-2 我国中型、大型和超大型伴生镉矿床

序号	矿床	序号	矿床
1	锡铁山含镉铅锌矿床	17	牛角塘富镉锌矿床
2	小铁山含镉铅锌矿床	18	大厂含镉锡铅锌锑多金属矿床
3	白银厂含镉多金属银矿床	19	箭猪坡含镉锡锌多金属矿床
4	厂坝含镉铅锌矿床	20	拉么含镉铅锌矿床
5	银母寺含镉银矿床	21	泗顶含镉铅锌矿床
6	银洞子含镉银矿床	22	凡口含镉铅锌矿床
7	呷村含镉多金属银矿床	23	大宝山含镉铜铁铅锌多金属矿床
8	金顶含镉铅锌矿床	24	后婆坳锡铅锌银多金属矿床
9	大宝山含镉铅锌矿床	25	冷水坑含镉铜银多金属矿床
10	大梁子含镉铅锌矿床	26	漂塘含镉钨锡多金属矿床
11	麒麟厂含镉铅锌矿床	27	武山含镉铜银多金属矿床
12	奕良铅锌矿床	28	城门山含镉铜银多金属矿床
13	罗平铅锌矿床	29	破山含镉独立银矿床
14	巧家铅锌矿床	30	十里堡含镉银多金属矿床
15	老厂含镉锡矿床	31	山门含镉银矿床
16	都龙含镉锡锌多金属矿床	32	西山含镉铁多金属矿床

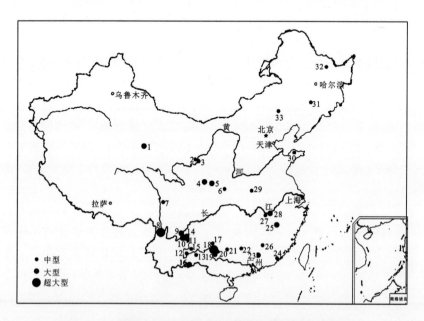

图1-1 我国中型、大型和超大型伴生镉矿床及分布图

1.2　镉污染源及形态分布

1.2.1　镉污染源

镉的地球化学性质与锌十分相似,镉常以类质同象形式进入闪锌矿。因此,中国95%的镉从锌生产过程中回收。锌冶炼过程中镉主要富集于含镉的烟尘或镉渣中。从锌冶炼厂铜镉渣中回收生产镉的工艺流程如图1-2所示。

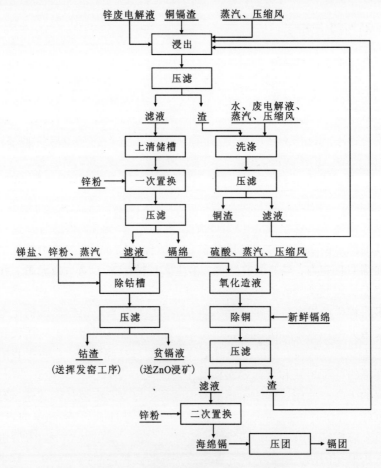

图1-2　铜镉渣回收生产镉工艺流程

锌冶炼过程中的镉除了进入到海绵镉用于生产精镉之外,还进入含镉铜渣和含镉废水中。

铜镉渣:锌精矿冶炼过程中产生的铜镉渣经过浸出、锌粉置换得到铜渣和海绵镉,之后经火法精馏加工成精镉。浸出后的铜渣中仍含有少量的金属镉,在回收铜过程中会造成镉的二次污染。

含镉废水或含镉废液:氧化锌烟尘经碱洗脱氟、氯后,送至浸出工序,经两段酸性浸出、过滤,得到中和上清液,产出的中和上清液经三段净化,净化后送往电解,采用电解沉积工艺产出 0# 或 1# 电锌。氧化锌烟尘经两段酸性浸出后,烟尘中所含的镉部分随锌离子被酸性液体浸出,但还有部分残留在浸出渣中,浸出渣经酸洗、水洗,返回顶吹炉进行配料熔炼。部分镉又进入水洗液,排至污水处理站进行处理。

1.2.2 镉污染分布

自然界中镉常以硫镉矿的形式存在,一般情况下都是与锌、铅、铜、锰等金属矿共存,因此,锌、铅、铜、锰等金属的冶炼过程是主要的镉污染源。伴生于锌精矿中的镉含量一般为 0.05% ~ 0.7%,锌冶炼过程已成为有色金属工业中造成镉污染的主要源头。据统计,世界上 95% 以上的锌来源于硫化锌精矿生产,而锌冶炼生产过程中的镉排放造成的污染已占镉污染释放总量的 70%。据估计,每生产 1 万 t 金属锌会排放 1300 t 镉渣。

我国镉污染状况堪忧。影响较大的镉污染事件有 2005 年广东北江水域镉污染事件、2006 年湖南湘江清水塘矿段镉污染事件、2009 年浏阳镉污染事件、2012年广西龙江镉污染事件以及 2013 年影响世界的湖南"镉米"事件等。这些镉污染事件究其根源是由于我国许多地区的矿石中镉含量较高,而多数冶炼厂缺乏综合的金属提炼回收能力,镉的回收率低,给生态环境带来了镉污染隐患。我国近年发生的突发性镉污染事件表明水体和土壤中镉污染状况已非常严峻。

许多铅锌矿经过多年开采之后,处于资源枯竭状态。铅锌矿区的土地多是重金属污染重灾区,急需治理和生态修复。矿区周边土壤镉污染已对居民身体健康造成了严重危害,影响了区域内铅锌冶炼企业的可持续发展,也使得我国铅锌冶炼企业面临的资源短缺和重金属污染的压力增大。

在镉的生产和使用过程中,镉主要以废水、废气、废渣的形式进入环境,通过大气沉降、降水等进入地表水、土壤和地下水,造成镉污染。镉的毒性较大,比其他重金属更容易被农作物吸附,易于形成"镉米"。人体的肝脏和肾脏是体内最易造成镉累积的两大脏器,其所累积的镉约占人体内总镉的 60%。镉主要以代谢产物方式从人体排出,但当镉摄入量超过排泄量时,镉会在人体内蓄积,导致慢性镉中毒,引起肾脏机理受损。镉中毒的潜伏期短,一般在半小时内,中毒者即产生恶心、呕吐,甚至出现抽搐、休克等多种复合病症。

大气中镉污染主要是气态污染,以镉烟和镉尘形式存在,包括有色金属冶炼、含镉废弃物处理(废旧钢铁的熔炼、从汽车散热器回收铜及塑料制品的焚化等)及含镉产品的生产等过程中产生的烟尘。高温条件下镉易挥发,引起环境污染。以铅锌冶炼过程为例,精矿中的镉经过火法熔炼后,小部分以硫酸镉的形式进入到净化烟气的废水中,绝大部分被氧化为氧化镉,与氧化锌一起挥发,在烟道和烟气收尘设备中得到含镉的氧化锌烟尘。收尘得到的氧化锌烟尘一般含镉0.1% ~1%。大气中镉的存在形态有硫酸镉、硒硫化镉、硫化镉和氧化镉等,主要附着于固体颗粒物中,还有少量的氯化镉能以细微的气溶胶状态在大气中长期悬浮。

含镉废水的来源包括金属矿山的采选、冶炼、医药、陶瓷、无机颜料制造、电镀、纺织印染的废水及某些照相废液等。以各种化学形态存在的镉在进入环境或生态系统后会存留、积累和迁移,危害生态环境。在锌冶炼过程中,含镉废水主要来自烟气净化、洗涤、电解等过程;烟气净化废水中一般含镉量达几十毫克/升。

含镉固体废物主要来自于铅锌冶炼工业。湿法炼锌厂每年都要产出大量铜镉渣。铜镉渣为湿法炼锌过程中硫酸锌浸出液净化工序产生的中间产物,其中含Cd 5% ~10%、Cu 1.5% ~5%、Zn 28% ~50%,铜镉渣一般采用湿法进行处理。与电解液净化过程除镉原理相似,在铜镉渣处理过程中,均采用二段锌粉置换工艺。其流程长,存在镉的分散污染,需严格控制。

土壤中的镉污染主要来自含镉工业污水灌溉及含镉废气飘尘,因此土壤中镉污染程度与周边涉镉工矿企业的三废排放情况密切相关。20 世纪 70—80 年代,我国土壤镉污染主要集中在北方老工业区周围,范围较小。近十年来,我国镉污染报道逐年增多,范围逐步扩大。镉矿相对丰富的云南、湖南、贵州等地区,土壤已经呈现重度镉污染,是目前我国镉潜在污染风险最大的地区。

1.2.3　镉污染特征

镉是元素周期表ⅡB 族中的一个元素,镉在自然界中只有 0 价与 +2 价两种价态,自然界中镉常与锌、铅共生。岩石圈中镉的平均含量为 0.1 ~0.2 mg/kg。镉在化学性质上接近锌,但毒性高。在某些生物化学过程中镉可作为锌的化学相似物取代锌,破坏与人体呼吸和消化过程有关的各种碳酸酶、脱氢酶及磷酸酶。同样,镉很容易被植物吸收,镉可在植物体内取代锌导致锌的缺乏,造成植物生长受抑制甚至死亡。

镉被人体吸收后,在体内形成镉蛋白,可蓄积于肾脏和肝脏,镉进入肾脏后损伤肾小管,使人体出现糖尿、蛋白尿和氨基酸尿,同时也可蓄积在其他脏器如脾、胰、甲状腺和毛发内,与含羟基、氨基、硫基的蛋白质分子结合,使许多酶系统受到抑制,影响肝、肾器官中酶系统的正常功能,还可使骨骼的代谢受阻,造成骨质疏松、萎缩、变形等一系列症状。

1.2.4 镉形态转化

镉元素由于毒性大及在环境中易迁移，为"五毒之首"。镉进入环境后，不易被微生物降解，又难以迁出，因此主要在土壤中逐渐积累叠加。镉一般累积在土壤表层 0～15cm 处，主要以 $CdCO_3$、$Cd_3(PO_4)_2$ 和 $Cd(OH)_2$ 的形态存在，大多数土壤对镉的吸附率为 80%～95%。在世界范围内，自然土壤中重金属镉的含量为 0.01～2 mg/kg，国际上公认的土壤镉的背景值平均为 0.3～0.4 mg/kg，我国主要农业土壤中镉的背景值为 0.01～0.34 mg/kg，平均为 0.12 mg/kg。我国各地区土壤镉的背景值由高到低的分布规律为：北方地区→南方地区；西部地区→中部地区→东部地区。从行政区域来看，贵州省的土壤镉背景值最高；浙江、江苏、内蒙古、福建和广东等省区较低，均在 0.06 mg/kg 以下。

土壤或沉积物中的镉存在交换态、碳酸盐结合态、铁锰氧化物结合态、有机质结合态及残渣态 5 种形态。其中，交换态的镉对环境变化敏感，易于迁移转化，易被植物吸收，这是由于它能通过静电引力吸附在黏粒、水合氧化物和有机质颗粒表面上，但该吸附作用较弱；碳酸盐结合态的镉对 pH 敏感，因此受土壤条件影响较大，pH 升高时游离态镉能与碳酸盐共沉淀，不易被植物吸收，而 pH 下降时重金属镉的碳酸盐共沉淀则比较容易溶解，从而使镉被重新释放出来再进入环境；氧化物结合态镉能被铁（Fe）、锰（Mn）及铝（Al）的氧化物、氢氧化物缔合或与之共沉淀，而由于铁、锰、铝的氧化物具有巨大的比表面积，因此它们对于 Cd^{2+} 有很强的吸附能力，能形成较强的表面配合物从而被专性吸附，镉离子不易被释放，所以正常情况下植物对这种形态的镉利用率不高；有机结合态镉常有两种情况，一是与有机质活性基团螯合形成螯合物，其中镉离子为中心离子，有机质活性基团为螯合体，二是重金属镉被硫离子束缚而生成难溶于水的物质，在氧化条件下，这类物质中的部分有机物分子会降解，从而使部分镉元素溶出进入环境，造成一定的影响；残留态镉来源于土壤矿物，一般只存在于硅酸盐、原生和次生矿物等的晶格中，因此性质较其他形态的镉稳定，在自然界正常条件下不易发生反应，也不易被释放，能长期稳定地存在于土壤中，不易被植物吸收，其含量一般也不随环境条件变化而改变。

镉在环境中主要通过大气沉降、水迁移等过程进行转移，最终进入土壤或作物中。工业废气是大气中镉的主要污染源，其中有色金属采矿冶炼过程中排入大气的镉占人为排放总量的 68%～86%。被释放到大气中的镉可以通过大气沉降进入土壤，其中一些粒径较小的金属气溶胶粒子还可以先行被远距离输送，然后再通过雨淋或自然沉降等方式进入偏远地方的土壤。

1.3 锌冶炼过程镉的存在形态

1.3.1 焙烧阶段镉存在形态

目前，国内锌冶炼企业普遍采用焙烧—中性浸出—热酸浸出—沉铁—电积工艺。在焙烧阶段，由于镉与锌伴生，且锌精矿含有 8% ~15% 的铁，锌精矿中 ZnS 和 CdS 转化为 ZnO、CdO 和部分硫酸锌、硫酸镉以及铁酸锌、铁酸镉。硫元素则变成气态 SO_2，用作制酸原料。硫化锌精矿中伴生镉在焙烧工序中的主要反应如下：

$$2CdS + 3O_2 \Longrightarrow 2CdO + 2SO_2 \qquad\qquad (1-1)$$
$$CdS + 2O_2 \Longrightarrow CdSO_4 \qquad\qquad (1-2)$$
$$2SO_2 + O_2 \Longrightarrow 2SO_3 \qquad\qquad (1-3)$$

式（1-1）为不可逆放热反应，反应进行程度取决于硫化锌精矿颗粒磨细程度及焙烧温度等因素。工业生产中硫化锌精矿的焙烧温度多为 900 ~1100℃，而式（1-2）和式（1-3）的生成反应为可逆的放热反应，焙烧温度较高时反而不利于反应进行。

硫化锌精矿中伴生铁的存在形式主要以硅铁矿（$FeO \cdot SiO_2$）、黄铁矿（FeS_2）、铁闪锌矿（$ZnS \cdot FeS$）、磁黄铁矿（Fe_2S）等形式存在。焙烧阶段，部分锌与铁结合生成铁酸锌，镉会进入铁酸锌晶格结构，形成铁酸镉或者铁酸锌镉（$Cd_2Fe_2O_4$ 或 $Cd_xZn_{(1-x)}Fe_2O_4$，$x = 0 \sim 1$）。

铁酸锌镉的存在严重影响锌的回收和镉源头减排与富集。难浸矿物常用的强化浸出手段包括升高浸出系统温度、提高初硫酸初始浓度和加大搅拌速度等方法，这些强化浸出方法的本质是强化浸出系统的动力学过程。由于焙烧过程中大量镉进入铁酸锌晶格形成铁酸锌镉，因此，破坏铁酸锌镉的尖晶石结构是提高镉浸出率的关键。

1.3.2 常规中性浸出阶段镉存在形态

中性浸出阶段，由于硫酸初始浓度较高，锌焙砂中大部分可溶性的锌、镉化合物会溶解，并以硫酸锌和硫酸镉的形式进入中浸液。随着中性浸出反应的进行，浸出液酸度不断降低，当中性浸出的终点 pH 为 5 ~5.2 时，浸出液中的铁水解生成氢氧化铁，由于反应的酸度限制，焙砂中锌、镉化合物不能完全溶解进入中浸液，此时溶解的主要为锌、镉的硫酸盐及氧化物，主要反应如下：

$$ZnO + H_2SO_4 \Longrightarrow ZnSO_4 + H_2O \qquad\qquad (1-4)$$
$$CdO + H_2SO_4 \Longrightarrow CdSO_4 + H_2O \qquad\qquad (1-5)$$

镉、锌在中性浸出渣中的存在形式类似于锌焙砂,只是锌、镉在两种渣中的物相存在比例不同。锌焙砂中锌、镉的氧化物占比最大,而中浸渣中锌、镉的铁酸盐物相占比最多。

1.3.3 热酸浸出阶段镉存在形态

热酸浸出的实质是采用高温、高酸强化锌焙砂浸渣中剩余的少部分氧化物及中浸阶段难以浸出的铁酸盐的浸出过程,铁沉降后再采用电积法回收锌和镉。高温高酸工序浸出温度一般在95℃以上,初硫酸初始浓度大于150 g/L,液固比大于50:1,浸出反应时间在 3 h 以上。热酸浸出使得中浸渣中剩余的镉锌铁酸盐溶解进入浸出液,大幅提高了金属浸出率。热酸浸出中镉锌铁酸盐溶解的化学反应为:

$$4H_2SO_4 + ZnFe_2O_4 \Longrightarrow ZnSO_4 + Fe_2(SO_4)_3 + 4H_2O \tag{1-6}$$

$$Cd_xZn_{(1-x)}Fe_2O_4 + 4H_2SO_4 \Longrightarrow (1-x)ZnSO_4 + Fe_2(SO_4)_3 + xCdSO_4 + 4H_2O \tag{1-7}$$

式(1-6)和式(1-7)得到的浸出液中含有大量铁,根据锌和镉电积要求,电积工序前必须除铁。除铁工序中目前最常用的方法有黄钾铁矾法、赤铁矿法和针铁矿法,但这些方法并未彻底解决铁渣的处理与处置难题。除了赤铁矿渣已部分用于生产水泥外,针铁矿渣和黄钾铁矾渣由于含铁量低、不能经济利用等原因,只能堆存于环境中或排入海中。渣中含有较高的锌、铜、铅和镉等重金属,湿法冶金剩余渣稳定性较差,对环境构成潜在威胁。

1.4 锌冶炼过程镉源头减排与污染控制技术现状

锌冶炼行业已成为有色金属冶金中最重要的镉污染源。据统计,锌冶炼回收镉过程造成的污染已占全国镉污染总量的70%。因此,充分了解锌冶炼过程中镉的富集与减排技术、含镉料渣清洁利用技术及镉污染修复技术的相关研究现状有助于新技术的开发与示范工程的建设。

1.4.1 锌冶炼过程镉富集与减排研究现状

锌冶炼工艺通常分为火法和湿法两种。湿法炼锌工艺具有原料适应范围广、能耗低、易于实现大规模自动化生产等优点,是最主要的炼锌方法。目前,全球有85%以上的锌通过湿法生产。湿法炼锌工艺种类多,包括传统的两段浸出法、以高温高酸浸出为代表的黄钾铁矾法、针铁矿法、赤铁矿法、喷淋除铁法等;全湿法炼锌有常压富氧直接浸出、氧压直接浸出、氧化矿浸出—萃取等工艺。

由于镉与锌的伴生,现有的湿法炼锌工艺都存在镉污染问题。如常用的两段浸出—挥发窑处理工艺中,镉的浸出率较低,超过20%的镉进入浸出渣,进一步通过挥发窑处理,过程中镉的去向难以控制从而导致镉污染扩散加剧;采用高温高酸浸出工艺,尽管能提高锌、镉的浸出率,但现有沉铁工艺的铁渣中仍夹杂约1%的锌、镉等金属,也导致其分散流失,难以实现资源化回收;常压富氧浸出技术、氧压浸出技术虽能部分解决炼锌过程中镉的分散问题,但该工艺投资大,硫、铁及有价金属未能充分利用。总而言之,现有的湿法炼锌工艺尚不能有效解决镉浸出率低和镉富集量不高的难题,而针对湿法炼锌过程中镉高效浸出及镉污染控制的研究则鲜见报道。

从本质上来看,湿法炼锌过程中镉减排的关键在于镉的高效浸出、铁的资源化以及多金属硫酸盐体系中镉的富集三方面。湿法炼锌过程采用高温高酸浸出工艺浸出铁酸锌($ZnFe_2O_4$)中的锌和镉,浸出率可达90%以上。但同时大量的铁也会转入溶液,含铁量达30 g/L以上。在应用新的沉淀除铁技术以前,只能采用温液低酸浸出方法(50~65℃,终点 pH 为 2.5~3.5),镉、锌的浸出率只有75%~80%,所产出的浸出渣采用挥发窑处理,或者与铅原料混合进入鼓风炉熔炼,然后再对生成的含锌炉渣进行烟化处理。火法处理锌渣消耗大量焦炭,产生大量烟尘。20世纪70年代 Sherritt Gordon Mines 公司开发了"加压酸浸—电积工艺";1993年加拿大哈得孙·巴伊矿业公司建成采用两段氧压浸出完全取代焙烧的锌厂,硫以单质形态回收,原料中的铁则形成针铁矿进入浸出渣;1998年奥托昆普科科拉锌厂将常压空气氧化浸出技术与传统工艺结合,其工艺流程的特点是中性浸出渣与电解废液、硫化锌精矿混合进行常压空气氧化浸出,锌的浸出率达98%以上,而铁以黄钾铁矾形式和硫一起进入渣中,浸出液返回中性浸出。以上湿法炼锌工艺不管采用哪种除铁方法,都会产生大量铁渣,造成环境污染。为了从含铁量高的溶液中沉铁,自20世纪60年代末以来先后开发了黄钾铁矾法、针铁矿法、赤铁矿法等沉铁方法,较好地解决了锌湿法冶金中的固液分离问题,但这些方法还存在渣量大、二次污染等问题,尤其是金属的夹杂导致大量铁资源未能得到合理应用。我国是一个铁资源匮乏的国家,是世界上最大的铁矿石进口国。若能在湿法炼锌中实现铁的资源化,不仅有利于缓解铁资源紧张的局面,更能使镉等重金属在冶炼源头实现减排和控制。镉、锌的高效浸出并实现铁的资源化,是国内外湿法炼锌的必然发展趋势,也是湿法炼锌中镉污染控制与源头减排的发展方向。

1.4.2 含镉料渣清洁利用技术研究现状

现有的含镉料渣处理方法分为火法和湿法两类。火法工艺历史较久,工艺成熟,但能耗高,需要价高的冶炼焦炭及庞大的炉灰回收和气体净化设备,生产过程中常产生腐蚀性氯气,对设备的要求高,近年来较少采用;而湿法工艺能耗相对较低,生产过程易于实现自动化和机械化,生产成本低,工艺过程相对简单。

湿法工艺也分为酸法和氨法两种,两者各有特色。目前我国湿法炼锌工艺大多采用酸法,因氨浸工艺得到的锌－氨溶液难与现有炼锌系统匹配,所以铜镉渣氨浸工艺未得到广泛应用。目前,国内部分大型锌冶炼厂对铜镉渣等含镉料渣只进行粗分离。如某厂首先将锌、镉进行浸出,浸出后的滤液送镉回收工序生产粗镉,未浸出的铜渣直接出售。铜渣中还含有约3%的镉和20%的锌,对后续铜的回收带来不利影响。还有厂家将铜镉渣送入回转窑进行预处理,镉挥发进入氧化锌烟尘。烟尘浸出时镉又重新溶解,镉在此过程中并未得到回收,只是在系统内循环,重复消耗酸和锌粉,增加了生产成本。

近年来,研究人员围绕铜镉渣等含镉料渣中的有价金属回收工艺进行了诸多研究,但研究内容大多集中在对常规的浸出—净化—置换工艺进行调整和改进。廖贻鹏等提出了一种从铜镉渣中回收镉的方法,主要流程包括硫酸浸出—净化除铜—氧化除铁—锌粉置换等,最后得到海绵镉、镉锭;曹亮发等公开了一种从海绵镉中直接提纯镉的方法,其工艺过程包括铜镉渣酸性浸出及沉钒除杂、从锌粉置换的一次海绵镉中直接生产镉锭、海绵镉压团熔铸、粗镉蒸馏精炼等工序,省去了一次海绵镉的堆存场地,缩短了镉提炼的工艺流程和生产周期,节省了二次置换所需的锌粉,使锌粉的消耗量降低了45%以上。北京矿冶研究总院对驰宏公司铜镉渣现有酸浸—置换—电积镉工艺加以改进,将原有流程产出的海绵镉通过火法工艺经粗炼和真空精炼生产高纯精镉,镉品位由50%～60%提高到80%以上,镉绵经压团熔炼后直接进行连续精馏,取消了间断熔炼工序和电积,实现了精镉生产的连续化作业;韶关冶炼厂研究了酸浸—铜镉渣中和—锌粉除铜法处理铜镉渣的工艺,镉回收率达到88%;石启英等研究了湿法炼锌中铜镉渣的酸浸和铜渣的酸洗过程对系统杂质氯的脱除效应,研究发现,用铜渣的酸洗液、锌电解废液及各种过程洗涤水配制成始酸为80～100 g/L的前液,蒸汽加热到60℃以上,对湿法炼锌中的一次净化渣即铜镉渣进行浸出,并将终酸控制在10 g/L以上,回收锌和镉,所得的铜渣在50～60℃的条件下,用锌废液对其中的锌和镉进行再浸出,可最大限度地提高铜渣中铜的品位并具备铜渣除氯的条件;商洛冶炼厂对铜镉渣的处理采用锌电解废液或硫酸浸出铜镉渣中的锌、镉。当浸出达到终点时控制体系的酸浓度为2～4 g/L,然后加入锰粉将Fe^{2+}氧化成Fe^{3+},再加入石灰乳中和使体系 pH 为5.2～5.4,借助铁的水解沉淀除去砷、锑等杂质,压滤后再将滤液送入镉回收工序中,固体铜渣用于回收铜;株洲冶炼厂针对目前镉生产工艺处理能力日趋饱和、溶液中锌含量高、操作困难、浸出液中铁含量高、有害杂质内部循环、锌粉质量差、镉绵杂质含量高、镉电解困难等问题,对现有镉生产工艺进行了改进,增加了一个铜镉渣过滤工序,从而减少了镉工段处理量,降低了镉生产溶液中锌的含量,使得后续工序的技术条件易于控制。此外,近年来还有研究人员提出了加压酸浸法、微生物浸矿法、流化床电极法等,以进一步改善铜镉渣处理效果。但加压酸浸法在高温高压下进行，对设备的要求较高；微生物浸矿法等难以与现有铜镉渣处理体系衔接；流化床电极法存在电流效率低、能耗高、铜镉深度分离困难、工程化困难等缺点。

总体来看，现有含镉料渣的处理工艺存在流程复杂、处理周期长、所需要的化学原料种类多、设备多、中间副产二次物料多、锌粉消耗量大等缺点，尤其是现有处理工艺存在镉浸出率、回收率低，镉在处理回收过程中易分散流失等问题，这是目前含镉物料处理技术急需突破的瓶颈。因此，在现有铜镉渣处理技术的基础上，通过查明含镉料渣中各组元矿物学赋存特性、料渣表面复合膜中各金属粒子的相互嵌赋状态，开发含镉料渣高效浸出技术及浸出液镉高效分离技术是未来湿法炼锌含镉料渣清洁处理的重要发展趋势。

1.4.3 镉污染土壤修复技术研究现状

我国土壤重金属污染由局部的点源污染已扩展为区域性的面污染，重金属污染土壤修复已成为当前和今后土壤污染治理的重点。在土壤重金属污染中镉污染非常严重。镉污染土壤修复已成为当前我国环境治理的重要任务。

镉污染土壤修复技术主要有工程修复、化学修复、农业生态修复和植物修复等。客土法、换土法以及土地平整等工程修复措施简单、稳定、见效快，但工程量大、成本高，不适宜大面积污染土壤的治理。化学修复措施主要包括淋洗法、电动修复法、固化法等。淋洗法在美国、日本、英国、意大利和德国取得了良好的效果。其中，EDTA 被认为是一种从污染土壤中淋洗出 Cd、Pb、Zn 等重金属的有效淋洗剂。电动修复法即在电场作用下通过电迁移、电渗流或电泳方式将土壤中的重金属离子带到电极两端进行集中处理，具有后续处理方便、二次污染少等优点。固化法不仅可减少污染土壤中重金属向土壤深层和地下水的迁移，而且有可能重建植被，常用的固化剂有石灰、磷灰石、硅藻土、蒙脱石、沸石等。化学修复措施尤其是淋洗法、固化法等能够在短期内降低土壤中重金属的毒性和生物有效性，可作为有效可行的辅助修复措施。但由于修复成本高、处理条件相对苛刻，易造成地下水污染及土壤养分流失，这些技术主要局限于小面积重度污染土壤修复。镉污染土壤农业生态修复措施主要是通过调节土壤水分、pH、阳离子交换量、土壤氧化还原状况及湿度等，以改变土壤中镉的有效性。但农业生态修复措施要系统考虑土壤物理、化学特性的相互影响和作用，修复的长期有效性和生态系统的长期稳定性有待深入研究。

镉污染土壤的植物修复被认为是最有工程应用前景的修复技术。近年来，美国、英国、新西兰和国内专家学者积极开拓和倡导重金属污染土壤植物修复，一些镉超富集植物陆续被发现，欧洲中西部发现的褐蓝菜能富集高达2130 mg/kg的镉；法国北部镉污染区生长的白杨中镉含量高达 209 mg/kg；宝山堇菜可以富集镉,其地上部分镉平均含量为 1168 mg/kg;龙葵、矿山型东南景天、商陆也是镉的超富集植物;芥菜型油菜川油Ⅱ-10 为理想的高富集镉油菜;芸苔属蔬菜对修复土壤镉污染有一定的潜力。然而,目前发现的镉超富集植物一般地上部分生物量小、生长缓慢和季节性较强,无法大面积应用于实地修复,其修复技术仍处在研究和示范阶段。因此,对具有一定的镉积累能力,可弥补超富集植物的植株矮小、生长缓慢、生物量低等不足的较大生物量的耐性植物进行深入研究与应用,对镉污染土壤修复具有特殊的意义。如禾本科小麦属的冬小麦茎中镉含量可达 26 mg/kg;荨麻科苎麻属的苎麻对镉的转移系数高达 9.95;禾本科芦竹属的芦竹对镉污染土壤有很好的耐受力和吸收镉的能力等。在镉污染的土壤上种植一些生物量大、生长周期短的超富集或耐性植物,不仅能将土壤中的镉提取出来,同时又能满足对镉污染土壤进行植物修复的需要。修复植物由于生物量大,又可以固化成固体燃料、制成气体燃料(CO、H_2 和 CH_4 等可燃性气体)和液体燃料(甲醇、乙醇和生物柴油等),如美国、德国、瑞典等利用大豆油和菜籽油生产生物柴油,巴西利用甘蔗渣制燃料乙醇,新西兰利用饲料甜菜、紫白梧和松树生产乙醇。尽管镉污染土壤上某些修复植物(如油菜)中含油量高,可以作为生物柴油生产所需的原料,但修复植物中对镉的综合处置以及其中镉的最终去向仍是一个亟待解决的问题,如何科学利用修复植物的生物质并解决其中重金属的去向问题,以避免二次污染是完善镉污染土壤修复技术体系的关键。

由于矿冶区土壤一般为多种重金属共存的复合污染,单一的修复方法难以同时满足矿冶区重金属污染土壤治理的技术性与经济性的要求。因此,以多种修复技术联合进行镉污染土壤修复,尤其是以植物修复为核心、以化学修复和农业生态修复措施为辅助的生态修复被认为是大面积矿冶区重金属污染土壤的一种行之有效的修复手段,也是未来一段时间内开展重金属污染土壤修复技术的主要发展方向。美国、英国、澳大利亚、中国等开展了矿冶区和工业遗留地土壤大面积生态修复建设。中南大学团队在株洲某大型冶炼企业周边以砷、镉、铅为主的污染土壤上建立了以耐性植物芦竹为核心的生态修复示范工程;国内相关单位和大中型企业在山东某铝业公司赤泥堆场、安徽某铜矿尾矿库、江西某矿区酸性废石堆场等多个矿区联合开展了大面积的生态修复示范工程。面对日益严重的土壤镉污染问题,现急需进行镉污染土壤修复技术的集成与创新,以形成具有自主知识产权的镉污染土壤生态修复集成技术体系,提升我国矿冶区镉等重金属污染土壤生态修复的工程应用能力,解决严重的土壤镉等重金属污染问题,实现镉污染土壤的综合治理和生态恢复。同时,积极开发有效的途径解决修复植物产后潜在的镉二次污染及最终去向问题,为我国矿冶区大面积土壤重金属污染的修复提供工程技术和示范。

第二章 锌冶炼渣强化浸出动力学

目前，锌冶炼企业多采用传统的湿法冶金工艺，主要包括焙烧—浸出—净化—电积工序。焙烧阶段由于锌精矿中含有 8% ~ 15% 的铁，使得部分锌和镉在焙烧阶段转化为锌、镉的铁酸盐，其具有稳定的类尖晶石结构，中浸阶段的弱酸浸出难以分解，留存于中浸渣中，其中镉、锌铁酸盐的含量与焙烧及中浸阶段的操作条件有关。因此，锌冶炼中浸渣的理化特性会随着生产工艺、锌精矿原料成分及锌焙砂中性浸出阶段处理效率的不同而发生改变，从而对其后续处理产生较大影响。

2.1 锌冶炼中浸渣矿物学特征与浸出特性

2.1.1 锌焙砂矿物学及理化特征

锌焙砂中锌和镉的物相组成与焙烧阶段的操作条件有关。焙烧过程中大部分锌和镉转化为氧化物，同时有部分锌、镉的铁酸盐形成。某种典型锌焙砂化学元素分析结果见表 2 - 1。锌焙砂中锌质量分数为 57.85%，铁为 10.62%，镉为 1.44%。

表 2 - 1　锌焙砂主要化学成分

项目	Zn	Cd	Fe	S	SiO$_2$	Pb	As	Sb	Co	Ni
含量/%	57.85	1.44	10.62	1.07	2.52	1.57	0.22	0.14	0.004	0.004

锌焙砂中铁物相分析(表 2 - 2)表明 80% 的铁以铁酸盐的形式存在。锌物相分析结果(表 2 - 3)表明占比最多的是氧化锌，为 82.23%，铁酸锌物相占总锌的 12.48%；镉物相中(表 2 - 4)81.25% 为氧化镉，其次为铁镉酸盐，占总镉量的 13.20%。

表 2-2 锌焙砂中铁物相组成

物相	锌焙砂中铁含量/%	百分率/%
铁酸盐	11.05	82.53
氧化铁矿	0.50	3.73
黄铁矿	0.39	2.91
菱铁矿	0.06	0.45
磁铁矿	1.39	10.38
总铁	13.39	100

表 2-3 锌焙砂中锌物相组成

物相	锌焙砂中锌含量/%	百分率/%
硫酸锌	1.67	2.89
氧化锌	47.57	82.23
硅酸锌	0.42	0.73
硫化锌	0.97	1.67
铁酸锌	7.22	12.48
总锌	57.85	100

表 2-4 锌焙砂中镉物相组成

物相	锌焙砂中镉含量/%	百分率/%
硫酸镉	0.05	3.47
氧化镉	1.17	81.25
硫化镉	0.03	2.08
铁酸镉	0.19	13.20
总镉	1.44	100

锌焙砂样品采用三乙醇胺－环氧树脂固化，经切片、磨平及抛光处理后对其表面进行扫描电镜（SEM）分析，结果如图2－1所示。EDS能谱分析表明，区域：[1]为硫、钙高含量区，物相为硫酸钙；[2]为铁、锌高含量区，物相为铁酸锌；[3]为硅、锌高含量区，物相为硅酸锌；[4]为锌、氧高含量区，物相为氧化锌。图2－2为锌焙砂XRD图谱，与EDS分析结果基本一致，锌焙砂中主要物相为氧化锌、铁酸锌和硅酸锌。锌焙砂中各个物相之间相互嵌布、夹杂，且粒度微小，尺寸大约为5μm。锌焙砂穆斯堡尔谱分析（图2－3）表明原锌焙砂中仅有铁酸锌的双峰，即锌焙砂中铁主要以铁酸锌物相存在，这与表2－2中锌焙砂铁物相分析结果一致。一定比例锌、镉铁酸盐的存在，会影响锌、镉在中浸阶段的浸出效果。

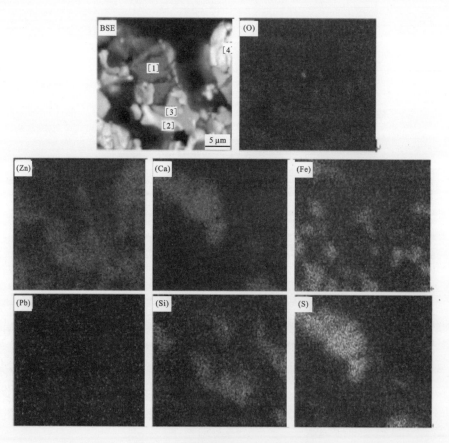

图2－1　锌焙砂表面扫描形貌特征

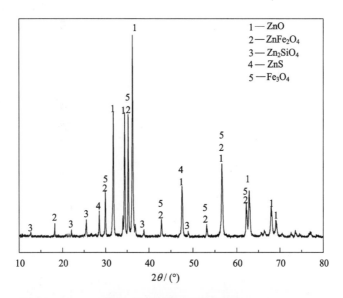

图 2-2　锌焙砂 XRD 图谱

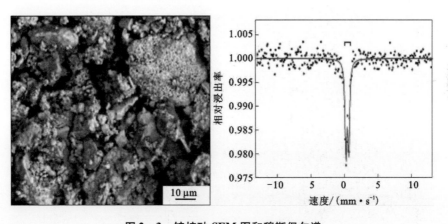

图 2-3　锌焙砂 SEM 图和穆斯堡尔谱

2.1.2　中浸渣矿物学及理化特征

锌焙砂经过中性浸出得到中浸渣，锌、镉的氧化物大部分得以浸出，但渣中未浸出锌、镉的含量仍较高。镉、锌在中浸渣中主要以铁酸盐形式存在，并伴以中浸阶段未完全浸出的氧化物、硫化物及夹杂的部分硫酸盐。

（1）中浸渣化学成分

某典型中浸渣样品外观呈棕褐色，经105℃烘干，磨细至全部过75μm筛后干燥保存。分别采用ICP和XRF对样品进行了化学元素分析，结果如表2-5和表2-6所示。中浸渣中锌含量为32%~36%。

表2-5　中浸渣 ICP 化学元素分析结果

中浸渣	化学元素										
	Zn	Fe	Cd	S	Si	Ca	Pb	Cu	Mn	Mg	Ag
含量/%	35.99	15.93	0.261	10.05	1.5	0.63	1.8	0.57	0.95	0.41	0.016

表2-6　中浸渣 XRF 化学元素分析结果

中浸渣	化学元素										
	Zn	Fe	Cd	S	Si	Ca	Pb	Cu	Mn	Mg	Ag
含量/%	32.11	13.19	0.259	10.05	1.3	1.55	1.65	0.52	0.74	0.80	0.013

（2）中浸渣物相

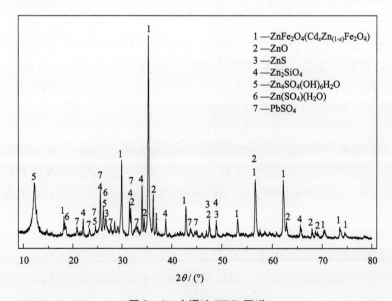

1 —$ZnFe_2O_4(Cd_xZn_{(1-x)}Fe_2O_4)$
2 —ZnO
3 —ZnS
4 —Zn_2SiO_4
5 —$Zn_4SO_4(OH)_6H_2O$
6 —$Zn(SO_4)(H_2O)$
7 —$PbSO_4$

图2-4　中浸渣 XRD 图谱

分析中浸渣 XRD 图谱（图2-4）可知，中浸渣中锌、镉铁酸盐的衍射特征峰最为明显;部分锌以氧化锌、硫化锌、硅酸锌及水合硫酸锌的形式存在。此外,衍射峰中铅主要以硫酸铅形式存在。由于镉和锌化学性质类似,镉铁酸盐与铁酸锌具有类似的尖晶石结构,是中浸渣中镉、锌难以高效浸出的主要原因。

(3)中浸渣中锌、镉物相含量及分布率

中浸渣中锌和镉的物相分析结果如表2-7和表2-8所示。

表2-7　中浸渣中锌物相及其含量

锌物相	硫酸盐	氧化物	硅酸盐	硫化物	铁酸盐	总计
渣中含量/%	4.15	11.20	6.35	3.52	10.77	35.99
分布率/%	11.53	31.12	17.64	9.78	29.93	100.00

表2-8　中浸渣中镉物相及其含量

镉物相	硫酸盐	氧化物	硫化物	铁酸盐	总计
渣中含量/%	0.035	0.040	0.012	0.173	0.26
分布率/%	13.51	15.33	4.79	66.37	100.00

中浸渣中锌以多种物相存在,其中占比最高的是氧化锌和铁酸锌,分别为31.12%和29.93%。氧化锌占比较高,表明中浸阶段氧化锌浸出不彻底。铁酸锌在中浸阶段难以浸出,是中浸渣中锌难以有效回收的主要障碍。镉物相分析结果(表2-8)表明中浸渣中镉主要是以镉铁酸盐的形式存在,占比达66.37%。因此,探索有效的技术手段,实现铁酸盐的高效分解,是实现中浸渣中锌、镉高效回收和镉污染因子源头减排和富集利用的关键。

(4)中浸渣粒度

中浸渣细而均匀,可以增加颗粒与浸出剂的有效接触面积,有利于浸出反应的进行。中浸渣经105℃烘干,振磨5 min后,过75 μm筛。中浸渣粒度分析如图2-5所示。中浸渣经振磨过75 μm筛后,粒径分布较为均匀,绝大部分颗粒粒径在30 μm以下。

(5)中浸渣形貌特征

中浸渣SEM-EDS分析结果如图2-6所示。中浸渣形状不规则,但整体呈均匀状态。中浸渣表面有较多小颗粒相互黏结,构成疏松多孔结构,主要元素为锌、铁、硫及氧,此外还有少量钙、硅、锰、镁及镉等。中浸渣中各种物相之间相互夹杂和嵌赋,加大了镉浸出难度。

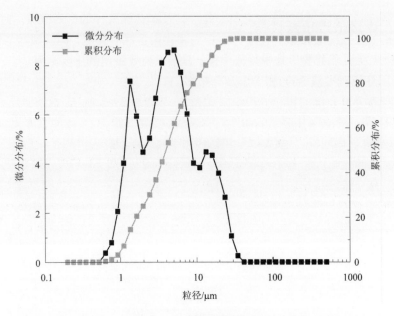

图 2-5 中浸渣粒径分布

图 2-6 中浸渣 SEM-EDS 分析

2.1.3　中浸渣浸出特性

(1)中浸渣硫酸浸出效果

采用热酸对中浸渣进行浸出。控制反应温度95℃、硫酸80 g/L、液固比10∶1和搅拌速度400 r/min。反应结束后，将混合液进行过滤，分别收集滤液和滤渣，滤液定容后分析滤液中铁、锌和镉的浓度，且对滤渣进行理化性质定性分析。图2-7给出了热酸浸出过程中镉、锌、铁的浸出率随时间的变化。在上述控制条件下浸出 120 min 后，镉、锌浸出率分别为 46.28% 和 68.67%，铁浸出率仅有3.55%。镉、锌浸出率较高，主要归因于中浸渣中部分镉、锌以硫酸盐、氧化物等易溶形态存在。铁浸出率较低，说明中浸渣中铁主要以难溶于稀酸的铁酸盐类物质存在，这与表2-2中的铁物相分析结果一致。另外，反应60 min后，浸出时间对金属浸出率影响不大。不同时间下中浸渣硫酸体系浸出后渣的 XRD 图谱（图2-8）中铁酸盐衍射峰依旧存在，表明在该操作条件下单独采用硫酸难以将锌、镉铁酸盐浸出，从而导致锌、镉浸出率较低。

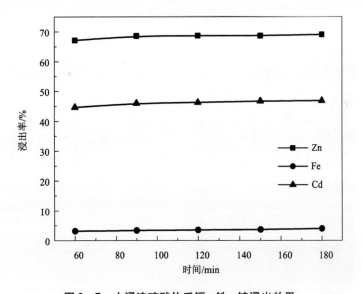

图2-7　中浸渣硫酸体系镉、铁、锌浸出效果

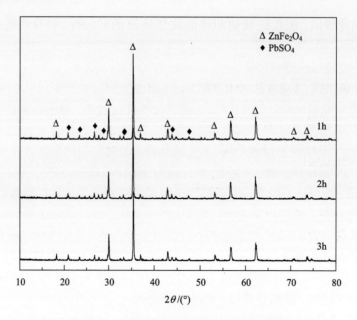

图 2-8 中浸渣硫酸体系浸出渣 XRD 图谱

（2）中浸渣还原浸出效果

向热酸浸出体系中加入不同的还原剂（还原剂用量与渣中铁物质的量之比为
1.2∶1），浸出 120 min 后，物相分析结果如图 2-9 所示。

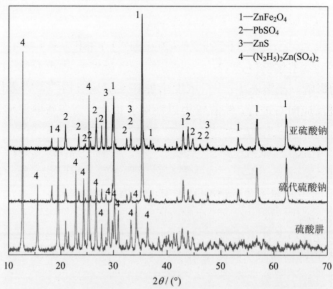

图 2-9 不同还原剂下中浸渣还原浸出后渣的 XRD 图谱

采用亚硫酸钠、硫代硫酸钠和硫酸肼作还原剂时，镉、锌及铁的浸出率如表 2 - 9 所示。

表 2 - 9　亚硫酸钠、硫代硫酸钠和硫酸肼作还原剂时金属的浸出率　　单位：%

还原剂	Cd	Zn	Fe
亚硫酸钠	71.00	88.71	71.35
硫代硫酸钠	71.55	80.49	35.15
硫酸肼	78.85	96.57	95.92

通过表 2 - 9 及图 2 - 9 对比可知，硫酸体系中加入还原剂强化浸出后，镉、锌和铁浸出率显著提高，说明添加还原剂可以强化铁酸盐的分解，还原浸出主要涉及的反应如下（以 Zn 为例）：

$$ZnFe_2O_4 + 8H^+ \rightleftharpoons Zn^{2+} + 2Fe^{3+} + 4H_2O \qquad (2-1)$$

$$ZnFe_2O_4 + SO_3^{2-} + 6H^+ \rightleftharpoons Zn^{2+} + 2Fe^{2+} + 3H_2O + SO_4^{2-} \qquad (2-2)$$

$$4ZnFe_2O_4 + S_2O_3^{2-} + 22H^+ \rightleftharpoons 4Zn^{2+} + 8Fe^{2+} + 2SO_4^{2-} + 11H_2O \qquad (2-3)$$

$$ZnFe_2O_4 + 2N_2H_5^+ + 6H^+ \rightleftharpoons Zn^{2+} + 2Fe^{2+} + 2NH_4^+ + N_2 + 4H_2O \qquad (2-4)$$

式（2 - 1）为铁酸锌的酸溶解反应方程式，其平衡常数为：

$$K = \frac{[Zn^{2+}] \cdot [Fe^{3+}]^2}{[H^+]^8} \qquad (2-5)$$

将 $pH = -lg[H^+]$ 代入式（2 - 5）中，得到：

$$lgK = lg[Zn^{2+}] + 2lg[Fe^{3+}] + 8pH \qquad (2-6)$$

因此，铁酸盐溶解反应式（2 - 1）的平衡常数受溶液中 $[Zn^{2+}]$、$[Fe^{3+}]$ 浓度及溶液 pH 的影响。当溶液中 $[H^+]$ 浓度增加和反应生成物 $[Zn^{2+}]$ 及 $[Fe^{3+}]$ 浓度减小时，促进反应向右进行，铁酸锌得以溶解。因此，当向硫酸浸出体系中添加还原剂时，Fe(Ⅲ) 被还原成 Fe(Ⅱ)，镉、铁和锌的浸出率提高。

硫酸体系中加入亚硫酸钠、硫代硫酸钠时，溶液中镉、铁和锌的浸出率尤其是铁的浸出率大幅提升，说明三种还原剂对中浸渣中铁酸锌的还原分解均具有明显效果。由不同还原剂还原浸出渣 XRD 图谱（图 2 - 9）可知，其他反应条件相同时，亚硫酸钠、硫代硫酸钠还原浸出时，还原浸出渣中仍能检测到较强铁酸锌的衍射峰，说明此反应条件下铁酸锌未完全分解。而硫酸肼作还原剂时，还原浸出渣中未出现铁酸锌衍射峰，只有硫酸铅衍射峰存在，同时出现了锌的硫酸肼复盐，说明铁酸锌完全分解。尽管硫酸肼作还原剂时，铁酸锌分解得较为彻底，但锌硫酸肼复盐的产生，将会影响锌的浸出率，并且系统产生的铵根离子使得浸出液中产生了新的杂质离子，会影响下一步铁的分离及镉、锌的电解回收，因此，硫酸肼作还原剂时，虽然中浸渣中镉、铁和锌浸出效果良好，但工业应用存在问题。

(3)中浸渣二氧化硫还原浸出

SO_2具有较强的还原性，易溶于水形成SO_3^{2-}、HSO_3^-及H_2SO_3。SO_2常用于含铁、镍、钴等难浸金属矿物的还原强化浸出过程。

在温度95℃，硫酸初始浓度80 g/L，SO_2分压200 kPa，液固比10:1，转速400 r/min时，SO_2的加入对中浸渣中镉、锌、铁浸出率的影响较大(图2－10)。高速搅拌过程中SO_2将中浸渣中Fe(Ⅲ)还原为Fe(Ⅱ)，加速镉、锌铁酸盐的分解，提高了镉、锌和铁的浸出率。未加入SO_2的浸出体系中，镉、锌、铁浸出率分别为44.32%、67.47%和4.74%，镉、锌的浸出主要归因于氧化物、硫酸盐等易浸出物质的存在。而通入SO_2后，中浸渣中镉、锌、铁浸出率得到极大的提高，分别为82.76%、87.84%及78.72%，浸出率的提高可归因于镉、锌铁酸盐的分解。SO_2可有效促进铁酸盐的分解，从而为中浸渣中镉、锌的高效回收创造了条件。

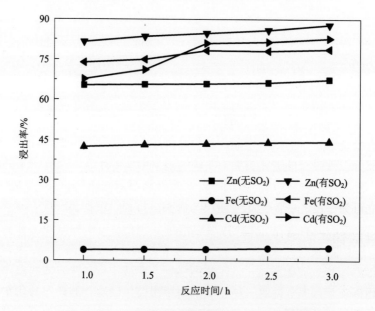

图2－10　二氧化硫为还原剂时镉、铁、锌的浸出率

浸出渣的XRD分析(图2－11)表明中浸渣中原有的铁酸锌衍射特征峰消失，渣中剩余物相主要为硫酸铅和硫化锌。由此可见，SO_2适合用作中浸渣中铁酸盐分解的高效还原剂。

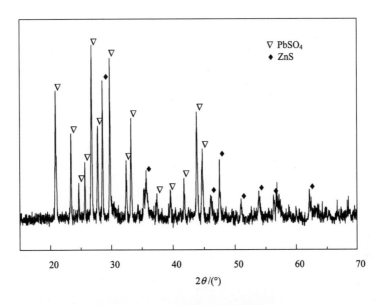

图 2 - 11　还原浸出渣 XRD 图谱

2.2　铁酸锌镉二氧化硫还原分解机制及动力学

锌精矿焙烧阶段，镉、锌、铁形成铁酸锌镉（$Cd_xZn_{(1-x)}Fe_2O_4$，$x = 0 \sim 1$）。铁酸锌镉具有稳定的正八面体类尖晶石结构，焙砂中性浸出阶段难以分解。浸出渣中的镉大部分以铁酸盐的形式存在，铁酸锌镉是影响中浸渣中镉浸出率的主要因素。因此，SO_2 还原分解铁酸锌镉机制的研究及铁酸锌镉前驱体还原浸出动力学模型的建立可为中浸渣中镉的高效浸出与源头减排提供依据。

2.2.1　铁酸锌镉的理化性质

（1）铁酸锌镉的合成

铁酸锌镉的合成在高温马弗炉内完成。将 Fe_2O_3、CdO 和 ZnO 按化学计量比 $2:1:1$ 在坩埚内混合均匀，置入高温马弗炉内，按 $20\,℃/min$ 升温，至 $960\,℃$，保温 4 h，之后降温至 $55\,℃$。焙烧后的样品用 $80\ g/L$ 硫酸搅拌浸泡 1 h，剩余固体样品收集后置入坩埚中并再次放入高温马弗炉内，待升温至 $960\,℃$ 焙烧 4 h。合成过程中铁酸锌晶格结构中锌的部分位点被镉取代，形成铁酸锌镉。涉及的化学反应如下：

$$ZnO + Fe_2O_3 =\!=\!= ZnFe_2O_4 \qquad (2-7)$$

$$CdO + Fe_2O_3 =\!=\!= CdFe_2O_4 \qquad (2-8)$$

$$1/2ZnO + 1/2CdO + Fe_2O_3 \underline{\underline{\qquad}} Cd_{0.5}Zn_{0.5}Fe_2O_4 \qquad (2-9)$$

(2)铁酸锌镉理化特征

合成的铁酸锌镉($Cd_{0.5}Zn_{0.5}Fe_2O_4$)与铁酸镉、铁酸锌有类似的衍射特征峰（图2-12）。将合成的铁酸锌镉消解后进行化学元素含量分析，可得镉、铁和锌的含量分别为19.5%、12.4%和43.9%，与$Cd_{0.5}Zn_{0.5}Fe_2O_4$中各元素的理论含量相当，如表2-10所示。

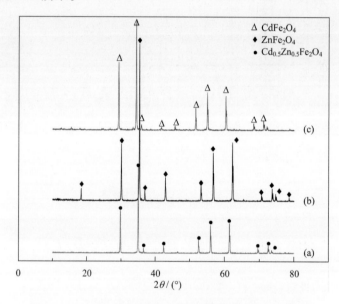

图2-12　合成的铁酸锌、铁酸镉及铁酸锌镉衍射图谱

表2-10　合成的铁酸锌镉中镉、铁和锌含量与理论含量对比

元素	理论含量/%			合成的前驱体中金属含量/%
	$CdFe_2O_4$	$ZnFe_2O_4$	$Cd_{0.5}Zn_{0.5}Fe_2O_4$	
Cd	38.9	—	21.1	19.5
Zn	—	27.0	12.3	12.4
Fe	38.9	46.5	42.3	43.9

合成的铁酸锌镉颗粒大小较均匀，表面疏松多孔，有许多小颗粒相互黏结、团聚，且呈不规则圆形（图2-13）。该形貌特征有利于铁酸锌镉的还原浸出传质过程，因而其对浸出过程有利。合成的铁酸锌镉的粒度为8.21~112.94 μm，D_{50}为46.90 μm，绝大多数颗粒集中分布在中粒径附近（图2-14）。

图 2 - 13 合成的铁酸锌镉样品的表面形貌

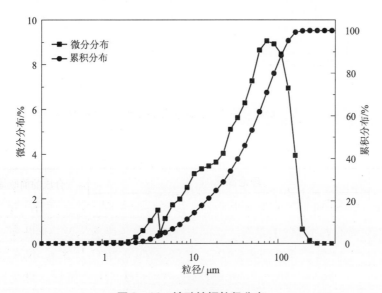

图 2 - 14 铁酸锌镉粒径分布

2.2.2 铁酸锌镉二氧化硫还原浸出理论

（1）二氧化硫水化学特征

在硫化矿焙烧过程中会产生 SO_2 副产物。当 SO_2 溶于水中后，会形成 H_2SO_3。

$$SO_2(aq) + H_2O \rightleftharpoons H_2SO_3 \tag{2-10}$$

$$H_2SO_3 \rightleftharpoons H^+ + HSO_3^- \quad K_1 = 1.54 \times 10^{-2} \tag{2-11}$$

$$HSO_3^- \rightleftharpoons H^+ + SO_3^{2-} \quad K_2 = 1.02 \times 10^{-7} \tag{2-12}$$

SO_2 在水溶液中的存在形式与 pH 的关系以及 SO_2 在水溶液中的溶解度曲线如图 2 - 15 所示。S(IV) 在水中的存在形态受 pH 的影响很大。在标准大气压下，当溶液 pH 小于 4.5 时，溶液中 S(IV) 的存在形式主要有 H_2SO_3 和 HSO_3^-，且两者比例受 pH 的影响。当 pH 小于 1.75 时，溶液中 H_2SO_3 占比大于 HSO_3^-；当 pH 为 1.75 ~ 4.5 时，溶液中 HSO_3^- 占比大于 H_2SO_3。当 pH 大于 4.5 时，水溶液中 S(IV) 主要以 HSO_3^- 和 SO_3^{2-} 形式存在。根据图 2 - 15(b) 可知，SO_2 气体在水溶液中的溶解度随温度的升高而大幅降低。温度为 0℃ 时，溶液中 SO_2 的溶解度为 220 g/L，温度上升至 80℃ 时，SO_2 溶解度急剧下降至 34 g/L。继续升高温度，SO_2 溶解度变化不大，升至 90℃ 时，为 35 g/L。

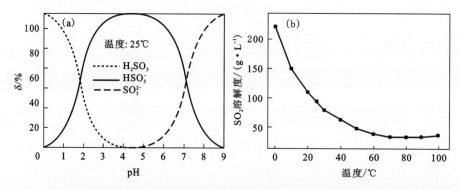

图 2 - 15 (a) SO_2 在水溶液中的存在形式与 pH 的关系；(b) SO_2 在水溶液中的溶解度

(2) Fe - Cd - H_2O 和 Fe - Zn - H_2O 体系电势 - pH 分析

电势 pH 图是指在一定温度和组分活度（浓度）或气体逸度（分压）条件下，反映体系电势变化与 pH 的关系图。通过查阅相关热力学数据及利用化学计算软件 Factsage 6.4，绘制了 Fe - Cd - H_2O 和 Fe - Zn - H_2O 体系在不同温度下的电势 - pH 图，如图 2 - 16 ~ 图 2 - 19 所示。Fe - Cd - H_2O 和 Fe - Zn - H_2O 体系的电势 - pH 图相似度较大。控制较低的电势和 pH 时，Zn^{2+}、Fe^{2+}、Cd^{2+} 拥有更宽的稳定共存区，有利于镉的还原浸出。

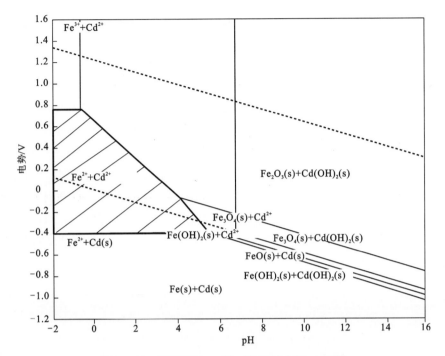

图 2 – 16　25℃下 Fe – Cd – H₂O 的电势 – pH 图

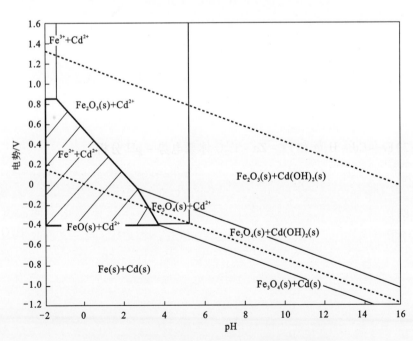

图 2 – 17　100℃下 Fe – Cd – H₂O 的电势 – pH 图

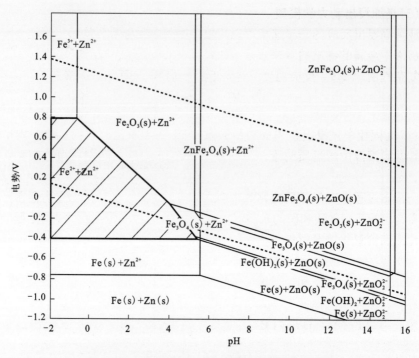

图 2-18 25℃下 Fe-Zn-H₂O 的电势-pH 图

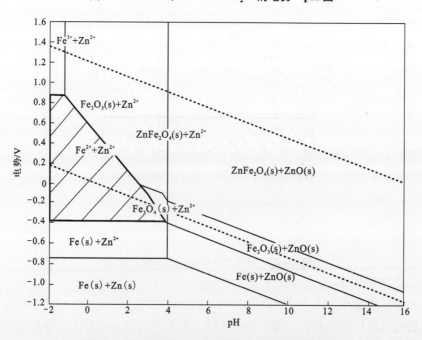

图 2-19 100℃下 Fe-Cd-H₂O 的电势-pH 图

（3）还原浸出动力学模型

液－固浸出反应的浸出速率可以用单位时间内目标溶质从固相颗粒表面转移到浸出液中金属的物质的量来表示，如式（2-13）所示，与反应物的化学物相组成的复杂程度、浓度、反应温度、搅拌速度、固相的表面积等因素有关。

$$\frac{dG}{dt} = -J \cdot S \qquad (2-13)$$

式中：G 为固相中被浸出金属的物质的量，mol；J 为单位时间内从单位固相表面积上转移到溶液中的溶质的量，$mol \cdot s^{-1} \cdot m^{-2}$；$S$ 为液相和固相组分交互反应的面积，m^2。

当浸出过程中有气相反应物参加时，就有固、液、气三相反应物存在。在有氧气参与情况下，以酸和碱的水溶液中铜、锌、铅、铁等硫化物的氧化、低价氧化物氧化成高价氧化物等过程为典型代表。有气体参加反应的浸出过程，可分为下列几个阶段：① 气体被反应体系吸收（气体溶解）；② 溶解的气体向固相表面迁移（外扩散过程）；③ 经固相层扩散（内扩散）；④ 在固相表面发生化学反应；⑤ 反应产物进入反应体系浸出液中。如果反应不可逆，则过程速度由前四个阶段的速度所确定。本书所描述的是有还原性气体参与反应的矿物还原浸出过程，如图 2-20 所示。

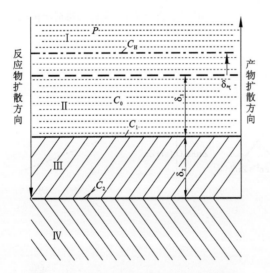

图 2-20　有气体参加的浸出过程示意图

还原反应速率取决于上述几个步骤中的最慢步骤。可见，反应速率可能由扩散控制或化学反应控制。一般认为，在气－液相的界面上，液体被溶解的气体所饱和，气－液相界面上的气体在液相中的浓度 C_H 与气相中该组分的分压 p 之间服从亨利定律,即 $p = H \cdot C_H$,H 为亨利常数。根据亨利定律,SO_2 在溶液中的溶解度与其分压有关,将 SO_2 分压 p 引入有气体参与的还原浸出动力学表达式时,还原浸出反应速率可用下式表示:

$$-\frac{dN}{dt} = k \cdot S \cdot C^\eta \cdot p^\lambda \qquad (2-14)$$

式中:N 为固相颗粒在时刻 t 的质量,g;S 为固相颗粒表面积,m^2;C 为浸出剂的浓度,mol/L;p 为 SO_2 分压,kPa;k 为化学反应速率常数;η 和 λ 分别为硫酸初始浓度和 SO_2 分压影响下模型的表观的反应级数。

将固体颗粒看成球形,设原始半径为 r_0,随着浸出体系中浸出反应的不断进行,固体颗粒的粒径逐渐减小,颗粒体积不断收缩。当浸出反应持续到某时刻 t 时,颗粒剩余物中未反应部分颗粒半径为 r,则固体颗粒中未反应核的界面面积为:

$$S = 4\pi r^2 \qquad (2-15)$$

未反应核质量:

$$N = \frac{4}{3}\pi \rho r^3 \qquad (2-16)$$

式中:ρ 为固体颗粒密度,g/m^3。

式(2-16)中,对 t 进行微分,则有,

$$-\frac{dN}{dt} = -4\pi \rho r^2 \cdot \frac{dr}{dt} \qquad (2-17)$$

将式(2-15)、式(2-16)、式(2-17)代入式(2-14),整理后得:

$$-4\pi \rho r^2 \cdot \frac{dr}{dt} = 4\pi r^2 k \cdot C^\eta \cdot p^\lambda \qquad (2-18)$$

$$-dr = k\frac{C^\eta \cdot p^\lambda}{\rho}dt \qquad (2-19)$$

如果浸出体系中浸出剂过量,则浸出反应过程中浸出剂浓度可以认为不变,而且还原过程中 SO_2 分压保持不变,C 和 p 视为常数,对式(2-19)积分得

$$-\int_r^{r_0} dr = \frac{k \cdot C^\eta \cdot p^\lambda}{\rho}\int_0^t dt \qquad (2-20)$$

因此,当浸出剂过量或浸出剂浓度变化不大且 SO_2 分压维持不变时,可得

$$r_0 - r = \frac{k \cdot C^\eta \cdot p^\lambda}{\rho} \cdot t \qquad (2-21)$$

式(2-21)为反应的动力学方程,表明了浸出体系中固体颗粒半径随浸出时间的变化情况。而在工业生产过程中,固体颗粒半径的变化情况不能够直接进行测定。由于冶金过程中常用到金属的浸出率,因此式(2-21)可转化为金属浸出率的表达式。

颗粒半径可用金属浸出率 α 表示,

$$\alpha = \frac{\Delta M}{M} = \frac{\frac{4}{3}\pi r_0^3 - \frac{4}{3}\pi r^3}{\frac{4}{3}\pi r_0^3} = 1 - \frac{r^3}{r_0^3} \qquad (2-22)$$

将式(2-22)代入式(2-21)中,得:

$$1 - (1-\alpha)^{\frac{1}{3}} = \frac{k \cdot C^\eta \cdot p^\lambda}{\rho \cdot r_0} \cdot t \qquad (2-23)$$

对于特定还原浸出体系而言,式中 C、η、λ、r_0 及 ρ 均为常数,将其合并后,得到:

$$1 - (1-\alpha)^{\frac{1}{3}} = \frac{k \cdot C^\eta \cdot p^\lambda}{\rho \cdot r_0} \cdot t = k_r \cdot t \qquad (2-24)$$

式(2-24)即为化学反应控制的动力学方程,浸出剂浓度 C、SO_2 分压 p 及固体颗粒粒径在一定范围内变化时,满足该方程,即将 $1 - (1-\alpha)^{1/3}$ 对反应时间 t 进行线性拟合,得到线性相关方程,方程的斜率即为浸出反应速率常数 k',根据阿累尼乌斯(Arrhenius)方程可求解浸出反应的表观活化能。

同理可以得出,在浸出反应受扩散过程控制时,其浸出动力学方程为

$$1 - 3(1-\alpha)^{\frac{2}{3}} + 2(1-\alpha) = \frac{b \cdot D_{\text{eff}} \cdot C^\eta \cdot p^\lambda}{\rho \cdot r_0^2} \cdot t = k_d \cdot t \qquad (2-25)$$

反应表观活化能可根据 Arrhenius 方程求解,方程两边同时取对数得:

$$\ln k = \ln A - \frac{E_a}{RT} \qquad (2-26)$$

式中:A 为指前因子,常数;E_a 为反应的表观活化能,kJ/mol;R 为理想气体常数;T 为热力学温度,K。以实验数据所得的 $\ln k$ 对 $1000/T$ 作图,进行线性拟合,直线斜率即为 Arrhenius 方程中的 $-E_a/R$,可求得还原浸出反应的表观活化能。

2.2.3 铁酸锌镉浸出过程特征

(1)铁酸锌镉二氧化硫还原分解机制

①SO_2 还原气氛对镉还原浸出率的影响

95℃时,SO_2 还原气氛对镉还原浸出率的影响如图 2-21 所示。用 80 g/L H_2SO_4 浸出 2 h,镉浸出率为 54.7%;用分压为 200 kPa 的 SO_2 浸出,镉浸出率也仅为 23.1%;当采用分压为 200 kPa 的 SO_2 和初始浓度为 80 g/L 的 H_2SO_4 时,镉浸出率大幅提高,达到 99.1%。可见,在铁酸盐的 SO_2 还原分解过程中,需要维持溶液在一定的酸度范围。镉浸出率在 $SO_2 - H_2SO_4$ 混合体系中大幅提高的原因是在高速搅拌作用下,溶液中 H^+ 与铁酸锌镉中的镉、锌原子发生交换反应,使得铁酸锌镉晶体结构产生晶格缺陷,从而促进 S(Ⅳ)与 Fe(Ⅲ)之间发生氧化还原反应,

进而促进铁酸锌镉的溶解及镉的高效浸出。

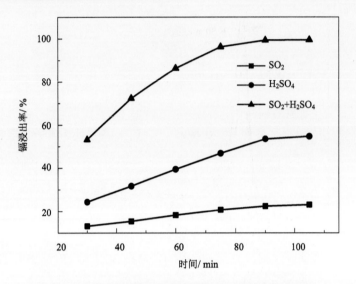

图 2 – 21　SO$_2$，H$_2$SO$_4$ 和 SO$_2$ + H$_2$SO$_4$ 系统中镉浸出率

②SO$_2$ 还原浸出铁酸锌镉的过程特征

合成的铁酸锌镉(Cd$_{0.5}$Zn$_{0.5}$Fe$_2$O$_4$)、30 min 中间浸出渣及 60 min 中间浸出渣的 O1s XPS 图谱(图 2 – 22)在 529.9 eV 处具有相同的电子峰，该位置电子峰为 Fe—O 键中 O 原子电子峰。浸出中间产物在 531.5 eV 电子峰处发生分裂，这主要是出现了 O—H 键中 O 原子振动峰，表明在反应过程中产生了—OH，说明在有 H$^+$ 存在的高速搅拌反应条件下，质子取代铁酸锌镉中 Cd—O 键或 Zn—O 键中的 Cd 原子和 Zn 原子，使得铁酸锌镉晶体结构产生晶格缺陷，从而有利于促进晶格中 Fe(Ⅲ)与 ·HSO$_3$ 之间的氧化还原反应。

反应历程如下：

$$SO_2 + H_2O \Longrightarrow H^+ + HSO_3^- \tag{2-27}$$

$$Cd_{0.5}Zn_{0.5}Fe_2O_4(s) + H^+ + HSO_3^- \Longrightarrow Cd_{0.5}Zn_{0.5}Fe_2O_4H^+ \cdot HSO_3^-$$
$$\tag{2-28}$$

$$Cd_{0.5}Zn_{0.5}Fe_2O_4H^+ \cdot HSO_3^- \Longrightarrow Cd_{0.5}Zn_{0.5}Fe_2O_3OH + \cdot HSO_3 \tag{2-29}$$

$$Cd_{0.5}Zn_{0.5}Fe_2O_3OH + \cdot HSO_3 + 2H_2SO_4 \Longrightarrow 1/2ZnSO_4 + 1/2CdSO_4 + 2FeSO_4 + 3H_2O$$
$$\tag{2-30}$$

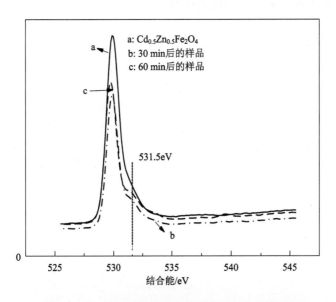

图 2 – 22　铁酸锌镉及中间浸出渣的 O1s XPS 图谱

图 2 – 23 为合成铁酸锌镉的还原浸出过程示意图。

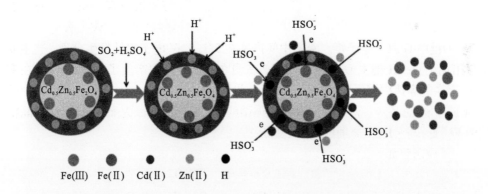

图 2 – 23　铁酸锌镉前驱体 SO₂ 还原浸出过程示意图

主要步骤如下：

①将 SO₂ 气体在压力气氛下通入高压釜中的硫酸浸出体系，生成 H_2SO_3，H_2SO_3 按式（2 – 11）和式（2 – 12）发生电离反应。在酸度较高的溶液中，$S(\mathrm{IV})$ 主要是以 H_2SO_3 形式存在，并伴有少量的 HSO_3^-。

②对于高压釜中的固液混合体系，在高速搅拌过程中，质子与铁酸锌镉晶体结构中O—Cd键和O—Zn键发生置换反应，生成O—H键，如图2-22所示，在531.5 eV处出现了O—H键电子峰，表明在此阶段O原子的存在形式发生了变化。

③铁酸锌镉晶体结构中O—Cd键和O—Zn键中的Cd原子和Zn原子被质子取代后，形成O—H键，铁酸锌镉结构出现晶格缺陷。反应过程中产生的·HSO₃与Fe(Ⅲ)进行电子交换，发生氧化还原反应，Fe(Ⅲ)被还原为Fe(Ⅱ)，铁酸锌镉中Fe(Ⅲ)以Fe^{2+}形态进入浸出液，铁酸锌镉正八面体结构被破坏。

(2)铁酸锌镉还原浸出前后结构特征

铁酸锌、铁酸镉及铁酸锌镉均具有正八面体尖晶石结构。根据红外光谱(图2-24)分析，350 cm^{-1}(v2)处峰为八面体位点Fe—O键振动峰，500～600 cm^{-1}(v1)处，峰为四面体位点Fe—O键振动峰。图中合成的铁酸锌镉、30 min和60 min浸出中间产物在556.77 cm^{-1}处有共同的振动峰，说明合成的铁酸锌镉具有反尖晶石结构。中间产物与合成的铁酸锌镉具有类似的红外光谱图，结合图2-8中不同反应时间浸出渣的XRD图谱分析，虽然浸出过程中铁酸锌镉粒子的团聚现象减弱，但剩余样品仍具有与铁酸锌镉原样类似的结构。

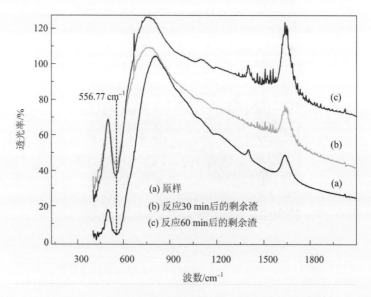

图2-24　铁酸锌镉原样与浸出中间产物的红外光谱图

(3)铁酸锌镉还原浸出前后形貌变化

合成的铁酸锌镉颗粒大小较均匀，表面疏松多孔，有许多小颗粒相互黏结、团聚，且呈不规则圆形(图2-25)。而30 min和60 min浸出剩余渣的SEM图表明，原渣的团簇状结构减弱，形成明显的层状结构，但结合图 2 - 8 的 XRD 图谱分析，虽然浸出渣相比原渣形貌发生了变化，但仍然具有与原渣类似的尖晶石结构。

图 2 - 25　合成的铁酸锌镉与浸出中间产物的 SEM 图

(a)原渣；(b)30 min 浸出剩余渣；(c)60 min 浸出剩余渣

(4)铁酸锌镉二氧化硫还原浸出动力学

①粒径的影响

控制铁酸锌镉固体样 30 g、硫酸初始浓度 80 g/L、温度 90℃、SO_2 分压 200 kPa、液固比 10∶1、高压釜搅拌速度 400 r/min、反应时间 90 min，采用四种粒径范围：$-60 \sim 45$ μm，$-75 \sim 60$ μm，$-90 \sim 75$ μm，$-105 \sim 90$ μm，分析合成铁酸锌镉粒径对镉浸出率的影响，结果如图 2 - 26 所示。粒径对镉浸出率的影响较小,各浸出时段的镉浸出率差别不大。鉴于合成的铁酸锌镉的粒径对镉浸出率的影响较小,浸出时间为 90 min 时镉浸出率均可以达到 99% 以上。因此,选定粒径为 −90 ~ 75 μm的样品进行铁酸锌镉还原浸出机制及动力学分析。

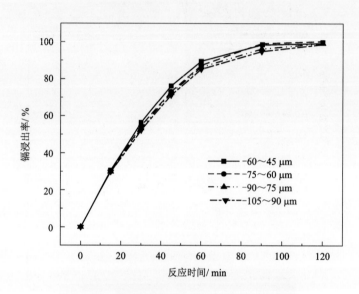

图 2 −26 铁酸锌镉粒径对镉还原浸出率的影响

图 2 −27 为铁酸锌镉不同时间内浸出产物的粒径分布图。随着反应进行,铁酸锌镉颗粒粒径逐渐减小,粒径分布范围变窄;当反应时间延长至 30 min 后,颗粒粒径整体呈随反应时间的延长而逐渐变小的趋势。

②温度对铁酸锌镉还原浸出的影响

控制搅拌速率 400 r/min、硫酸初始浓度 80 g/L、液固比 10:1、SO₂ 分压 200 kPa时,分别在 75 ~ 95℃条件下还原浸出 90 min,反应温度对铁酸锌镉浸出的影响见图 2 −28。由图可知,温度对铁酸锌镉的浸出有显著影响。随着温度的升高,中浸渣中镉浸出率显著提高。在 90℃ 条件下反应 90 min,镉浸出率达 99.5%。当温度提高至 95℃时,其对镉浸出率影响不大。取浸出反应速率恒定区数据作图,可得不同浸出温度下镉的 $1 - (1 - \alpha)^{1/3}$ 和 $1 - (1 - \alpha)^{2/3} + 2(1 - \alpha)$ 与反应时间的关系图,结果如图 2 −29 和图 2 −30 所示。由这两图可知,化学反应控制模型 $1 - (1 - \alpha)^{1/3}$ 的相关系数 R^2 相比于扩散控制模型的更高,这说明其相关性更好。

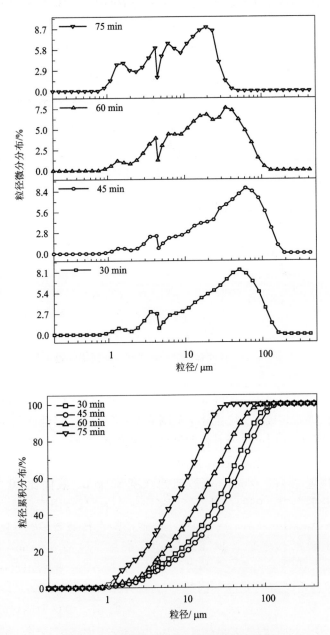

图 2 - 27　铁酸锌镉浸出产物的粒径分布图

根据图 2 - 29、图 2 - 30 和图 2 - 31 中直线的斜率与表观活化能 E_a，得如下式所示的 Arrhenius 方程：

$$\ln k = \ln A \frac{E_a}{RT} \qquad (2-31)$$

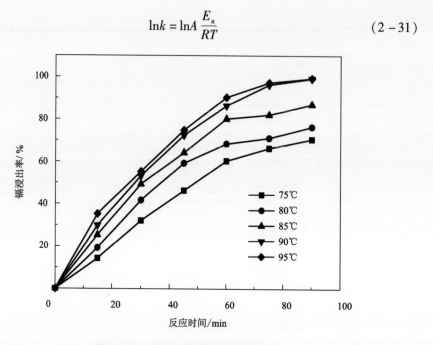

图 2 - 28　温度对镉浸出率的影响

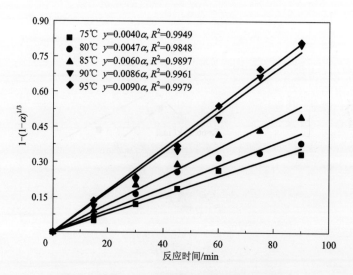

图 2 - 29　$1-(1-\alpha)^{1/3}$ 与反应时间的关系图

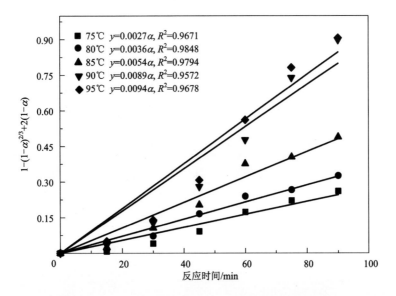

图 2-30　$1-(1-\alpha)^{2/3}+2(1-\alpha)$ 与反应时间的关系图

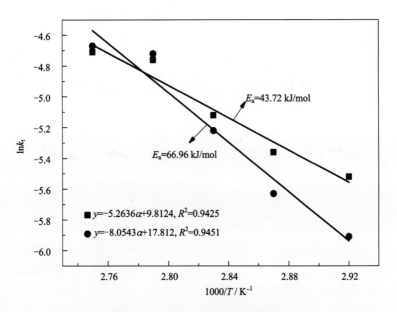

图 2-31　$\ln k_t$ 与 $1000/T$ 的关系图

以 $\ln k$ 对 $1000/T$ 作图并进行线性拟合，如图 2 – 31 所示，直线斜率为 Arrhenius方程中的 $-E_a/R$，由此即可求得反应表观活化能。一般认为反应表观活化能大于 40 kJ/mol，则该过程可能受化学反应控制，反应表观活化能小于 10 kJ/mol，则为扩散控制过程。图 2 – 31 中所得的扩散控制模型的表观活化能为 66.96 kJ/mol，说明铁酸锌镉的 SO_2 还原浸出过程为化学反应控制过程。

铁酸锌镉在硫酸初始浓度为 80 g/L、温度为 90℃ 及 SO_2 分压为 200 kPa时，反应不同时间浸出渣的 XRD 图谱如图 2 – 32 所示。图中所示 XRD 衍射特征峰均为未分解的 $Cd_{0.5}Zn_{0.5}Fe_2O_4$ 衍射峰，并且无其他新物质的衍射峰，表明浸出过程中无任何固体产物层形成，因此铁酸锌镉的 SO_2 还原浸出过程不可能被固体产物层控制，也表明铁酸锌镉的 SO_2 还原浸出为化学反应控制过程。

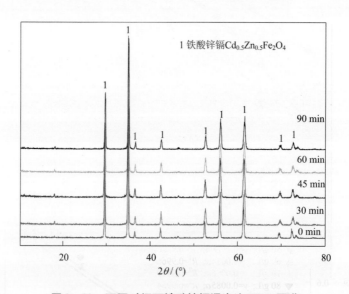

图 2 – 32　不同时间下铁酸锌镉浸出渣 XRD 图谱

③硫酸初始浓度对铁酸锌镉还原浸出的影响

控制搅拌速率为 400 r/min、温度为 90℃、液固比为 10∶1、SO_2 分压为 200 kPa，硫酸初始浓度与铁酸锌镉中镉的浸出率的关系如图 2 – 33 所示。硫酸初始浓度在 50～90 g/L 时对镉浸出率的影响较大，提高硫酸初始浓度有助于促进铁酸锌镉中镉的浸出。硫酸初始浓度为 50 g/L 时，反应 90 min 后，镉浸出率为 59.17%；硫酸初始浓度为 80 g/L 时，反应 90 min 后，镉浸出率为 99.12%；硫酸初始浓度为 90 g/L 时，反应相同时间后，镉浸出率为 99.27%。可见，80 g/L 的硫酸初始浓度即能够达到镉浸出指标的要求。

将图 2 - 33 中不同硫酸初始浓度下的镉浸出率代入收缩核化学反应控制模型并作动力学曲线拟合,得到不同硫酸初始浓度下的表观反应速率常数,如图 2 - 34 所示,除 50 g/L 的硫酸初始浓度,其他的硫酸初始浓度下的相关系数均大于 0.99。以 $\ln k_e$ 对 $\ln C_{H_2SO_4}$ 作图(图 2 - 35),得出硫酸初始浓度影响下模型的表观反应级数为 2.18。

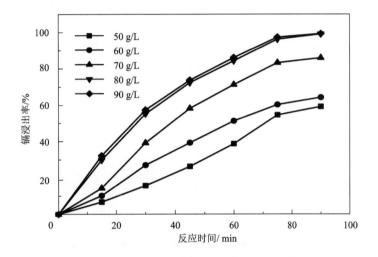

图 2 - 33 硫酸初始浓度对镉浸出率的影响

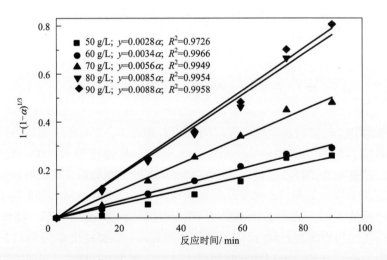

图 2 - 34 $1 - (1 - \alpha)^{1/3}$ 与反应时间的关系图

④SO₂分压对铁酸锌镉还原浸出的影响

SO₂具有较强的还原能力，可以将 Fe(Ⅲ)还原为 Fe(Ⅱ)，从而促进反应的进行。SO₂溶于水后发生电离，生成 HSO₃⁻离子。

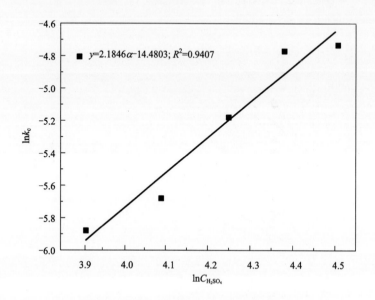

图 2 − 35 lnk_c 与 ln$C_{H_2SO_4}$的关系图

根据幂律模型：

$$r_i \propto \prod_j [\alpha_j]^{m_j} \qquad (2-32)$$

式中：r_i 为化学反应速率，mol·L⁻¹·s⁻¹；[α_j]为溶液中 H₂SO₃(aq.)和 HSO₃⁻的浓度总和，mol·L⁻¹。可知，SO₂的溶解度以及 H₂SO₃的离解度与 SO₂分压和溶液的酸度有关。SO₂分压对镉浸出率的影响如图 2 − 36 所示。可见，SO₂分压对镉浸出率影响较大，且镉浸出率随反应时间的延长而增大。SO₂分压为 50 kPa 时，反应90 min 后，镉浸出率为 51.61%；SO₂分压为 200 kPa 和 250 kPa 时，镉浸出率分别为 99.12% 和 99.45%。可见，200 kPa 的分压可以满足镉浸出指标的要求。将各分压下的镉浸出数据代入化学反应控制模型 1 − (1 − α)¹ᐟ³，得 1 − (1 − α)¹ᐟ³ 与反应时间的关系图。根据各分压下镉浸出率数据的相关系数(图 2 − 37)，以 lnk_p − lnp_{SO_2}作图得图 2 − 38，经过计算得出 SO₂分压影响下模型的表观反应级数为 0.83。

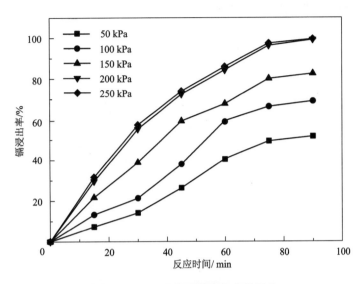

图 2－36　SO₂分压对镉浸出率的影响

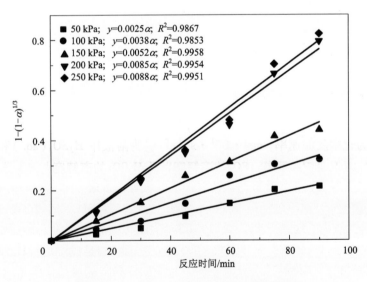

图 2－37　$1-(1-\alpha)^{1/3}$ 与反应时间的关系图

⑤镉还原浸出动力学模型表达式

由温度、硫酸初始浓度及二氧化硫分压对镉还原浸出速率的影响得出，SO₂还原分解铁酸锌镉的动力学表达式为：

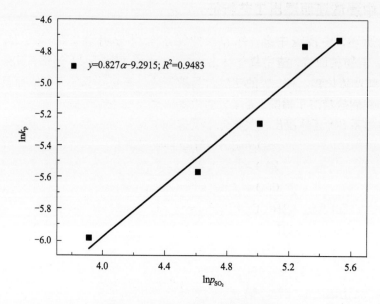

图 2-38　$\ln k_p$ 与 $\ln p_{SO_2}$ 的关系图

$$1-(1-\alpha)^{\frac{1}{3}}=k_r\cdot t=k_0\cdot C_{H_2SO_4}^{2.18}\cdot p_{SO_2}^{0.83}\cdot\exp\left(-\frac{43720}{RT}\right)\cdot t \qquad (2-33)$$

铁酸锌镉中镉还原浸出率随着温度的升高、硫酸初始浓度及二氧化硫分压的增大而提高。

2.3 中浸渣还原浸出特征及镉浸出动力学

在传统湿法炼锌过程中，由于镉、锌铁酸盐的存在，导致镉、锌的浸出率低，形成的中浸渣中镉、锌含量较高，虽然后续可通过挥发窑回收镉、锌等金属，但存在过程能耗大，收尘过程二次污染等问题。若能在湿法炼锌的过程中处理中浸渣，则可减少污染，提高效率。国内锌冶炼企业有的采用高温高酸浸出来提高镉、锌的浸出率，但存在反应时间长、酸耗量大且能耗大等缺点。基于锌冶炼中浸渣矿物学特征及浸出特性、铁酸锌镉 SO_2 还原分解机制及动力学研究，将 SO_2 还原剂应用于锌冶炼中浸渣的处理，得到中浸渣多金属还原浸出工艺特征及中浸渣中镉还原浸出动力学特征。

2.3.1　中浸渣还原浸出工艺特征

如前所述，中浸渣中镉、锌和铁的元素含量分别为 0.261%、35.99% 和 15.93%。就物相而言，渣中氧化锌占 31.12%，铁酸锌占 29.93%，其余为硫酸锌、硅酸锌及硫化锌。锌、镉的硫酸盐易溶于水，氧化物易溶于酸，而具有尖晶石结构的铁酸盐难溶于稀酸，是中浸渣中难以浸出的主要对象。

硫酸体系 SO_2 还原浸出相关的化学反应如下：

$$SO_2(aq.) + H_2O \Longrightarrow H_2SO_3 \tag{2-34}$$

$$ZnO + H_2SO_4 \Longrightarrow ZnSO_4 + H_2O \tag{2-35}$$

$$CdO + H_2SO_4 \Longrightarrow CdSO_4 + H_2O \tag{2-36}$$

$$ZnFe_2O_4 + 2H_2SO_4 + H_2SO_3 \Longrightarrow ZnSO_4 + 2FeSO_4 + 3H_2O \tag{2-37}$$

$$CdFe_2O_4 + 2H_2SO_4 + H_2SO_3 \Longrightarrow CdSO_4 + 2FeSO_4 + 3H_2O \tag{2-38}$$

$$Cd_xZn_{(1-x)}Fe_2O_4 + 2H_2SO_4 + H_2SO_3 \Longrightarrow xCdSO_4 +$$
$$(1-x)ZnSO_4 + 2FeSO_4 + 3H_2O \ (x = 0 \sim 1) \tag{2-39}$$

（1）二氧化硫还原气氛对镉、锌、铁浸出率的影响

控制温度 95℃、液固比 10:1、硫酸初始浓度 65 g/L、SO_2 分压 200 kPa、转速 400 r/min，采用 SO_2 作为还原剂，SO_2 还原气氛对中浸渣中镉、锌、铁浸出率的影响如图 2-39 所示。SO_2 的存在对中浸渣中有价金属的浸出率影响较大。未通入 SO_2 时，镉、锌、铁的浸出率分别为 44.32%、67.47% 和 4.74%。引入还原剂 SO_2 后，镉、锌、铁的浸出率分别为 82.76%、87.84% 和 78.72%。可见，未通入 SO_2 时，铁的浸出率极低，表明铁在中浸渣中主要是以铁酸盐形式存在。未通入 SO_2 时，镉主要以硫酸镉、氧化镉及少部分镉铁酸盐的形式存在。锌主要为硫酸锌、氧化锌、硅酸锌及部分铁酸锌。该条件下镉、锌的浸出仍不完全，需要对还原浸出工艺条件进行优化。

（2）温度对镉、锌、铁浸出率的影响

控制硫酸初始浓度 65 g/L、液固比 10:1、SO_2 分压 200 kPa、转速 400 r/min、时间 120 min，温度对中浸渣中镉、锌、铁的浸出率影响较大（图 2-40）。温度为 65℃时，中浸渣中镉、锌和铁的浸出率分别为 61.92%、64.49% 和 50.78%；温度上升至 95℃时，镉、锌和铁的浸出率分别上升至 99.11%、93.43% 和 93.38%。温度升高至 100℃时，其对镉、锌和铁的浸出率影响不大。因此，还原浸出系统温度设定为 95℃。采用 SO_2 还原浸出后，虽然还原系统温度与高温高酸浸出相比并无明显降低，但反应时间却由热酸浸出系统的 5 h 降低至 2 h，这不仅缩短了反应时间，也降低了酸耗和能耗。

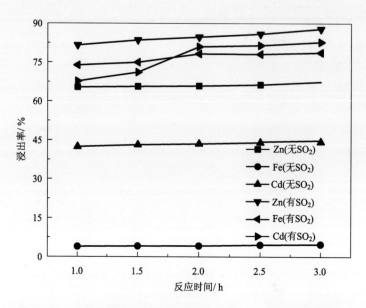

图 2-39　二氧化硫还原气氛对中浸渣中镉、锌、铁浸出率的影响

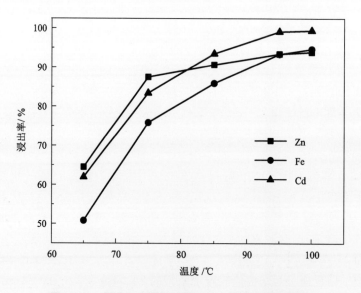

图 2-40　温度对中浸渣中镉、锌、铁浸出率的影响

（3）硫酸初始浓度对镉、锌、铁浸出率的影响

控制浸出反应温度95℃、液固比10∶1、SO_2分压200 kPa、转速400 r/min、时间120 min，硫酸初始浓度对中浸渣中镉、锌、铁浸出率有较大影响（图2–41）。硫酸初始浓度为35 g/L时，镉、锌、铁的浸出率分别为50.7%、63.2%和38.46%。硫酸初始浓度上升为80 g/L时，中浸渣中镉、锌、铁的浸出率分别为99.1%、93.42%和93.38%。当硫酸初始浓度为95 g/L时，镉、锌、铁的浸出率提高幅度不大。因此，80 g/L的硫酸初始浓度能满足浸出率的要求。可见，浸出系统引入SO_2还原剂后，硫酸初始浓度及反应时间均大幅降低，从而也会降低能耗和酸耗。

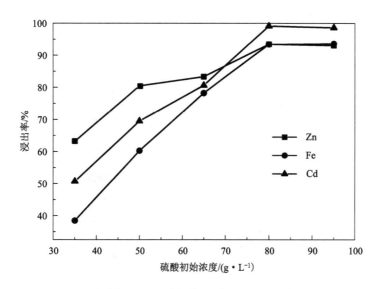

图2–41　硫酸初始浓度对中浸渣中镉、锌、铁浸出率的影响

（4）液固比对镉、锌、铁浸出率的影响

控制浸出反应温度95℃、硫酸初始浓度80 g/L、SO_2分压200 kPa、转速400 r/min、时间120 min，液固比（4∶1～12∶1）对中浸渣中镉、锌、铁浸出率的影响如图2–42所示。硫酸初始浓度一定时，液固比对中浸渣中镉、锌、铁浸出率的影响较大。液固比为4∶1时，中浸渣中镉、锌、铁的浸出率分别为61.62%、65.67%和51.45%；当液固比上升至10∶1时，镉、锌、铁的浸出率分别上升为99.11%、93.42%和91.38%。当液固比上升至12∶1时，镉浸出率仅上升至99.87%。可见，液固比10∶1能满足镉浸出率的要求。

（5）二氧化硫分压对镉、锌、铁浸出率的影响

控制浸出反应温度95℃、硫酸初始浓度80 g/L、液固比10∶1、转速

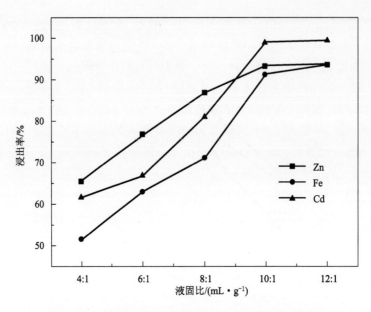

图2-42 液固比对中浸渣中镉、锌、铁浸出率的影响

400 r/min、时间120 min，SO$_2$分压（100～300 kPa）对中浸渣中镉、锌、铁的浸出率有较大影响（图2-43）。SO$_2$分压为100 kPa时，中浸渣中镉、锌、铁的浸出率分别为60.73%、49.01%和63.12%；当分压为200 kPa时，镉、锌、铁的浸出率分别为99.11%、94.26%和94.23%。SO$_2$分压继续升高至250 kPa和300 kPa时，金属的浸出率变化不大。由于SO$_2$在水中的溶解度及存在形态受其分压影响，在酸性较强的溶液中，标准大气压下SO$_2$溶于水后主要以·HSO$_3$形态存在，SO$_2$分压升高后，溶液中HSO$_3^-$比例增大，有助于形成更多的·HSO$_3$，进而有助于·HSO$_3$与中浸渣中的Fe(Ⅲ)发生氧化还原反应，加速中浸渣中镉、锌铁酸盐的溶解，提高了锌、镉、铁的浸出率。

（6）搅拌速度对镉、锌、铁浸出率的影响

控制反应温度95℃、硫酸初始浓度80 g/L、液固比10∶1、SO$_2$分压200 kPa、时间120 min，高压釜搅拌速度（0～500 r/min）对中浸渣中镉、锌、铁浸出率有较大影响（图2-44）。未搅拌时，中浸渣中镉、锌、铁浸出率分别为23.12%、30.35%和17.34%；当搅拌速度为400 r/min时，镉、锌、铁浸出率分别为99.11%、93.43%和93.38%；高速搅拌促进了·HSO$_3$的形成及其与Fe(Ⅲ)之间的氧化还原反应。搅拌速度上升至500 r/min时，镉、锌、铁浸出率变化不大。因此，400 r/min的转速可以满足浸出率的要求。

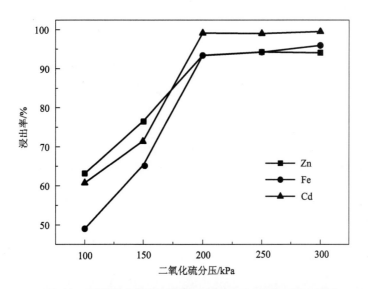

图 2 - 43　二氧化硫分压对中浸渣中镉、锌、铁浸出率的影响

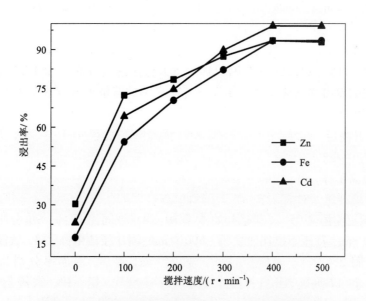

图 2 - 44　搅拌速度对中浸渣中镉、锌、铁浸出率的影响

2.3.2　中浸渣还原浸出过程特征

（1）物相

中浸渣与不同时段的还原浸出渣的 XRD 图谱（图 2 – 45）表明，随着反应的进行，铁酸盐的衍射峰在逐渐消失，而硫化锌（硫化镉）以及硫酸铅的衍射峰逐渐增强，说明中浸渣在 SO_2 还原浸出 30 min 后，锌、镉的氧化物已经完全溶解；而反应 90 min 后，铁酸盐的衍射峰消失。铁酸盐完全分解后，仍有锌、镉硫化物的衍射峰，表明还原分解过程中，硫化物未被完全浸出。还原浸出过程中，硫酸铅衍射峰保持不变，还原浸出过程中硫酸铅难以溶解。铁酸盐完全分解后，还原浸出渣中仅剩余硫酸铅和锌、镉硫化物的衍射峰，硫化物部分溶解。

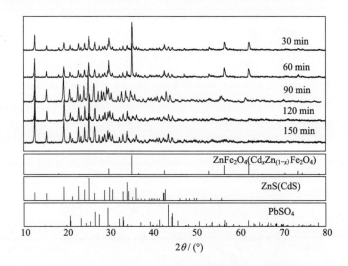

图 2 – 45　不同反应时间还原浸出渣的 XRD 图谱

（2）表面形貌

中浸渣及 60 min 和 120 min 后的还原浸出渣的 SEM 图如图 2 – 46 所示。中浸渣中元素多样，晶体类型复杂，且颗粒层之间相互嵌赋包裹。通入 SO_2 还原反应 60 min 后，颗粒表面变粗糙，表面粒径变小；而反应 120 min 后，颗粒层变稀薄，包裹和嵌赋现象减弱，剩余颗粒主要为硫酸铅和硫化锌晶体。

中浸渣在最佳浸出条件下的还原浸出渣的 SEM/EDS 图表明（图 2 – 47），还原浸出渣颗粒中含量最高的为 Pb，局部 Pb 含量接近 70%，表明还原浸出条件下，Pb 难以浸出。

图 2 - 46 中浸渣及其还原浸出渣的 SEM 图

(a)中浸渣；(b)60 min 还原浸出渣；(c)120 min 还原浸出渣

(3)浸出过程机理

中浸渣及中间过程还原浸出渣的 O1s XPS 图谱如图 2 - 48 所示。中浸渣还原浸出 30 min 和 60 min 后残渣与原渣呈现不同的 O1s 图谱。在 531.5eV 处，还原浸出过程中残渣出现了不同于原渣的电子峰，该电子峰为 O—H 键中 O 原子的振动峰，说明在还原浸出过程中 O 原子存在形态出现了变化，形成了 O—H 键，这与合成的铁酸锌镉前驱体及其还原浸出渣的 XPS 检测图谱中的分析一致。

结合铁酸锌镉前驱体 SO_2 的还原分解机制，中浸渣还原浸出过程中发生的主要反应如下：

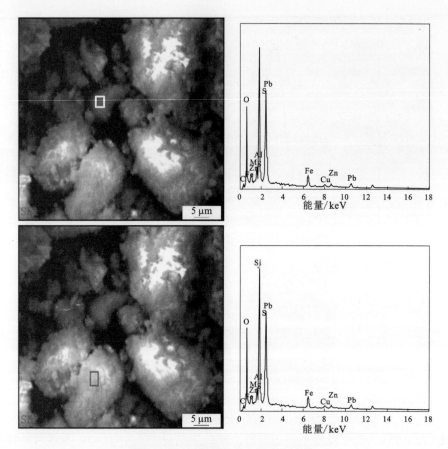

图 2 – 47 还原浸出渣 SEM/EDS 图

$$SO_2 + H_2O = H^+ + HSO_3^- \tag{2-40}$$

$$Cd_xZn_{(1-x)}Fe_2O_4(s) + H^+ + HSO_3^- = Cd_xZn_{(1-x)}Fe_2O_4H^+ \cdot HSO_3^-$$
$$\tag{2-41}$$

$$Cd_xZn_{(1-x)}Fe_2O_4H^+ \cdot HSO_3^- = Cd_xZn_{(1-x)}Fe_2O_3OH + \cdot HSO_3 \tag{2-42}$$

$$Cd_xZn_{(1-x)}Fe_2O_3OH + \cdot HSO_3 + 2H_2SO_4 = xCdSO_4 + 2FeSO_4 + (1-x)ZnSO_4 + 3H_2O$$
$$\tag{2-43}$$

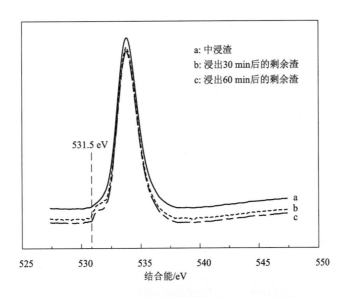

图 2 - 48　中浸渣和还原浸出渣的 O1s XPS 图谱

(a)中浸渣；(b)30 min 后的还原浸出渣；(c)60 min 后的还原浸出渣

2.3.3　中浸渣镉还原浸出动力学

(1)温度

控制初始硫酸浓度 80 g/L、SO_2 分压 200 kPa、液固比 10∶1、转速 400 r/min、温度(75～95℃)对中浸渣中镉还原浸出率的影响见图 2 - 49(a)。温度对镉浸出率有明显影响。反应温度为 75℃ 时,反应 30 min 后,镉浸出率达到 31.62%；120 min 后镉浸出率达到 61.7%。反应温度为 90℃ 时,反应 30 min,镉浸出率为 40.25%,反应 120 min 后镉浸出率达到 99.13%,说明此时镉的铁酸盐已经浸出,同时部分硫化镉也被浸出。

将镉浸出数据代入化学反应控制模型和扩散控制模型,对图 2 - 49(a)数据进行线性相关拟合,结果如图 2 - 49(b)和 2 - 50(a)所示,所得直线斜率即为镉的 SO_2 还原浸出反应速率常数 k_t。以 $\lg k_t$ 对 $1000/T$ 作图,可得中浸渣中镉的 SO_2 还原浸出的 Arrhenius 图,结果如图 2 - 50(b)所示。经计算,化学反应控制模型的镉还原浸出的反应活化能为 62.19 kJ/mol,而扩散控制模型的活化能为 85.37 kJ/mol。化学反应控制模型的相关系数均大于扩散控制模型,说明中浸渣中镉的还原浸出过程更符合化学反应控制模型。

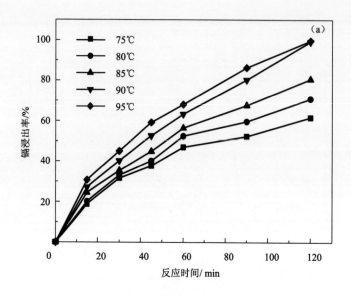

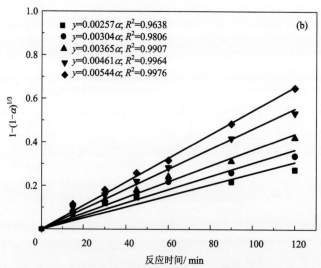

图 2 - 49　(a) 不同反应温度下镉浸出率随时间的变化；

(b) $1 - (1 - \alpha)^{1/3}$ 与反应时间的关系图

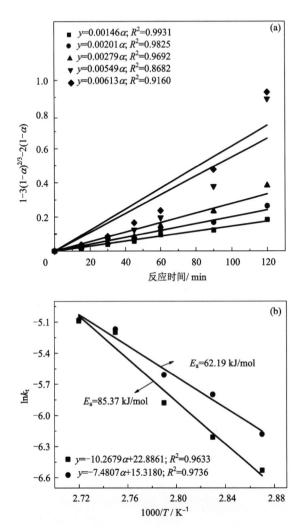

图 2-50　(a) $1-3(1-\alpha)^{2/3}+2(1-\alpha)$ 与反应时间的关系图；
(b) $\ln k_t$ 与 $1000/T$ 的关系图

(2) 粒度

中浸渣中锌、镉的各种化合物复盐以及它们之间相互嵌是镉难以浸出的主要原因。粒径大小对镉浸出率有较大影响。选择中浸渣初始粒径范围为 $-45\sim30$ μm、$-60\sim45$ μm、$-75\sim60$ μm 和 $-90\sim75$ μm，硫酸初始浓度 80 g/L，温度 90℃，液固比 10:1，SO_2 分压 200 kPa，中浸渣粒径对镉浸出率的影响如图 2-51 (a) 所示。反应 120 min 后，粒径范围为 $-45\sim30$ μm 和 $-90\sim75$ μm 的原渣中镉浸出率分别达到 68.54% 和 99.13%。

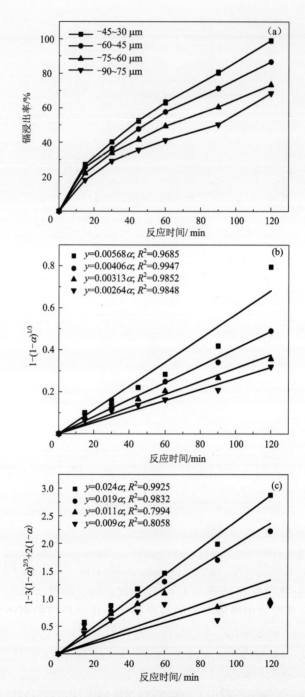

图 2 – 51　（a）粒径及反应时间对镉浸出率的影响；（b）$1-(1-\alpha)^{1/3}$与反应时间的关系图；
（c）$1-3(1-\alpha)^{2/3}+2(1-\alpha)$与反应时间的关系图

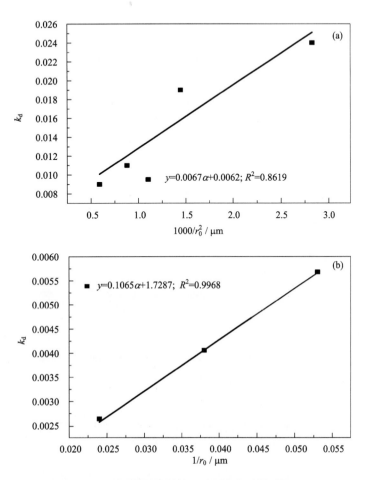

图2-52　(a)速率常数(k_d)与$1000/r_0^2$的关系图；
(b)速率常数(k_d)与$1/r_0$的关系图

　　由浸出动力学模型可知，如果化学反应速率与$1/r_0$成正比，则反应倾向于化学反应控制过程；化学反应速率与$1/r_0^2$成正比，则说明浸出反应为扩散控制过程。将不同粒径范围的中浸渣中镉的浸出率代入化学反应控制动力学模型表达式，结果如图2-51(b)所示。将所得k_d值分别对$1000/r_0^2$和$1/r_0$作图，结果如图2-52(a)和2-52(b)所示。相关系数分别为0.9968和0.9878，说明中浸渣中镉的还原浸出倾向于化学反应控制过程。以$\ln k_d - \ln r_0$作图(图2-53)，所得直线的斜率为-0.98，说明还原浸出过程中粒径对镉还原浸出的影响较大。

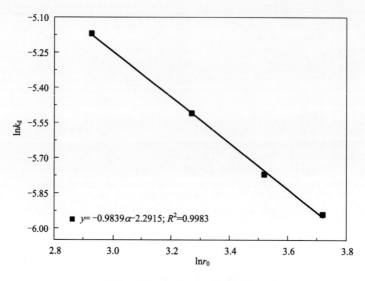

图 2 - 53 $\ln k_d$ 与 $\ln r_0$ 的关系图

(3)硫酸初始浓度

硫酸初始浓度(50 ~ 90 g/L)对中浸渣中镉浸出率的影响较大,如图 2 - 54(a)所示。初始浓度分别为 50 g/L 及 80 g/L 时,反应 120 min 后,镉浸出率分别为 79.35% 和 98.95%。硫酸初始浓度提升至 90 g/L 时对镉浸出率提升较小。这主要基于溶液中酸度对反应有较大影响,而镉浸出率主要受化学反应控制,当酸度提高到一定数值时,其对镉浸出率影响变小。

不同硫酸初始浓度下中浸渣镉的浸出过程 $1 - (1 - \alpha)^{1/3}$ 与反应时间的关系见图2 - 54(b)。根据图 2 - 54(b)可求出反应速率常数 k_c,以 $\ln k_c$ 对 $\ln C_{H_2SO_4}$ 作图得图 2 - 55,硫酸初始浓度影响下模型的表观反应级数为 1.79。

(4)二氧化硫分压

中浸渣浸出过程中引入 SO_2 后,可将渣中 Fe(Ⅲ)还原为 Fe(Ⅱ),促进中浸渣中的铁酸锌溶解。反应条件为温度 90℃、硫酸初始浓度 80 g/L、液固比 10:1、搅拌速度 400 r/min 时,SO_2 分压对镉浸出率的影响见图 2 - 56(a)。SO_2 分压越高,化学反应推动力越大,镉浸出率也越高。SO_2 分压为 50 kPa 时,反应 2 h 后,镉浸出率为 58.46%;分压为 200 kPa 时,镉浸出率达到 99.13%,此时反应时间和 SO_2 分压继续增加对镉浸出率影响较小,200 kPa 分压可满足镉浸出率的要求。

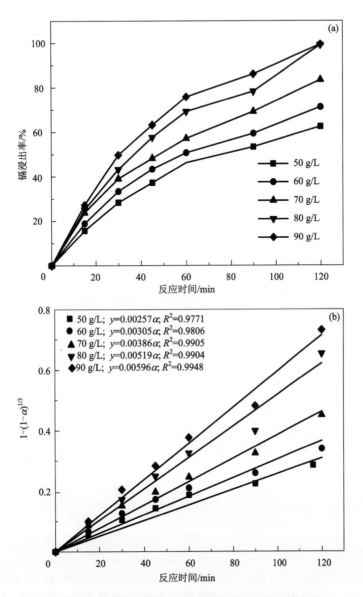

图 2 – 54 （a）硫酸初始浓度对中浸渣中镉浸出率的影响
（b）不同硫酸初始浓度时，$1 - (1 - \alpha)^{1/3}$ 与反应时间的关系图

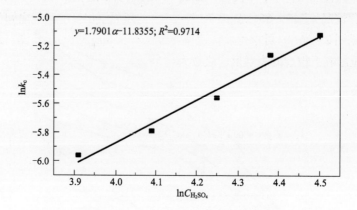

图 2 - 55　$\ln k_c$ 与 $\ln C_{H_2SO_4}$ 的关系图

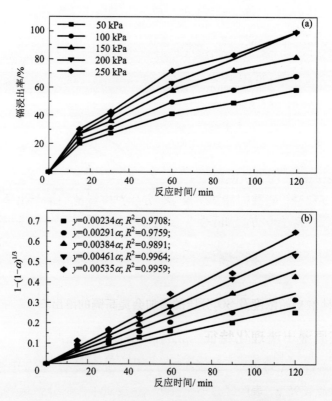

图 2 - 56　（a）二氧化硫对中浸渣中镉浸出率的影响；
（b）不同二氧化硫分压下 $1 - (1 - \alpha)^{1/3}$ 与反应时间的关系图

不同 SO_2 分压条件下，中浸渣中镉的 SO_2 还原浸出过程中 $1-(1-\alpha)^{1/3}$ 随反应时间的变化情况见图 2 –56(b)。$1-(1-\alpha)^{1/3}$ 与还原浸出反应时间之间基本呈线性关系。根据图 2 –56(b)可求得反应速率常数 k_p，以 $\ln k_p$ 对 $\ln p_{SO_2}$ 作图(图 2 –57)得到 SO_2 分压影响下模型的表观反应级数为 0.61。

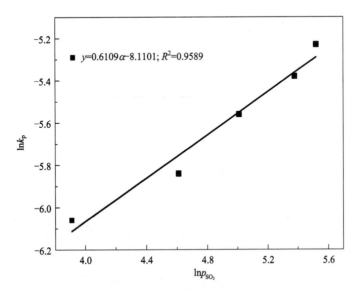

图 2 –57　$\ln k_p$ 与 $\ln p_{SO_2}$ 的关系图

(5)镉还原浸出动力学模型

由温度、粒径、硫酸初始浓度及 SO_2 分压对中浸渣中镉浸出率的影响规律，得出镉还原浸出动力学方程如下：

$$1-(1-\alpha)^{\frac{1}{3}}=k_r\cdot t=k_0\cdot C_{H_2SO_4}^{1.79}\cdot p_{SO_2}^{0.61}\cdot d_0^{-0.98}\cdot\exp\left(-\frac{62190}{RT}\right)\cdot t$$

$$(2-44)$$

温度、硫酸初始浓度及 SO_2 分压的增加会提高镉的浸出率。

2.3.4　还原浸出渣理化特征

中浸渣经过还原浸出后，残渣重量与体积均大幅减小，30 g 中浸渣经过还原浸出后仅剩余 1.95 g，表明经过还原浸出，中浸渣中大部分物相被分解，中浸渣重量与体积大幅降低。在最佳浸出条件下，中浸渣中 Zn、Fe、Pb 和 As 的浸出规律如图 2 –58 所示。中浸渣中 As 容易浸出，在反应 30 min 后，As 浸出率达到 93.2%，反应 120 min 后，As 浸出率超过 99%。由于中浸渣中锌有硫酸锌和氧化锌等物质存在，中浸渣中锌比铁易于浸出。同时，整个浸出阶段，铅的浸出率均较低，在0.3%左右。中浸渣还原浸出后剩余渣的ICP元素分析（表2－11）表明还原浸出渣中含量最多的化学元素是Pb，为22.5%。还原浸出渣的XRD图谱（图2－59）表明，还原浸出渣中主要物相为$PbSO_4$、ZnS(CdS)。

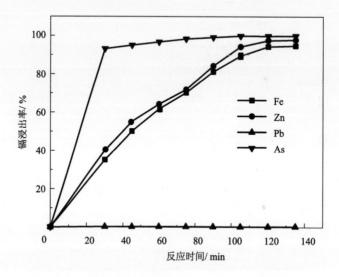

图2－58　最佳反应条件下Zn、Fe、Pb和As的浸出率

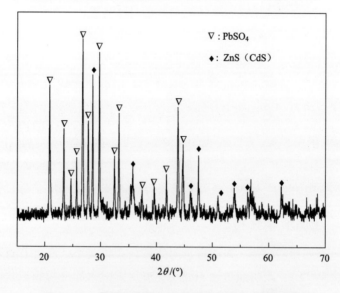

图2－59　最佳工艺条件下还原浸出渣的XRD图谱

表 2 –11　最佳还原浸出条件下，还原浸出渣 ICP 元素分析

元素	Pb	Zn	Cd	Fe	S	As	Al	Mn	Ca	Mg	其他
含量/%	22.5	10.5	0.126	10.6	7.7	0.268	2.1	0.286	0.264	0.146	45.5

2.4　中浸渣活化强化浸出及沉铁

提高浸出率的有效途径可概括为"三高一强"，即高温、高压、高浸出剂用量及强化浸出。以中浸渣为研究对象，在采用 SO_2 还原浸出的基础上，通过机械球磨活化作为强化手段，提高浸出率。通过分析球磨活化前后中浸渣理化特征变化及中浸渣中镉浸出动力学特征变化，为锌冶炼中浸渣中镉的高效浸出提供参考。

2.4.1　球磨活化对中浸渣理化特征的影响

（1）活化前后铁酸锌镉的粒度

难浸矿物在球磨活化过程中，由于受到球磨介质的不断冲击以及球磨罐内壁的摩擦作用，颗粒的晶体结构稳定性受到不同程度的破坏，晶格内可能产生变形、缺陷以及一定程度的非晶化现象。中浸渣球磨后样品的 XRD 图谱（图 2 –60）特征与原渣图谱相吻合，没有发现新的物相。球磨活化后，镉、锌铁酸盐的衍射峰强度有一定程度减弱，同时部分氧化锌和硅酸锌衍射峰有消失迹象，表明球磨活化过程促使中浸渣中晶体颗粒细化，晶格畸变增加，从而破坏了晶体稳定结构。

（2）活化前后中浸渣的粒度

中浸渣和不同时间球磨渣的粒径微分分布和积分分布如图 2 –61 和图 2 –62 所示。未活化的中浸渣粒度分布范围相对较宽，中浸渣与活化渣的粒度分布曲线均较规则。但活化渣微分分布向左偏移，表明粒径范围变窄。图 2 –62 的积分分布曲线则表明，随着球磨活化时间的延长，小颗粒所占的体积分数增大。

表 2 –12 列出了不同活化时间下中浸渣的粒径及比表面积。机械球磨活化时间增加时，D_{10}、D_{25}、D_{50}、D_{90} 均呈逐渐降低的趋势；活化 120 min 后，D_{90} 由未活化时的 36.61 μm 减小至 14.85 μm。粒度降低导致比表面积增加，球磨活化时间由 0 增加至 90 min 时，比表面积由 0.294 m^2/g 增加至 2.235 m^2/g；而球磨活化时间继续增加至 120 min 时，比表面积仅增加至 2.317 m^2/g，比表面积增幅变小。

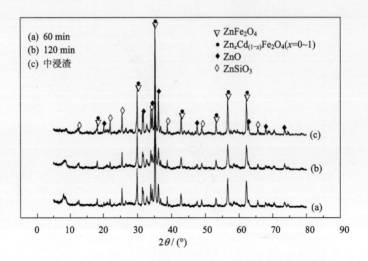

图 2 – 60　中浸渣、60 min 和 120 min 活化渣 XRD 图谱

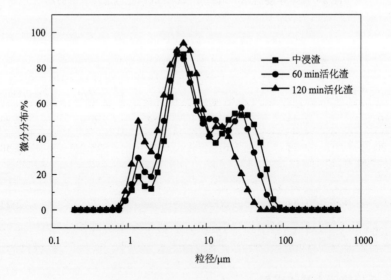

图 2 – 61　中浸渣、60 min 和 120 min 活化渣粒径的微分分布

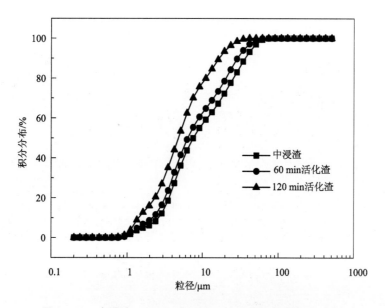

图 2-62 中浸渣、60 min 和 120 min 活化渣粒径积分分布

表 2-12 不同球磨活化时间活化渣的粒径和比表面积

活化时间/min	D_{10}	D_{25}	D_{50}	D_{90}	$S_{BET}/(m^2 \cdot g^{-1})$
0	2.64	4.03	7.54	36.63	0.294
30	2.23	3.61	6.45	28.92	0.581
60	2.20	3.56	6.36	29.16	1.227
90	1.42	2.76	4.79	16.58	2.235
120	1.41	2.72	4.77	14.85	2.317

（3）活化前后中浸渣表面形貌变化

图 2-63 给出了放大倍数为 10000 倍的未活化、活化 60 min 及 120 min 的中浸渣的表面形貌。未活化的中浸渣由粒径不等的团聚体紧密堆积而成，证明了中浸渣的粒度分布范围比球磨活化渣粒度分布范围要宽。活化 120 min 的中浸渣中小球形颗粒明显增多，粒径趋于均匀化。

图2-63 中浸渣、60 min 和 120 min 活化渣 SEM 图

（a）0 min；（b）60 min；（c）120 min

（4）活化前后中浸渣热重变化

热重分析在 N_2 气氛下进行，N_2 流量设定为 20 mL/min。样品采用 10 mg，从 25℃以 15℃/min 的升温速度升至 800℃。中浸渣和活化渣的 TG - DTA - DSC 曲线如图 2 - 64 所示。根据图 2 - 64（a）可知，中浸渣和活化渣失重曲线类似，整个温度范围内中浸渣失重幅度均高于活化渣，表明在球磨过程中中浸渣中的易挥发物质和水分有消失。图 2 - 64（c）表明，中浸渣在 200 ~ 300℃处的失重峰对应的温度变化不大，但在 450 ~ 500℃时活化渣出现新的失重峰。机械活化导致生成了颗粒新表面，产生了晶体结构缺陷、晶格变形，降低了反应温度和活化能，使活化后样品之间的反应更易于进行。

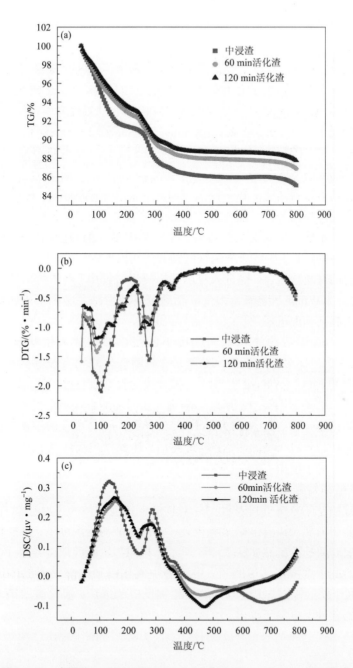

图 2-64 中浸渣、60 min 和 120 min 活化渣 TG、DTG 和 DSC 曲线

2.4.2 机械活化渣还原浸出过程特征

(1)温度

以中浸渣、60 min 球磨活化渣及 120 min 球磨活化渣为对象,探讨球磨后中浸渣中镉的浸出率对温度的依赖程度。中浸渣用量 30g,固定硫酸浓度 80 g/L,SO_2 分压 200 kPa,液固比 10∶1,搅拌速度 400 r/min,温度考察范围为 75~95℃,分别反应 15 min、30 min、45 min、60 min、90 min 和 120 min;停止反应后,取样,过滤,固液分离,上清液定容后采用 ICP – AES 法测定浸出液中镉的浓度,计算中浸渣中镉的浸出率。

不同温度下球磨活化渣在不同反应时间时镉浸出率如图 2 – 65 所示。镉浸出率随着温度的升高而升高。活化渣中镉浸出率在前 30 min 明显优于前述中浸渣的镉浸出率。还原浸出前期主要是基于中浸渣中易溶的硫酸镉和氧化镉的浸出。随着浸出时间的延长,中浸渣中镉铁酸盐开始与溶解的 S(Ⅳ)发生氧化还原反应,尖晶石结构的铁酸盐分解,镉进入浸出液。浸出过程中,各取样时间点上镉的浸出率大小为:120 min 活化渣 >60 min 活化渣 > 中浸渣,这表明机械活化对于镉的还原浸出起到了促进作用。

将图 2 – 65 中活化渣在不同温度下的浸出数据代入化学反应控制模型 $[1 - (1 - \alpha)^{1/3}] - t$ 中,如图 2 – 66 所示,两种活化渣均有较好的相关系数 R^2。将所得各温度下的 $1 - (1 - \alpha)^{1/3}$ 对 t 的拟合线的斜率取对数,得 $\ln k_t$,并以 $\ln k_t$ 对 $1000/T$ 作图,结果如图 2 – 67 所示。利用阿累尼乌斯方程可求得活化渣中镉还原浸出反应活化能分别为 59.45 kJ/mol 和 53.46 kJ/mol。中浸渣中镉的还原浸出反应活化能为 62.19 kJ/mol,中浸渣经球磨后,还原浸出反应活化能降低,球磨后中浸渣中镉更易于浸出。

(2)硫酸初始浓度

铁酸锌镉还原分解机制表明,H^+ 对铁酸锌镉前驱体的还原分解有重要影响,因此硫酸初始浓度对镉浸出率影响较大。不同硫酸初始浓度下,球磨活化渣中镉在不同浸出时间的浸出率如图 2 – 68 所示。相同初始硫酸浓度条件下,活化渣中镉浸出率均高于中浸渣。球磨后,中浸渣中氧化镉和铁酸锌镉晶体出现晶格缺陷,更有利于铁酸锌镉 SO_2 还原分解中相关反应的进行,活化渣中镉与中浸渣相比在相同的条件下更易于浸出。

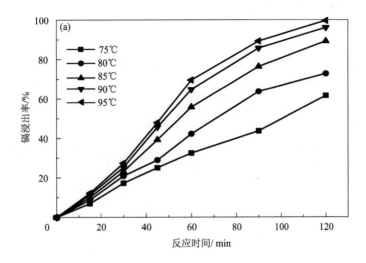

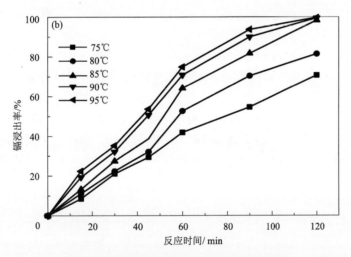

图 2-65　温度对活化渣中镉浸出率的影响

(a)60 min 活化渣；(b) 120 min 活化渣

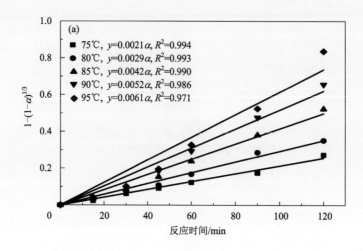

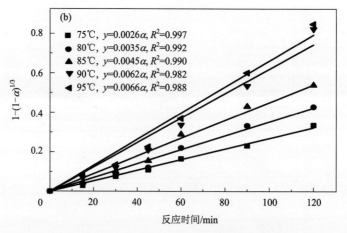

图 2-66 不同温度下 $1-(1-\alpha)^{1/3}$ 与反应时间的关系图

(a) 60 min 活化渣；(b) 120 min 活化渣

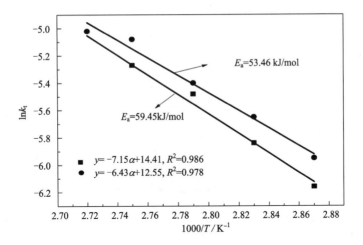

图 2-67 $\ln k_t$ 与 $1000/T$ 的关系图

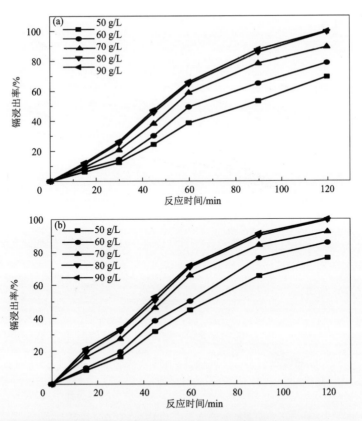

图 2-68 硫酸初始浓度对活化渣中镉浸出率的影响

(a) 60 min 活化渣; (b) 120 min 活化渣

　　将图 2-68 中活化渣在不同硫酸初始浓度下的浸出数据代入化学反应控制模型 $[1-(1-\alpha)^{1/3}]-t$ 中，结果如图 2-69 所示，两种活化渣的相关系数 R^2 均为 0.98 左右。将所得的各初始硫酸浓度下的 $1-(1-\alpha)^{1/3}$ 对 t 的拟合线斜率取对数，得 $\ln k_d$，并以 $\ln k_d$ 对 $\ln C_{H_2SO_4}$ 作图，结果如图 2-70 所示。60 min 和 120 min 活化渣中镉的还原浸出在硫酸浓度影响下模型的表观反应级数分别为 1.63 和 1.36，而中浸渣中镉还原浸出在硫酸浓度影响下模型的表观反应级数为 1.79，大于活化渣还原浸出在硫酸浓度影响下模型的表观反应级数，这表明球磨活化导致了中浸渣在镉还原过程中对硫酸初始浓度的依赖程度降低，且活化时间越长，硫酸浓度影响下模型的表观反应级数越低，对硫酸初始浓度的依赖程度也就越低。

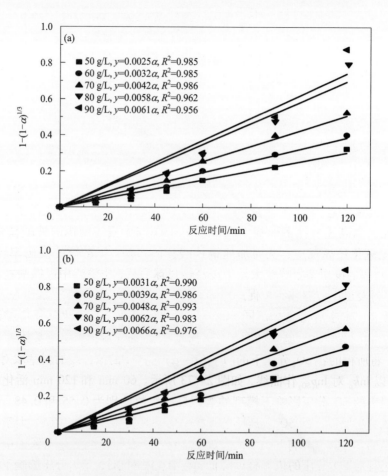

图 2-69　不同硫酸初始浓度下 $1-(1-\alpha)^{1/3}$ 与反应时间的关系图

(a) 60 min 活化渣；(b) 120 min 活化渣

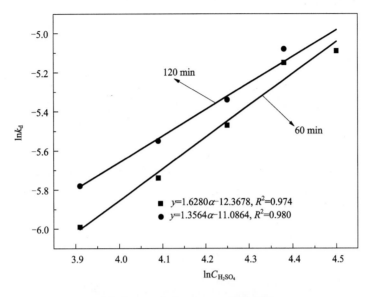

图 2 - 70　$\ln k_d$ 与 $\ln C_{H_2SO_4}$ 的关系图

（3）二氧化硫分压

在标准大气压下，在 80 g/L 的硫酸溶液中，SO_2 溶于水生成的 H_2SO_3 在溶液中几乎不发生电离，而 SO_2 还原分解铁酸锌镉的机理分析中，H_2SO_3 需要在高温下电离并在高温高速搅拌下形成 $\cdot HSO_3$，$\cdot HSO_3$ 与中浸渣中镉的铁酸盐中的 Fe（Ⅳ）发生氧化还原反应，从而加速镉铁酸盐的溶解，提高镉的浸出率。因此，SO_2 分压对镉的浸出率影响较大。中浸渣经过球磨后，中浸渣中镉铁酸盐晶格发生畸变，对浸出反应有较大地促进作用。

将图 2 - 71 中活化渣在不同 SO_2 分压下的浸出数据代入化学反应控制模型 $[1-(1-\alpha)^{1/3}]-t$ 中，结果如图 2 - 72 所示，120 min 活化渣相关系数 R^2 值优于 60 min。将所得的各 SO_2 分压下的 $[1-(1-\alpha)^{1/3}]-t$ 的拟合线的斜率取对数，得 $\ln k_p$，并以 $\ln k_p$ 对 $\ln p_{SO_2}$ 作曲线，如图 2 - 73 所示。60 min 和 120 min 活化渣中镉的还原浸出的 SO_2 分压影响下模型的表观反应级数分别为 0.55 和 0.48，前述中浸渣中镉的还原浸出的 SO_2 分压影响下模型的表观反应级数为 0.61，大于活化渣还原浸出的 SO_2 分压影响下模型的表观反应级数，表明球磨活化导致了中浸渣中镉还原过程对 SO_2 分压的依赖程度降低，且活化时间越长，SO_2 分压影响下模型的表观反应级数越低，对 SO_2 分压的依赖程度也就越低，与硫酸初始浓度相比，其中浸渣与活化渣之间的表观反应级数相差较小，表明在还原浸出过程中，中浸渣和活化渣对 SO_2 都有很强的依赖性，也证明了 SO_2 对中浸渣中镉铁酸盐的分解具有关键性的作用。

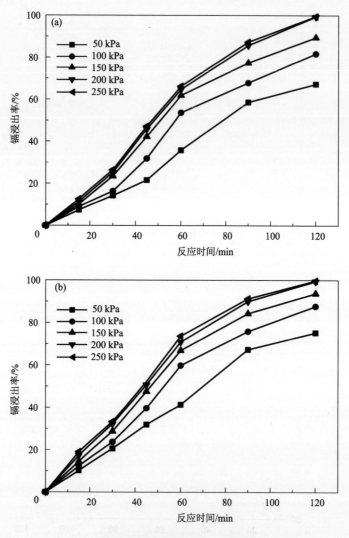

图 2 - 71 二氧化硫分压对活化渣中镉浸出率的影响

(a)60 min 活化渣；(b) 120 min 活化渣

(4)球磨活化渣还原浸出动力学方程

对球磨活化渣的硫酸体系 SO_2 还原浸出过程的温度、硫酸初始浓度及 SO_2 分压等影响因素的研究表明，球磨活化渣中镉还原浸出反应活化能降低，球磨活化促进了中浸渣中镉的浸出效果，球磨活化渣中硫酸初始浓度影响下模型的表观反应级数降低，球磨后镉的浸出率对硫酸浓度的依赖程度有不同程度的降低，球磨

渣在 SO_2 分压影响下模型的表观反应级数降低程度较小，表明中浸渣在球磨活化后，SO_2 仍是影响其浸出率的关键因素。

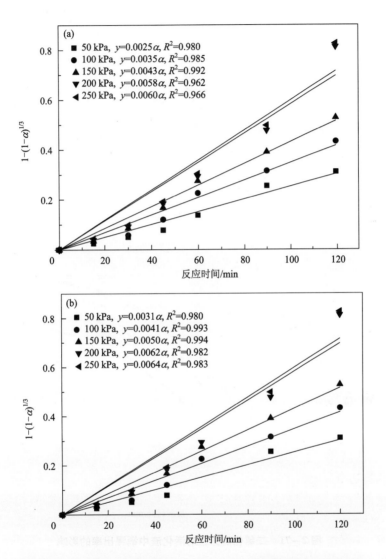

图 2-72　不同二氧化硫分压下 $1-(1-\alpha)^{1/3}$ 与反应时间的关系图

(a)60 min 活化渣；(b) 120 min 活化渣

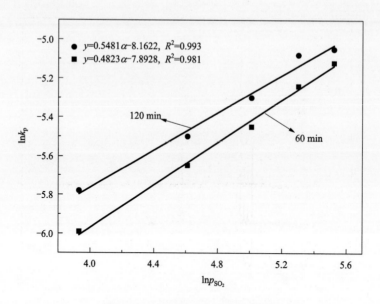

图 2 - 73　$\ln k_p$ 与 $\ln p_{SO_2}$ 的关系图

球磨活化渣还原浸出动力学方程如式(2 - 45)和式(2 - 46)所示：

60 min 活化渣：

$$1 - (1 - \alpha)^{\frac{1}{3}} = k_r \cdot t = k_0 \cdot C_{H_2SO_4}^{1.63} \cdot p_{SO_2}^{0.55} \cdot \exp\left(-\frac{59450}{RT}\right) \cdot t \quad (2 - 45)$$

120 min 活化渣：

$$1 - (1 - \alpha)^{\frac{1}{3}} = k_r \cdot t = k_0 \cdot C_{H_2SO_4}^{1.36} \cdot p_{SO_2}^{0.48} \cdot \exp\left(-\frac{53460}{RT}\right) \cdot t \quad (2 - 46)$$

(5)残渣特性

①残渣物相

中浸渣与活化渣在最佳浸出工艺条件下(温度为 95℃、硫酸初始浓度为 80 g/L、SO_2 分压为 200 kPa、搅拌速度为 400 r/min)的 XRD 图谱如图 2 - 74所示。结果表明，中浸渣和活化渣有类似的 XRD 图谱，且活化渣的 XRD 图谱中 $PbSO_4$、ZnS 和 CdS 的衍射特征峰更强。

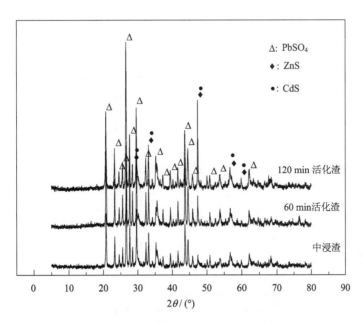

图 2 - 74 中浸渣和活化渣 XRD 图谱

②残渣表面形貌

中浸渣 60 min 和 120 min 的球磨活化渣的还原浸出渣放大 10000 倍的表面形貌如图 2 - 75 所示。中浸渣的还原浸出渣是由许多大小不等的颗粒密集堆聚而成,未球磨活化的中浸渣的粒度分布范围较宽。球磨60 min和 120 min 活化渣的还原浸出渣中,小的类球形团聚体明显增加,大的团聚体几乎消失,颗粒表面粗糙程度也明显增加,中浸渣经过球磨后破碎和腐蚀程度明显增加。

图 2 – 75　中浸渣和活化渣的还原浸出渣的 SEM 图

(a) 中浸渣；(b)60 min 活化渣；(c) 120 min 活化渣

2.4.3　还原浸出液沉铁过程特征

湿法炼锌工业生产过程中，浸出液中铁、锌分离是一个关键工序，沉铁效率及沉铁渣类型对浸出液中金属的夹杂损失及铁的资源化利用均有较大影响。传统湿法炼锌工艺一般采用水解中和法达到除铁的目的，但是产生的 $Fe(OH)_3$ 胶体或者水铁矿中铁含量低、不易沉淀、难以过滤，从而导致沉铁过程中锌损失多、回收率低。

自 20 世纪 70 年代以来，湿法炼锌浸出液中各种铁离子水解沉铁技术得到良好发展。其中应用最多的为黄钾铁矾法、针铁矿法和赤铁矿法。我国目前湿法炼锌企业大部分仍采用高温高酸浸出 – 黄钾铁矾组合工艺，较好地解决了最早应用的水解中和法生成无定型水铁矿或氢氧化铁的问题，突破了湿法炼锌工艺中的除铁难题，但高温高酸浸出 – 黄钾铁矾组合工艺依然存在许多不足之处，比如沉淀过程必须在酸性溶液中进行，沉铁不彻底使得浸出液不能直接送往净化工艺，使得工艺复杂化，因而使得高温高酸浸出 – 黄钾铁矾组合工艺的应用存在较多限制。本书提出的磁铁矿晶种磁化分离高效沉铁工艺，得到了中浸渣还原浸出液中针铁矿法除铁以及磁铁矿晶种作用下铁沉降分离的规律，实现了沉铁过程中沉铁渣的快速沉降以及回收利用。

中浸渣中镉、锌和铁在 SO_2 还原浸出体系中有良好的浸出率，镉、锌和铁分别以 Cd^{2+}、Zn^{2+} 和 Fe^{2+} 形式进入还原浸出液中。中浸渣中 Fe 以 $Fe(Ⅲ)$ 形态存在，经还原浸出后，浸出的铁全部以 Fe^{2+} 形式进入浸出液。因此，还原浸出液的沉铁主要是将 Fe^{2+} 沉淀，以达到从浸出液中分离铁的目的。

针对还原浸出液的化学成分及性质，配制实验用还原浸出模拟液。用 $FeSO_4 \cdot 7H_2O$、$ZnSO_4 \cdot 7H_2O$、$CdSO_4$ 配制成 Fe^{2+}、Zn^{2+}、Cd^{2+} 浓度分别为 15 g/L、80 g/L、0.35 g/L 的溶液，在室温下缓慢搅拌溶解，控制一定的温度，用 NaOH 调节溶液的 pH，采用蠕动泵加入氧化剂 H_2O_2，氧化水解反应时间为 4.5 h，待反应结束后陈化 1 h，过滤，分析滤液中 Fe 沉降率以及 Zn 和 Cd 的沉降损失率，并对沉铁渣进行定性和定量检测，分析还原浸出液铁的沉降规律及沉铁渣晶型调控规律。

（1）pH 对还原浸出液铁沉降分离的影响

控制双氧水加入速度为 22.5 μL/min，温度 95℃，pH 对还原浸出液铁沉降分离的影响结果见表 2-13。

表 2-13　pH 对还原浸出液中铁沉降、锌和镉损失率的影响

实验序号	pH	Fe		Zn		Cd		沉铁渣含铁量/%
		滤液中 Fe^{2+} 浓度/(g·L^{-1})	Fe 沉降率/%	滤液中 Zn^{2+} 浓度/(g·L^{-1})	Zn 损失率/%	滤液中 Cd^{2+} 浓度/(g·L^{-1})	Cd 损失率/%	
1	2.0	8.30	44.7	78.95	1.31	0.346	1.17	42.5
2	2.5	5.51	63.3	78.02	2.37	0.341	2.43	43.7
3	3.0	0.026	99.8	76.62	4.23	0.333	4.74	44.7
4	3.5	0.021	99.9	76.49	4.29	0.334	4.56	42.3
5	4.0	0.022	99.9	72.83	8.96	0.318	9.27	35.1

若溶液 pH 过低，会导致溶液中 Fe^{2+} 氧化水解生成针铁矿沉淀的效率降低。溶液 pH 较高时，部分 Zn^{2+} 也会在此过程中发生水解，生成氢氧化锌不溶物。Fe^{2+} 氧化水解过程中体系酸度不断增加，沉铁过程中需要持续地加碱以降低溶液的酸度。根据表 2-13 可知，沉铁率在 pH 为 2.0～4.0 时会随着 pH 的增大而增大，当 pH 在 2.0～3.5 时，锌和镉的损失率保持在较低的范围内且逐步增大。当 pH 为 2.0 时，沉铁率较低，仅有 44.7%。pH 为 3.0 时，沉铁率可达 99.9%。pH 过高时，会导致溶液中和速度大于氧化速度，局部碱度过高易形成 $Fe(OH)_3$ 胶体，导致镉、锌损失率增大。当 pH 升为 4.0 时，虽然沉铁完全，沉铁渣中因出现 $Fe(OH)_3$ 胶体，导致渣过滤性能下降，沉铁渣体积增大，含铁量降低，沉降过

中对镉、锌的吸附夹杂程度增加。根据表 2 – 13 可知，pH 为 3.0 ~ 3.5 时，沉铁渣中铁含量为 44% 左右；pH 为 4.0 时，沉铁渣中铁含量最低，仅有 35.1%。溶液中镉、锌损失率在 pH 为 4.0 时都有较大提高，增大了一倍以上。因此，沉淀的最佳 pH 为 3.0 ~ 3.5。另外，沉铁渣在 pH 为 2.5、3.0 和 3.5 时的 XRD 图谱（图 2 – 76）中有明显的针铁矿晶体的衍射特征峰，而 pH 为 4.0 的沉铁渣中针铁矿的衍射特征峰不明显。因此，还原浸出液中 Fe^{2+} 氧化水解的 pH 应控制为 3.0 ~ 3.5。

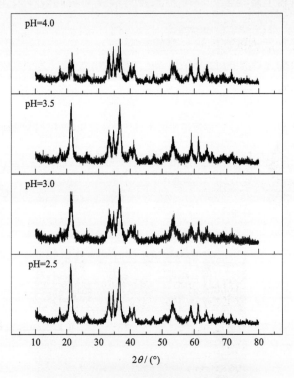

图 2 – 76　不同 pH 下的沉铁渣的 XRD 图谱

不同 pH 下沉铁渣的 SEM 图如图 2 – 77 所示，pH 为 2.0 时沉铁渣呈团簇状颗粒形态，颗粒表面并未发现有针状的针铁矿晶体出现。当 pH 为 2.5、3.0 和 3.5 时，沉铁渣表面均有针状晶体出现，表明该 pH 范围内沉铁渣中的晶体主要为针铁矿。而当 pH 为 4.0 时，沉铁渣颗粒表面的针形沉淀物消失，说明该 pH 下没有针铁矿生成。从沉铁渣的 TEM 图（图 2 – 78）也可以看出，pH 为 2.5、3.0 和 3.5 时的沉铁渣中晶体主要为针形的针铁矿，而 pH 为 4.0 时的沉铁渣 TEM 图中针形的针铁矿消失。

图 2-77　不同 pH 下的沉铁渣的 SEM 图

（2）温度对还原浸出液中铁沉降分离的影响

pH 调节为 2.5~3.0，加入速度为 22.5 μL/min，铁的去除率随着反应温度升高出现增大的趋势（表 2-14）。同时，由于沉铁渣含量的增大，镉、锌的夹杂损失也随着除铁率的升高而增大。95℃时，铁氧化水解去除率达到 99.9%。当系统

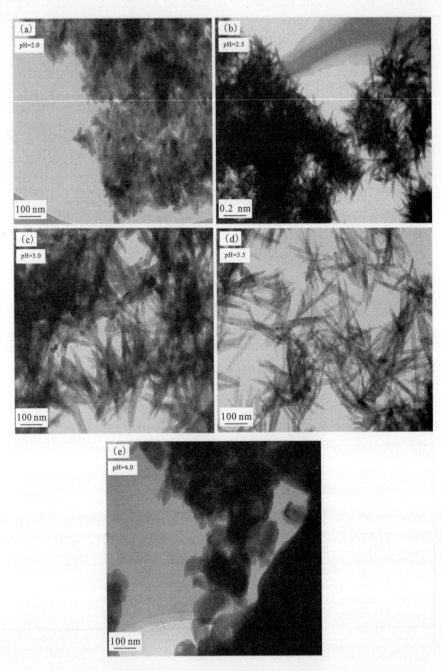

图2-78　不同 pH 下沉铁渣的 TEM 图

温度较高时，氧分子化学活性强，使 Fe^{2+} 氧化水解程度更加彻底。生成的针铁矿结晶体会增大沉铁渣沉降性能，提高 Fe^{2+} 水解氧化除铁效率。在 Fe^{2+} 氧化水解生成针铁矿沉铁过程中，Zn 和 Cd 在铁沉降过程中的夹带损失保持在 5% 以下。95℃时镉、锌损失率分别为 4.73% 和 4.23%。因此，最佳除铁温度选择 95℃。

表 2-14　温度对还原浸出液中铁沉降、锌和镉损失率的影响

实验序号	温度/℃	Fe		Zn		Cd	
		滤液中 Fe^{2+} 浓度/(g·L⁻¹)	Fe 沉降率/%	滤液中 Zn^{2+} 浓度/(g·L⁻¹)	Zn 损失率/%	滤液中 Cd^{2+} 浓度/(g·L⁻¹)	Cd 损失率/%
6	65	4.09	72.73	77.48	3.15	0.342	2.17
7	75	2.86	80.92	77.07	3.66	0.340	2.87
8	85	1.59	89.37	76.83	3.96	0.338	3.47
9	95	0.0015	99.9	76.62	4.23	0.333	4.73

（3）氧化速度对还原浸出液沉铁率的影响

控制温度为 95℃，H_2O_2 投加速度对还原浸出液中铁沉降率及镉、锌夹杂损失的影响如表 2-15 所示。H_2O_2 投加速度过快时，铁沉降不完全，仅有 85.1%。沉淀后混合液中沉铁渣黏性较大，难以过滤，且滤液为棕黄色液体，说明原液中 Fe^{2+} 已被氧化为 Fe^{3+}，但并未完全形成沉淀。过滤后得到的沉铁渣体积远大于慢速氧化时的沉铁渣体积。

表 2-15　氧化速度对还原浸出液中铁沉降、锌和镉损失率的影响

实验序号	H_2O_2 投加速度/(μL·min⁻¹)	Fe		Zn		Cd	
		滤液中 Fe^{2+} 浓度/(g·L⁻¹)	Fe 沉降率/%	滤液中 Zn^{2+} 浓度/(g·L⁻¹)	Zn 损失率/%	滤液中 Cd^{2+} 浓度/(g·L⁻¹)	Cd 损失率/%
10	22.5	0.0015	99.9	76.62	4.23	0.333	4.73
11	200	2.24	85.1	67.49	15.63	0.307	12.41

铁沉降渣的 TEM 和 XRD 图谱（图 2-79）表明沉铁渣呈无定型非晶体状态，沉铁渣中无良好的晶体种类，主要为无定型水铁矿和 $Fe(OH)_3$ 胶体。

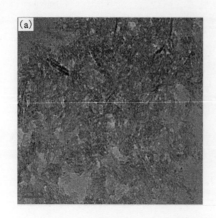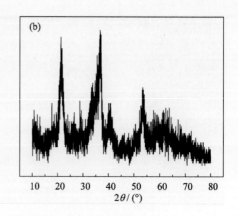

图 2-79　快速氧化下沉铁渣的 TEM 图和 XRD 图谱

(4)磁铁矿晶种对还原浸出液中铁沉降效率的影响

双氧水加入速度为 22.5 μL/min,温度为 95℃,磁铁矿晶种用量为 0 和 15 g/L,磁铁矿添加前后铁沉降率及镉、锌损失率如表 2-16 所示。加入磁铁矿晶种后,镉、锌损失率均有所降低,主要是因为加入磁铁矿晶种后,磁铁矿晶种为针铁矿晶体的形成提供了晶体表面,促进了针铁矿晶体的形成。

表 2-16　磁铁矿晶种对还原浸出液中铁沉降、锌和镉损失率的影响

实验序号	磁铁矿晶种投加量/(g·L⁻¹)	Fe		Zn		Cd	
		滤液中 Fe²⁺ 浓度/(g·L⁻¹)	Fe 沉降率/%	滤液中 Zn²⁺ 浓度/(g·L⁻¹)	Zn 损失率/%	滤液中 Cd²⁺ 浓度/(g·L⁻¹)	Cd 损失率/%
12	0	0.0015	99.9	76.62	4.23	0.333	4.73
13	15	0.0021	99.9	77.58	3.03	0.339	3.26

加入磁铁矿晶种后生成的针铁矿和磁铁矿相互嵌赋、包裹(图 2-80),是磁铁矿晶种能加快铁沉降分离的主要原因。反应结束后,加入磁铁矿晶种后沉降 10 min 的效果如图 2-81 所示。加入晶种前,沉铁渣沉降效果不明显,而加入磁铁矿晶种后,沉降效果良好,上清液澄清,这表明加入磁铁矿晶种后大大提高了沉铁渣的沉降效率,也减少了长时间沉铁过程中对镉、锌的吸附损失。加入磁铁矿后沉铁渣的 XRD 图谱(图 2-82)说明沉铁渣中有新生成的针铁矿晶体,也有加入的磁铁矿晶种。

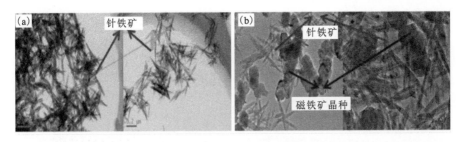

图 2 - 80　磁铁矿晶种加入后沉铁渣的 TEM 图

图 2 - 81　磁铁矿晶种加入后沉铁渣沉降 10 min 的效果图

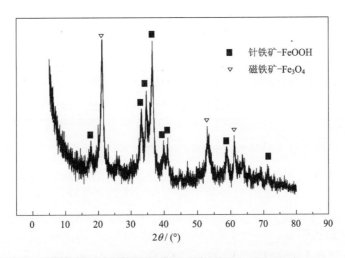

图 2 - 82　磁铁矿晶种加入后沉铁渣的 XRD 图谱

(5)沉铁渣磁性转化规律

将 pH 为 2.5、3.0 和 3.5 时的沉铁渣在马弗炉中 300℃温度下焙烧 1 h,所得固体的 XRD 图谱如图 2-83 所示。沉铁渣焙烧后,针铁矿转化为赤铁矿,焙烧后 pH 为 3.0 时的沉铁渣中铁含量由 44.7% 提高至 55.1%。

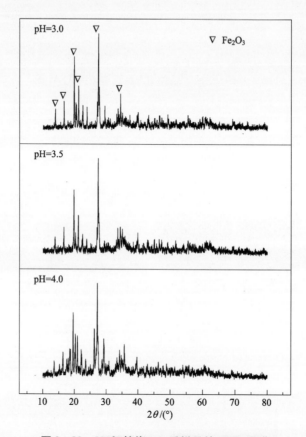

图 2-83 300℃焙烧 1 h 后样品的 XRD 图谱

为研究沉铁渣作为晶种时的循环利用情况,将焙烧后的沉铁渣在 CO 气氛炉中进行还原焙烧。控制分压为 5%,升温速率为 5K/min 时,沉铁渣焙烧后剩余渣中的 Fe_2O_3 在 CO 还原气氛中的还原焙烧过程特征如图 2-84 所示。

Fe 元素以 Fe_2O_3、Fe_3O_4、FeO 及单质 Fe 等多种形式存在,根据逐级反应的原则,Fe_2O_3 还原历程为:

当焙烧温度 $T > 570℃$ 时:$Fe_2O_3 \Longrightarrow Fe_3O_4 \Longrightarrow FeO \Longrightarrow Fe$

当焙烧温度 $T < 570℃$ 时:$Fe_2O_3 \Longrightarrow Fe_3O_4 \Longrightarrow Fe$

Fe_2O_3 完全还原为 Fe_3O_4、FeO 及单质 Fe 时的最大失重分别为 3.33%、10%

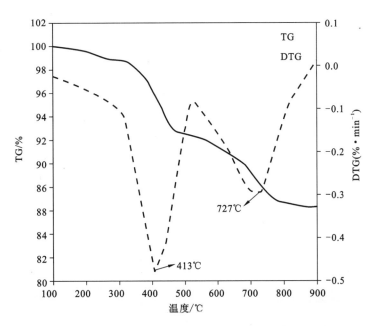

图 2-84 沉铁渣焙烧后剩余渣非等温还原 TG 及 DTG 曲线

及 30%。沉铁渣焙烧后剩余渣在还原焙烧时有两个失重阶段，其最大失重速率温度点分别为 413℃ 和 727℃。由于沉铁渣中铁是以磁铁矿晶种回收利用作为目标，因此仅需要判断 Fe_3O_4 的还原焙烧生成条件。Fe_3O_4 的还原以 570℃ 为临界点，Fe_2O_3 还原生成 Fe_3O_4 会通过两种不同的路径来实现。570℃ 时 Fe_2O_3 的失重率为 8.03%，超出了 Fe_2O_3 完全还原为 Fe_3O_4 的最大失重量达 4.7%，可推测前期还原过程中部分 Fe_3O_4 被还原为单质 Fe。900℃ 时，Fe_2O_3 的最大失重约为 14%，超出 Fe_2O_3 完全还原为 FeO 的最大失重率（约为 4%），即第二个失重阶段为 Fe_3O_4 在还原焙烧阶段完全还原为 FeO。因此，在该还原气氛下，当控制还原焙烧系统的温度为 570~900℃ 时，则可以控制 Fe_2O_3 还原焙烧的产物中不会出现单质 Fe。而为了得到较好的磁铁矿晶种，因此应控制还原焙烧温度介于 570℃ 和 900℃ 之间，从而利用 Fe_2O_3 的还原焙烧得到较好的磁铁矿晶种。

通过 VSM 振动样品磁强计测量了还原焙烧样品的极限磁滞回线（图 2-85），得到了沉铁渣焙烧后的剩余渣在还原焙烧后磁性的改变情况。对比图中曲线可以看出，磁化焙烧样品的剩磁量比沉铁渣焙烧样品大大增加，由原样品的 33.04 G 增加到磁化焙砂的 1054.25 G[①]，表明在外磁场消失后，磁化还原焙烧样品还能保

---

① 注：G 为高斯，非法定计量单位，1 G = 10^{-4}T。

持较强的磁性;在同样强度的外磁场中,焙烧渣的饱和磁化强度由焙烧之前的约1500 G 增大到了还原焙烧后的约 7000 G。因此经过磁化焙烧后,沉铁渣焙烧后剩余渣的磁性得到了大幅度提高,有利于其作为磁化晶种循环利用。

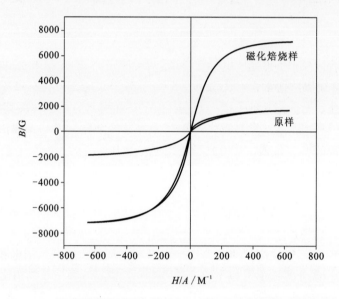

图 2 – 85   沉铁渣焙烧后的赤铁矿 CO 还原焙烧后样品的磁滞回线

第三章　含镉料渣清洁利用技术

按目前我国年产 500 万 t 电锌规模计，我国锌冶炼行业每年产出铜镉渣超过 30 万 t。典型铜镉渣通常含 Cu 1.5% ~ 5 %、Zn 28% ~ 50%、Cd 5% ~ 10%，对其进行资源化、无害化处理不仅将产生巨大的经济效益，还可解决其堆放和转运过程中造成的环境问题，意义重大。本部分内容详细介绍了从铜镉渣中回收铜、镉的方法及镉的回收装置，尤其是富镉液非均匀电场高效提镉新工艺，突破了现行铜镉渣清洁化、资源化利用过程的技术瓶颈，实现了铜镉渣利用过程中镉的大幅减排。富镉液非均匀电场提镉不仅可以避免传统锌粉置换镉时"镉包锌、铜包锌"现象的出现，所得的海绵镉中锌含量由传统锌粉置换法的 50% 降到 5% 以下，大大降低了锌粉的用量，而且还使得溶液中的锌、镉分离，所得海绵镉品位由传统方法的 30% ~60% 提高到 80% 以上，可以直接蒸馏提镉或压团电积提镉;溶液中的镉浓度降低到 0.02 g/L 以下，与现行的两步锌粉置换法除镉相比，缩短了流程，避免了镉分散流失的风险。

3.1　含镉料渣强化浸出过程特征

3.1.1　含镉料渣表面复合膜层破坏机制

铜镉渣:主要组分是铜、镉和锌，包括单质以及氧化物两种赋存状态。目前大多采用强酸浸出剂浸出铜镉渣，使铜镉渣中的有效组分以离子状态进入浸出液中，后经分离实现分别提取。酸浸过程是一种由固相(铜镉渣)与液相(硫酸)构成的两相或三相反应过程，铜镉渣颗粒与硫酸接触时，硫酸通过传质到达颗粒内部表面而与金属或金属氧化物反应。根据金属活泼顺序，在无氧化气氛的条件下，金属铜难以与硫酸反应。因此，在非氧化性气氛下，铜镉渣酸浸过程的主要反应包括:

$$Zn + H_2SO_4 =\!=\!= ZnSO_4 + H_2 \uparrow \qquad\qquad (3-1)$$

$$ZnO + H_2SO_4 =\!=\!= ZnSO_4 + H_2O \qquad\qquad (3-2)$$

$$Cd + H_2SO_4 =\!=\!= CdSO_4 + H_2 \uparrow \qquad\qquad (3-3)$$

$$CdO + H_2SO_4 =\!=\!= CdSO_4 + H_2O \qquad\qquad (3-4)$$

$$CuO + H_2SO_4 =\!=\!= CuSO_4 + H_2O \qquad\qquad (3-5)$$

铜镉渣被硫酸逐渐侵蚀过程可用图 3 - 1 表示, 本体硫酸经扩散到达铜镉渣颗粒表面并与其接触; 接触表面上的硫酸与铜镉渣中易溶出组分迅速发生化学反应, 生成的硫酸锌、硫酸镉、硫酸铜等产物逐渐扩散至硫酸溶液本体, 同时在铜镉渣表面形成阻碍层, 影响扩散; 反应物硫酸及产物金属硫酸盐分别向铜镉渣中的未反应核及硫酸本体扩散, 使阻碍层的增厚对反应的抑制作用逐渐增强, 最终反应达到平衡。

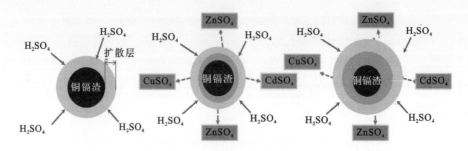

图 3 - 1 铜镉渣酸浸过程示意图

为强化铜镉渣的酸性浸出过程, 需强化传质。一般情况下, 在相同的浸出条件下, 加强搅拌、延长浸出时间等均有利于浸出过程。另外需要注意的是, 当在非氧化性气氛下浸出时, 由于单质铜无法浸出, 使得在浸出过程中形成的阻碍层更厚, 对铜镉渣中镉、锌浸出更加不利, 因此, 理论上分析可知, 强化氧化硫酸浸出过程是实现铜镉渣中多金属有效组分高效浸出的重要途径。

含镉烟尘: 根据铅冶炼工艺, 含镉烟尘中的镉主要是以易溶于水的硫酸镉、易溶于硫酸的氧化镉等形式存在。当采用硫酸浸出时, 氧化镉与硫酸反应后以硫酸镉的形式进入溶液, 硫酸镉则直接溶解至硫酸溶液中。含镉烟尘中的铅, 包括氧化铅和硫酸铅, 最终以硫酸铅的形式进入浸出渣。可见, 含镉烟尘中镉的浸出较铜镉渣容易一些。

3.1.2 多金属含镉物料强化浸出

3.1.2.1 铜镉渣氧气强化浸出过程特征

将南方某锌冶炼企业铜镉渣破碎并磨至粒度小于 75 μm 后混合均匀, 进行化学、物相分析。铜镉渣的主要化学成分 (表 3 - 1) 为 Zn、Cd、Cu 和 Ca, 还有少量的 Al、Mg 和 Pb 等, 富含重金属, 具有较高的回收价值。铜镉渣的主要化学物相 (图 3 - 2) 为 Cu、CuO、CdO、ZnO、$ZnSO_4 \cdot 7H_2O$ 和 $CuSO_4 \cdot 5H_2O$。这六种物质中除金属 Cu 之外均较容易溶于强酸。

表 3 - 1　铜镉渣的化学组成

元素	Zn	Cd	Cu	Ca	Al	Mg	Pb	Fe
含量/%	25.76	20.38	9.53	2.27	0.49	0.62	0.55	0.14

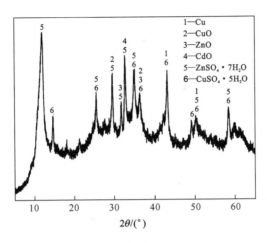

图 3 - 2　铜镉渣 XRD 图谱

　　根据标准电极电势，铜镉渣中金属锌和镉很容易被硫酸溶解，而金属状态的铜则不能溶解。但 Cu^{2+}/Cu 的标准电极电势低于 O_2/O^{2-} 的标准电极电势，因此单质铜能被水中溶解的氧气所氧化，进而被硫酸溶解。同样，单质铜也能被标准电极电势高于 0.34 V 的氧化剂所氧化，如 $KMnO_4$、MnO_2、H_2O_2 等。因此，铜镉渣在硫酸溶出过程中，若通过控制一定的溶液酸度、创造一定的氧化气氛，便能使铜镉渣中的锌、镉和铜溶出而进入溶液。

　　因此，在非氧化性气氛下，铜镉渣酸浸过程的主要反应是镉、锌及其氧化物的酸溶解。为使铜镉渣中的单质铜最大程度地浸出溶解至硫酸溶液中，需要添加化学氧化剂或通氧创造氧化性气氛，此时单质铜发生如下反应：

$$Cu + H_2SO_4 + 1/2O_2 === CuSO_4 + H_2O \qquad (3-6)$$

　　将铜镉渣加入装有纯水的三口瓶中，再将该三口瓶置于水浴锅中加热，搅拌速度控制在 100 ~ 400 r/min。当浆料加热到指定温度后缓慢加入预先准备好的稀硫酸，并通入空气，通过进气阀门将流量控制在 0.16 L/min。当需要加入催化剂时，再将催化剂加入到浆料中。在浸出的过程中每隔一定时间(5 ~ 30 min)取一次样进行分析，计算不同金属的浸出率。

　　反应结束后过滤，滤饼首先用 pH 为 5 ~ 6 的稀硫酸淋洗一遍以防止金属离子水解，接着再用去离子水浆洗一遍后过滤。将滤饼放置于 105℃的烘箱中烘 12 h，然后磨细，再分析化学组成。同时分析滤液的 pH 和各金属离子浓度。

由于铜镉渣中的 Pb 在酸性介质中不溶出，故以原矿和溶出残渣中铅含量为基准，根据反应前后金属和铅的质量比（Zn/Pb、Cu/Pb 和 Cd/Pb, m_i/m_{Pb}）的变化计算浸出率。

$$浸出率 = \left(\frac{M_i/M_{Pb} - m_i/m_{Pb}}{M_i/M_{Pb}} \right) \times 100\%$$

其中：M_i 和 M_{Pb} 分别是铜镉渣中铜、锌、镉和铅的质量分数，m_i 和 m_{Pb} 分别为浸出残渣中铜、锌、镉和铅的质量分数。

（1）硫酸初始浓度

图 3 - 3 为硫酸初始浓度与锌、镉和铜浸出率的关系。溶液硫酸浓度的增加意味着参加反应的硫酸的量增加。根据铜镉渣的化学组成，通过化学计算如果要使铜、锌、镉三种物质全部浸出，需要硫酸的理论浓度大约为 15%。在考察硫酸浓度的范围内锌、镉浸出率都能达到 99%。由于金属铜需要有氧气存在的情况下才能浸出，故空气条件下硫酸量充足时浸出率也能达到 99%，但是如果硫酸的加入量低于理论加入量，由于锌、镉在硫酸中比金属铜更容易浸出，故当硫酸浓度为 10% 时只有一部分铜溶解，而锌和镉的浸出率却能达到 99%。同时因为铜镉渣中有一部分金属是以硫酸盐的形式存在，所以实际硫酸的消耗量低于硫酸加入量。对于这三种金属而言，当硫酸加入浓度为 15% 时都能达到 99% 浸出率。为降低浸出液中游离酸量，以降低浸出液后续处理的难度，硫酸初始浓度可选择为 15% 左右。

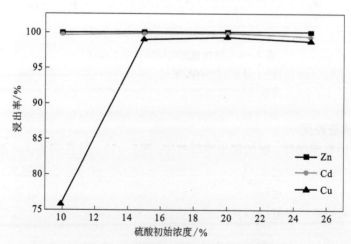

图 3 - 3　硫酸初始浓度对浸出率的影响

浸出温度 80℃，铜镉渣粒度 48 ~ 75 μm，液固比 4 : 1

连续鼓入空气流量 0.16 L/min，反应时间 3 h，搅拌速度 100 r/min

（2）搅拌速度

加强搅拌可以有效减小扩散层的厚度，合适的搅拌速度是降低扩散层阻力的有效手段。当搅拌速度不大时，随着搅拌速度的增加，扩散层厚度降低，反应加快；当搅拌速度增加到一定程度后，外扩散速度很快，进一步加强搅拌对反应速度的影响不大，搅拌速度对铜浸出率的影响基本可以忽略（图3-4）。铜的浸出率在不同搅拌速度下经过3 h的反应均能达到99%的浸出率，这是因为当通过进气管通入空气时，空气在三口瓶底部进气管出口处形成大量气泡，这些气泡本身就具有搅拌作用。故在搅拌速度为100 r/min时也能达到很高的浸出率。

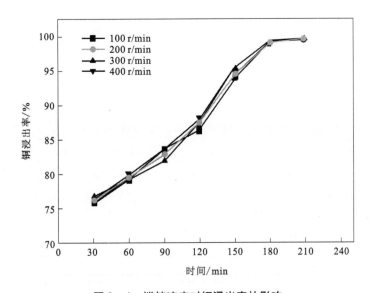

图3-4　搅拌速度对铜浸出率的影响

硫酸初始浓度15%，浸出温度80℃，液固比4:1，铜镉渣粒度48~75 μm，
连续鼓入空气流量0.16 L/min，反应时间3 h

（3）铜镉渣粒度

铜镉渣的粒度越细，铜的浸出率就越高（图3-5）。这是因为，一方面粒度越细，铜镉渣的比表面积也就越大，与酸性浸出液的接触面积也就越大；另一方面粒度越小，在浸出率一定时，固体产物层的厚度就越小。因此，在条件允许的前提下，可将铜镉渣适当磨细以提高酸浸速度。考虑到磨矿成本，合适的铜镉渣粒度应为48~75 μm。

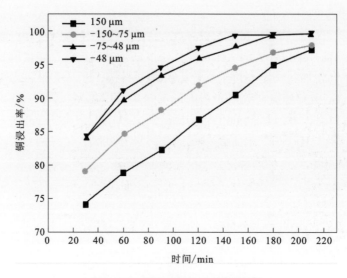

图 3 - 5　粒度对铜浸出率的影响

硫酸初始浓度 15%，浸出温度 80℃，液固比 4∶1

连续鼓入空气流量 0.16 L/min，反应时间 3 h

(4)浸出温度

温度对铜的浸出率影响很大(图 3 - 6)，Cu 的浸出率随着温度的升高而增大，当浸出时间达到 3 h 时铜的浸出率达到该温度条件下的最大值且不再变化。

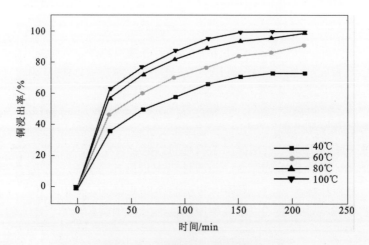

图 3 - 6　温度对浸出率的影响

硫酸初始浓度 15%，铜镉渣粒度 -75 ~ 48 μm，液固比 4∶1

连续鼓入空气流量 0.16 L/min，搅拌速度 100 r/min

（5）铜离子强化氧化酸浸

当溶液中有铜离子存在时，能加快单质铜在酸性介质中的氧化速度。该催化反应的机理是首先金属铜在酸性溶液中被氧气氧化成铜离子，然后二价铜离子与金属铜反应生成亚铜离子，最后，亚铜离子在氧气存在的条件下迅速被氧气氧化为铜离子，反应方程式如下：

$$Cu + 2H^+ + 1/2O_2 \rightleftharpoons Cu^{2+} + H_2O \qquad (3-7)$$

$$Cu^{2+} + Cu \rightleftharpoons 2Cu^+ \qquad (3-8)$$

$$2Cu^+ + 2H^+ + 1/2O_2 \rightleftharpoons 2Cu^{2+} + H_2O \qquad (3-9)$$

式（3-7）为式（3-8）和式（3-9）的总反应，可以看出亚铜离子相当于一种氧载体，可以催化单质铜的溶解。故当溶液中有二价铜离子存在时，由于自催化反应，单质铜的溶解就会被加速。

根据前文可知铜镉渣中金属铜溶解反应达到平衡状态要耗时大约 3 h。为了缩短该溶解反应达到化学平衡的时间，调整 Cu^{2+} 的加入量分别为 10 g/L、20 g/L 和 30 g/L 时，铜浸出率与反应时间的关系（图 3-7）表明，与不添加铜离子相比，加入铜离子能使达到化学平衡的时间从 3 h 缩短到 1.5 h。故铜离子能加快反应达到平衡的速度，起到运载氧和催化的作用。

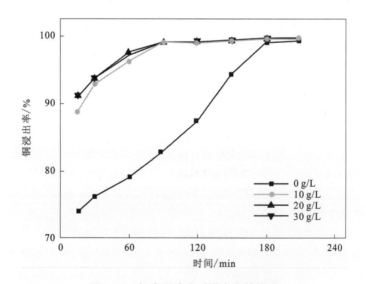

图 3-7 铜离子浓度对浸出率的影响

硫酸初始浓度 15%，浸出温度 80℃，液固比 4∶1，连续鼓入空气流量 0.16 L/min

（6）活性炭强化氧化酸浸

铜离子虽然能起到加速单质铜浸出的作用，但是在浸出过程中也进入了浸出液，后续过程还需要分离出来，这无疑增加了分离的成本。故想要加快反应速度，需要一种不引入杂质离子且廉价高效易得的催化剂。活性炭作为一种化学反应常用的催化剂，具有催化效果好、易于回收利用、性质稳定等优点，故广泛应用于化学工业的各个领域。

控制活性炭浓度分别为 3 g/L、5 g/L、8 g/L，铜浸出率随时间的变化规律见图 3-8。当加入活性炭时，铜浸出率能在很短的时间内达到最大值。当活性炭在液相中的浓度为 5 g/L 时，铜的浸出率能在 1 h 达到最大值，之后铜的浸出率基本不再变化。这说明活性炭能起到很好的催化作用。

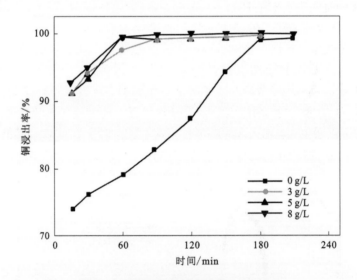

图3-8 活性炭浓度对铜浸出率的影响

硫酸初始浓度15%，浸出温度80℃，液固比4:1，连续鼓入空气流量0.16 L/min

活性炭表面有很多含氧官能团，如羧基、羰基、羟基、醛基、醌基和吡喃等。这些基团可以直接和铜单质发生化学反应，把铜氧化为铜离子或者与氧气反应生成 H_2O_2，接着 H_2O_2 再把单质铜氧化为铜离子。有些含氧官能团如醌基和吡喃的电极电势低于 O_2/H_2O_2 的电极电势（0.695 V）。所以当活性炭与酸性溶液在含氧气的环境中接触时就能产生 H_2O_2。因为 H_2O_2/H_2O（1.763 V）的电极电势高于 O_2/H_2O 的电极电势（1.229 V），所以加入活性炭后铜的氧化速率（图3-8中浸出率曲线的斜率）大于不加活性炭时铜的氧化速率。

因此，当加入催化剂活性炭时，催化机理可以通过如下化学反应方程式来表示：

$$Cu + C_{Ox} \Longrightarrow Cu^{2+} + C_{Red} \qquad (3-10)$$

其中：C_{Ox}表示活性炭含氧官能团中电极电势高于Cu^{2+}/Cu对电极电势的官能团，在 Cu 被氧化的同时被还原成C_{Red}，同时含氧官能团中电势较低的官能团和O_2反应产生H_2O_2，其一方面能直接作用于 Cu，另一方面能把C_{Red}氧化为C_{Ox}，后者可继续氧化 Cu。

$$C_{red}^* + 1/2O_2 + H_2O \Longrightarrow H_2O_2 + C_{Ox}^* \qquad (3-11)$$

$$C_{Red} + H_2O_2 \Longrightarrow C_{Ox} + H_2O + 1/2O_2 \qquad (3-12)$$

$$H_2O_2 + 2H^+ + Cu \Longrightarrow Cu^{2+} + 2H_2O \qquad (3-13)$$

根据以上分析，活性炭在酸性溶液通空气的条件下能产生H_2O_2，同时H_2O_2能把 Cu 氧化为Cu^{2+}。想要证明上述假设的合理性，需要证明当活性炭与含氧的酸性溶液接触时的确产生了H_2O_2。

图 3-9 是含氧条件下在 15% 的稀硫酸溶液中添加 5 g/L 活性炭和不添加活性炭时的分子吸收光谱图。当酸性溶液中添加活性炭时在 220 nm 处出现了很强的吸收峰，而没有添加活性炭时没有发现明显的吸收峰。图 3-9 中同样在 210 nm 处发现了强烈的吸收峰，这证明是由于添加了活性炭产生了H_2O_2而出现的。因为H_2O_2浓度不同，两组实验吸收峰的位置可能发生了偏移。通过图 3-9 和图 3-10 可以看出，当加入催化剂活性炭时，因为产生了H_2O_2，其能加速铜的氧化浸出。所以金属铜的浸出速度大大加快，60 min 时浸出率就能达到最大值。

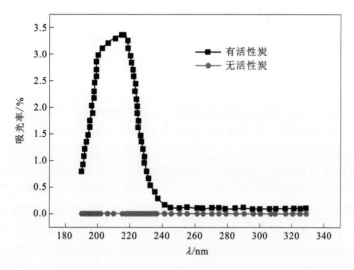

图 3-9　含氧酸性溶液在有活性炭和无活性炭存在时的分子吸收光谱图

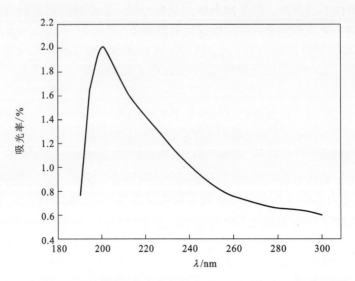

图 3 – 10   浓度为 15% 的稀硫酸溶液中含有 0. 05 mol/L H$_2$O$_2$ 时的分子吸收光谱图

(7)铜镉渣氧化酸浸优化综合实验结果

优化条件(初始硫酸浓度为 15%、浸出温度为 80℃、液固比为 4∶1、连续鼓入压缩空气流量为 0. 16 L/min、反应时间为 1 h、活性炭添加量为 5 g/L)下铜镉渣催化氧化酸浸综合实验结果见表 3 – 2,锌、镉和铜的浸出率均在 99% 以上,浸出液 pH 为 2 ~ 4,可直接进入金属还原分离工序。

表 3 – 2   酸性浸出综合实验结果

序号	浸出液成分/(g·L^{-1})			浸出渣成分/%				渣率/%	浸出率/%		
	Zn^{2+}	Cu^{2+}	Cd^{2+}	Zn	Cu	Cd	Pb		Zn	Cu	Cd
1	55. 06	18. 76	36. 84	0. 11	0. 63	1. 53	16. 68	3. 7	99. 99	99. 78	99. 75
2	55. 20	18. 28	40. 22	0. 41	1. 60	1. 46	11. 30	4. 3	99. 92	99. 23	99. 67
3	56. 18	18. 47	40. 30	0. 39	0. 61	1. 20	10. 34	4. 2	99. 92	99. 68	99. 70
平均	55. 48	18. 5	39. 12	0. 3	0. 95	1. 4	12. 77	4. 07	99. 94	99. 56	99. 71

3.1.2.2   铜镉渣浸出液中铜的还原回收

铜镉渣中有价金属经氧化酸浸后转化为金属离子进入酸浸液,主要含有硫酸铜、硫酸锌和硫酸镉等。根据铜、镉和锌的标准电极电势,可采用锌粉为还原剂,优先将酸浸液中的铜离子还原成单质铜析出,净化后的硫酸镉、硫酸锌溶液可用作后续电解提镉的原料。但为避免镉的分散污染，置换铜时需控制合适的条件，避免镉和铜的同步还原析出。锌粉还原酸浸液时，可能发生的反应如下：

$$Zn + CuSO_4 \!=\!=\! Cu + ZnSO_4 \qquad (3-14)$$

$$Zn + CdSO_4 \!=\!=\! Cd + ZnSO_4 \qquad (3-15)$$

$$Cd + CuSO_4 \!=\!=\! Cu + CdSO_4 \qquad (3-16)$$

以下为铜镉渣浸出液中铜还原效果的影响因素、产物海绵铜的特性及综合实验结果。

（1）还原温度

温度会影响还原反应进行的速度。当锌粉用量为铜完全还原所需理论量的 1.1 倍、还原时间为 30 min 时，不同还原温度对铜还原率、海绵铜纯度、镉损失率的影响见表 3-3。温度在 40℃以上时，铜还原率均在 99%以上；然而，随着温度的升高，海绵铜的纯度却逐步下降，这是因为升高温度会促进锌粉和海绵铜的氧化。不同的还原温度下，镉损失率变化不大，均在 1.8%以下。综合多方面因素，铜还原温度选择 30～40℃较合适。

表 3-3 还原温度对铜还原过程的影响

温度/℃	铜还原率/%	海绵铜纯度/%	镉损失率/%
30	98.36	94.26	1.63
40	99.28	93.74	1.75
50	99.36	93.76	1.55
60	99.43	90.62	1.77
70	99.52	86.89	1.68

（2）锌粉用量

锌粉用量对铜还原会产生较大的影响，锌粉量过少会使铜离子还原不完全，量过大则会使过量的锌粉接着还原镉离子，影响海绵铜的纯度，并增大镉的损失。还原温度为 30℃、还原时间为 30 min 时，锌粉用量对铜还原率、海绵铜纯度、镉损失率的影响如表 3-4 所示。当锌粉用量不足理论量时，铜的还原率随着锌粉用量的增加而明显增大，且海绵铜的纯度较高，镉的损失在 0.7%以下；锌粉用量为理论量时，铜还原率在 99%以上，镉的损失约为 1.7%；进一步增加锌粉用量至 1.2 倍时，对海绵铜纯度和镉损失的负面影响显著。为此，铜还原时锌粉用量为理论量的 1.0～1.1 倍较佳。

表 3 - 4　锌粉用量对铜还原过程的影响

锌粉用量 n_{Zn}/n_{Cu}	铜还原率/%	海绵铜纯度/%	镉损失率/%
0.7	78.26	98.29	0.49
0.9	89.56	94.26	0.64
1.0	99.53	95.05	1.69
1.1	99.76	93.74	1.75
1.2	99.83	64.64	15.19

（3）还原时间

还原温度为30℃、锌粉用量为理论量的1.1倍时，还原时间对铜还原效果的影响如表3 - 5所示。铜还原反应速度比较快，30 min 就能达到很高的还原率；还原时间越短，海绵铜的纯度越高，这可能是由于较短的时间内新生的海绵铜来不及被氧化；由于锌粉用量有限，即使还原时间延长，镉的损失也能控制在1.7%左右。因此，还原时间选择为30 ~ 40 min。

表 3 - 5　还原时间对铜还原过程的影响

反应时间/min	铜还原率/%	海绵铜纯度/%	镉损失率/%
30	98.36	94.26	1.63
40	99.53	92.42	1.53
60	99.76	91.72	1.73
80	99.83	89.25	1.68
100	99.92	81.35	1.71

（4）铜还原产物海绵铜的特性

将锌粉还原获得的海绵铜经 pH 为 5 的稀酸液淋洗和水浆洗后置于真空干燥箱中烘干，并对不同条件下获得的海绵铜进行了 XRD 分析和 SEM - EDX 分析，结果如图3 - 11、图3 - 12 和图3 - 13所示。锌粉用量为理论量的0.9倍和1.1倍条件下还原获得的海绵铜中除含有单质铜外，还含有氧化铜和氧化亚铜，因而影响了海绵铜的纯度。当锌粉用量达到理论量的1.2倍时，还原产物的结晶性能变差，且有残存的锌粉被铜还原产物包裹，进而极大地影响了海绵铜的纯度，与表3 - 4中的结果相符。

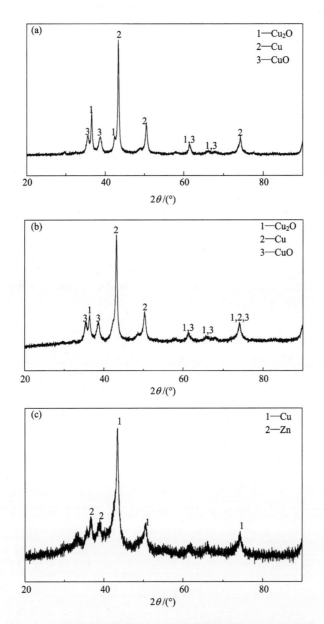

图 3 – 11 不同锌粉用量条件下还原获得海绵铜的 XRD 图谱

（a)0.9 倍锌粉理论用量；（b)1.1 倍锌粉理论用量；（c)1.2 倍锌粉理论用量

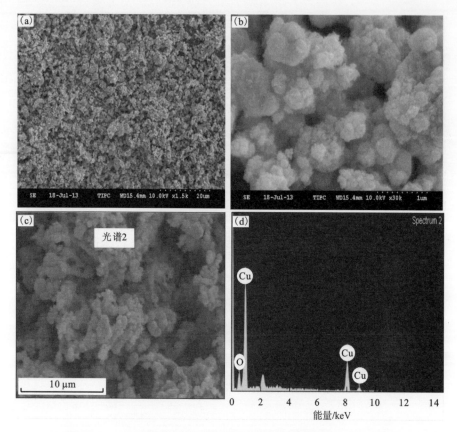

图 3 – 12　0.9 倍锌粉理论用量还原获得的海绵铜 SEM – EDX 图

图 3 – 12 和图 3 – 13 表明，还原生成的铜金属颗粒聚集在一起，整体呈蜂窝状。当锌粉用量为理论量的 0.9 倍时，能谱结果显示这些聚集的颗粒组成元素为 Cu 和 O，没有其他元素，这与 XRD 图谱的分析结果相符。当锌粉用量为理论量的 1.2 倍时，由于 Zn 过量，部分 Cd 被还原进入海绵铜，能谱结果显示除含 Cu 元素外，还含有 Zn、Cd 和 O 等，亦与化学成分分析和 XRD 分析结果相符。

（5）锌粉还原回收海绵铜的综合实验结果

优化条件（锌粉用量为理论量的 1.0 ~ 1.1 倍，还原温度为 30 ~ 40℃，反应时间为 30 ~ 40 min）下两组锌粉还原制备海绵铜的平行实验结果见表 3 – 6。铜还原率达 99.45%，海绵铜的纯度达 93.69%，镉损失为 1.58%，除铜液含铜 1.57 mg/L，铜镉分离效果明显，为后续电解提镉创造了条件。

图 3 – 13 1.2 倍锌粉理论用量还原获得的海绵铜 SEM – EDX 图

表 3 – 6 铜还原的综合优化实验结果

序号	除铜液成分			铜还原效果		
	Zn^{2+} /(g·L^{-1})	Cd^{2+} /(g·L^{-1})	Cu^{2+} /(μg·g^{-1})	铜还原率 /%	海绵铜纯度 /%	镉损失率 /%
1	70.52	36.50	1.85	99.36	93.26	1.63
2	70.34	37.48	1.29	99.54	94.12	1.53
平均	70.45	36.99	1.57	99.45	93.69	1.58

3.1.2.3 铜镉渣二氧化锰强化浸出过程特征

取某批次块状铜镉渣研磨混匀，置于 60 ℃真空干燥箱中烘干 12 h，用 XRF 分析得到铜镉渣的成分及元素含量如表 3-7 所示。铜镉渣中主要化学成分为 Cu、Cd、Zn、Pb、Ca、Al、S 等，通过 ICP 检测得出铜镉渣中主要金属元素含量如表 3-8 所示。

表 3-7　铜镉渣 XRF 分析结果

元素	Al	Si	S	Cl	Ca	Ti	Mn	Fe	Ni
含量/%	1.019	1.278	22.459	0.081	10.524	0.105	0.101	0.085	0.146
元素	Cu	Zn	As	Se	Sr	Mo	Cd	Pb	Na
含量/%	52.757	3.616	0.257	0.094	0.011	0.037	4.264	3.168	0.00

表 3-8　铜镉渣的主要成分

元素 含量/%	Cu	Cd	Zn	Ca	Mg	Al	Fe	Pb	Mn
1	47.20	4.89	3.68	3.92	0.18	0.48	0.65	3.13	0.08
2	47.11	4.81	3.66	4.06	0.20	0.48	0.52	3.18	0.09
平均值	47.155	4.85	3.67	3.99	0.19	0.48	0.585	3.155	0.085

铜镉渣的主要物相（图 3-14）组成为 CuO、CaSO$_4$、ZnO 等，其次还含有少量的 FeO 和 Cd、Pb 的化合物。

3.1.2.4 铜镉渣二氧化锰强化浸出理论基础

铜镉渣中各物质在硫酸浸出过程中就何种物质优先溶解、各组分的稳定范围、反应平衡条件及条件变化时平衡移动的方向和限度等问题，均属于热力学范畴。各种金属离子在水溶液中的稳定性与溶液中金属离子的电势、pH、离子活度、温度和压力等条件相关。电势 - pH 图可为这些热力学分析提供理论指导，Zn - H$_2$O 系、Cd - H$_2$O 系、Cu - H$_2$O 系和 Mn - H$_2$O 系在 25℃下的电势 - pH 图分别见图 3-15、图 3-16、图 3-17 和图 3-18。图 3-16 表明 Cd^{2+} 稳定区域的范围较大，当 pH 在 6.7 以下、电势高于 -0.42 V 时，Cd^{2+} 可稳定存在。根据标准电极电势，铜镉渣中金属锌和镉很容易被硫酸溶解，而金属状态的铜则不能溶解。当 pH 在 6 以下时，Zn^{2+}/Zn、Cd^{2+}/Cd、Cu^{2+}/Cu 的标准电极电势分别为 -0.76 V、-0.43 V、0.34 V、MnO$_2$/Mn^{2+} 的标准电极电势大于 0.62 V，前者的标准电极电势均低于 MnO$_2$/Mn^{2+} 的标准电极电势，因此单质 Zn、Cd、Cu 等能被 MnO$_2$ 氧化，进而被硫酸溶解。同样，单质铜也能被标准电极电势高于 0.34 V 的氧化剂所氧化，如 KMnO$_4$、O$_2$、H$_2$O$_2$ 等。因此，铜镉渣在硫酸溶出过程中，控制一定的溶液酸度，加入一定的氧化剂，便能将铜镉渣中的锌、镉和铜溶出而进入溶液。

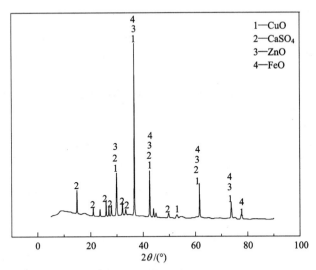

图 3-14 铜镉渣的 XRD 图谱

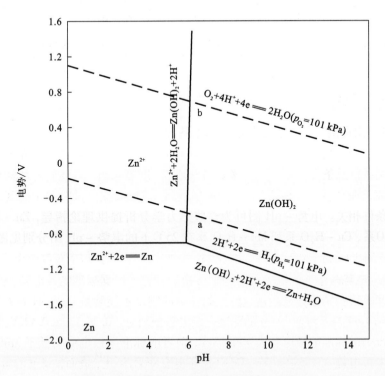

图 3-15 25℃下 Zn-H₂O 系电势-pH 图

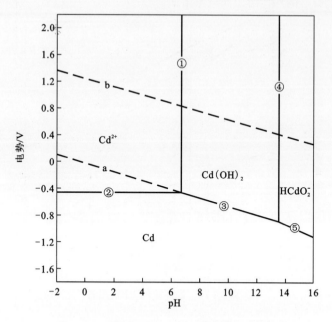

图 3 – 16　25℃下 Cd – H₂O 系电势 – pH 图

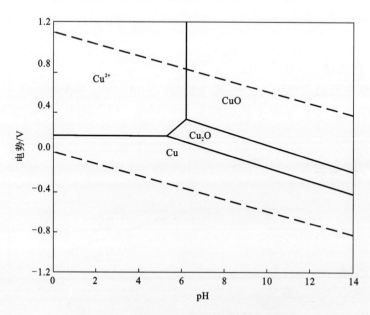

图 3 – 17　25℃下 Cu – H₂O 系电势 – pH 图

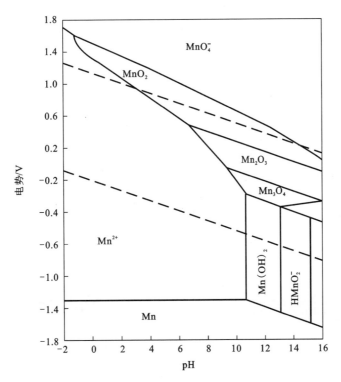

图 3 – 18　25℃下 Mn – H₂O 系电势 – pH 图

3.1.2.5　铜镉渣常规酸浸特性

铜镉渣中的氧化铜及镉、锌、铁等金属均会消耗酸，根据铜镉渣中金属的含量，15 g 渣理论上需要的浓硫酸用量为 9.84 g。在不加氧化剂、设定温度为 80 ℃、液固比 6∶1、硫酸初始浓度为 15%（过量系数 1.4），且通入高纯氮气的情况下反应 3 h 可防止单质 Cu 氧化，实验结果见表 3 – 9。铜镉渣中主要元素浸出率如表 3 – 10 所示。

表 3 – 9　铜镉渣浸出空白实验结果

元素		Cu	Cd	Zn	Ca	Mg	Al	Fe	Pb	Mn
含量	1	液相/(g·L⁻¹)	45.81	7.133	5.99	0.53	0.231	0.622	—	0.046	0.144
		渣相/%	42.83	0.137	0.07	8.45	0.16	0.32	0.86	8.16	0.038
	2	液相/(g·L⁻¹)	43.42	6.878	5.668	0.602	0.226	0.596	—	0.026	0.067
		渣相/%	47.11	0.121	0.06	7.91	0.04	0.25	0.36	8.38	0.013

表 3-10   铜镉渣主要元素浸出率结果

元素		Cu	Cd	Zn
浸出率/%	1	64.91	98.91	99.26
	2	62.38	99.06	99.38
	平均值	63.64	98.99	99.32

铜镉渣中铜主要是以单质 Cu 及 CuO 的形式存在，单质 Cu 含量约占铜总量的 36%，由于单质 Cu 无法与酸直接反应，需加入氧化剂氧化后才能与酸反应溶解。渣中剩余的主要物质(图 3-19)为 $PbSO_4$、$CaSO_4$ 及少量未参与反应的 Cu，并且在酸性条件下发生了氧化还原反应，生成了中间价态的 Cu_2O。

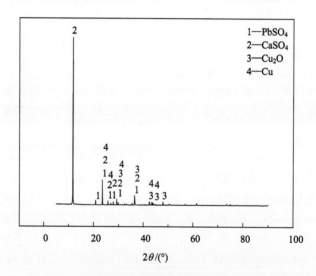

图 3-19   不添加氧化剂的铜镉渣浸出渣 XRD 图谱

控制温度为 80℃，液固比为 6:1，硫酸初始浓度为 15%(过量系数 1.4)，不通氮气，反应 3 h，做两组实验对比。空气中的氧气对铜镉渣浸出的影响见表 3-11、表 3-12。不通惰性气体的条件下，铜镉渣中主要元素的浸出率相差 1.3%，说明空气对铜镉渣中单质 Cu 的氧化较缓慢，对于铜镉渣的浸出影响不大。因此后续研究铜镉渣浸出的工艺条件时，不需要通入惰性气体。

表 3 - 11　铜镉渣浸出对比实验结果

元素		Cu	Cd	Zn
1	液相/(g·L^{-1})	39.86	5.94	5.02
	渣相/%	44.27	0.16	0.09
2	液相/(g·L^{-1})	42.44	6.32	5.34
	渣相/%	49.26	0.14	0.098

表 3 - 12　主要元素浸出率

元素		Cu	Cd	Zn
浸出率/%	1	63.01	98.70	99.05
	2	61.67	98.96	99.05
	平均值	62.34	98.83	99.05

3.1.2.6　铜镉渣二氧化锰强化浸出特性

在非氧化性气氛下，铜镉渣酸浸过程主要为酸溶。为使铜镉渣中的单质 Cu 浸出溶解至硫酸中，需加入氧化剂才能实现完全溶解。基于铜镉渣的常压氧化浸出特性，用 MnO$_2$ 作为氧化剂。单质 Cu 与 MnO$_2$ 发生如下反应：

$$Cu + MnO_2 + 4H^+ =\!=\!= Cu^{2+} + Mn^{2+} + 2H_2O \qquad (3-17)$$

MnO$_2$ 的用量与铜镉渣中单质 Cu 的含量有关，根据计算可得到 MnO$_2$ 的理论使用量。取 15 g 铜镉渣，根据渣中单质铜含量计算得，15 g 铜镉渣中的铜完全溶解需要加入 3.46 g MnO$_2$。由 Zn^{2+}/Zn，Cd^{2+}/Cd，Cu^{2+}/Cu，MnO$_2$/Mn^{2+} 的电势 – pH 图可知，若渣中存在单质 Zn 和 Cd，则 MnO$_2$ 优先氧化这两种金属，因此 MnO$_2$ 需要考虑过量。控制温度为 80℃，液固比为 6∶1，硫酸初始浓度为 15%（过量系数 1.4），加入 3.5 g MnO$_2$，常压下反应 3 h，结果见表 3 - 13。使用 MnO$_2$ 作为氧化剂，可以将铜镉渣中的单质 Cu 转化为氧化物，从而浸出溶解至硫酸溶液中，这进一步证实了 MnO$_2$ 强化铜镉渣浸出的工艺可行性。反应完全后渣中主要物相为 PbSO$_4$ 和 CaSO$_4$ 及少量的 SiO$_2$（图 3 - 20）。

表 3 - 13　MnO$_2$ 强化浸出铜镉渣实验结果

编号	浸出液金属浓度/(g·L^{-1})			浸出渣金属含量/%			浸出率/%		
	Cu	Cd	Zn	Cu	Cd	Zn	Cu	Cd	Zn
1	65.88	7.00	5.78	7.56	0.33	0.49	96.62	98.57	97.16
2	62.54	6.95	5.82	13.10	0.23	0.22	91.51	98.57	98.45

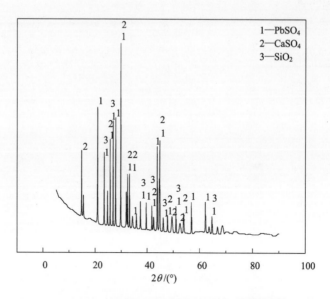

图 3 – 20　铜镉渣强化浸出反应渣的 XRD 图谱

由 MnO_2 强化浸出铜镉渣理论基础及实验结果判断，影响铜镉渣浸出的主要因素为 MnO_2 用量、反应温度、硫酸初始浓度、酸过量系数、反应时间等。铜镉渣中 Cu 浸出率随时间增加而增加（图 3 – 21），在不改变其他条件的情况下，反应 2 h 后基本稳定，浸出率变化较小。渣中 Zn、Cd 的浸出率受反应时间的影响不大，因此铜镉渣浸出反应时间设定为 2 h。

（1）二氧化锰用量

MnO_2 对于铜镉渣中 Cd 和 Zn 的浸出率基本没有影响（图 3 – 22）。随着 MnO_2 过量系数的增加，铜的浸出率逐渐降低，原因是 MnO_2 与硫酸反应消耗了溶液中的酸，导致酸量不足从而降低了铜浸出率。因此，在优化其他反应条件的前提下，应尽量降低 MnO_2 的加入量。

（2）温度

反应温度对铜镉渣中 Cd 和 Zn 的浸出率影响不大（图 3 – 23），而温度低却不利于 Cu 的浸出。随着反应温度升高，Cu 的浸出率随之增加，同一条件下，反应温度升高到 80℃时，浸出率达到最大，之后随着温度升高而浸出率有所下降，原因可能是因为温度过高导致溶液中的酸蒸发，降低了反应效率。

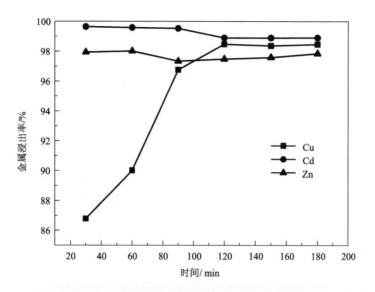

图 3 – 21　反应时间对铜镉渣中金属浸出率的影响

温度 80℃，液固比 6∶1，硫酸初始浓度 15%，MnO_2 加入量 3.81 g（过量 1.1 倍）

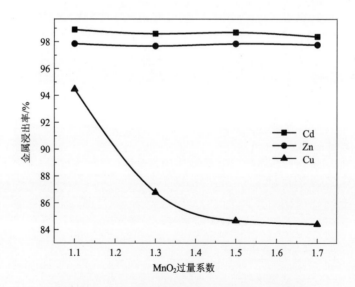

图 3 – 22　MnO_2 用量对铜镉渣中金属浸出率的影响

温度 80℃，液固比 6∶1，硫酸初始浓度 15%，反应时间 2 h

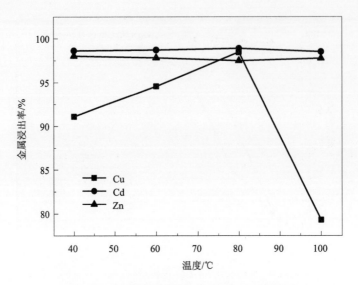

图 3 – 23　温度对铜镉渣中金属浸出率的影响

MnO$_2$过量 1.1 倍, 液固比 6∶1, 硫酸初始浓度 15%, 反应时间 2 h

(3) 硫酸初始浓度

铜镉渣浸出时铜浸出反应受酸浓度(硫酸初始浓度分别为 10%、15%、20%、25%)影响较大(图 3 – 24), 通过计算得出硫酸初始浓度为 10%, 液固比 6∶1 时, 总体酸量不足理论酸用量, 因此铜反应不完全。当酸浓度为 15%, 液固比 6∶1 时, 酸量为理论需要量的 1.4 倍, 铜浸出率达到 98.47%。再提高酸浓度, 对铜镉渣中金属浸出率影响不大, 因此铜镉渣中金属浸出反应硫酸初始浓度设定为 15%。

(4) 硫酸过量系数

铜镉渣中的镉和锌优先浸出, 受硫酸用量的影响不大(图 3 – 25)。当硫酸初始浓度为 15%, 硫酸过量 1.2 倍时, 铜浸出率仅 74.58%, 没有达到铜完全浸出的需求量。铜镉渣中铜的浸出率随酸过量系数的增加而升高, 当硫酸过量 1.4 倍时, 铜浸出率为 98.47%; 之后增加酸用量, 铜浸出率不再增加。

3.1.2.7　铜镉渣强化浸出液除锰

为了强化铜镉渣的浸出, 溶液中引入了 Mn^{2+}, 而 Mn^{2+} 在溶液中对电解液的物理化学性质会产生影响, Mn^{2+} 浓度过高会生成鱼鳞状阳极泥, 造成电解槽工作量显著增大, 剥离阳极泥时使阳极变形, 氧化膜脱落, 溶液含 Pb 量升高, 使阴极 Pb 含量也升高, 电流效率下降, 电耗增加, 而且也使溶液黏度增加, 在相当大程度上影响了生产的正常进行。因此, 研究除去 Mn^{2+} 的工艺具有重要的实际意义。

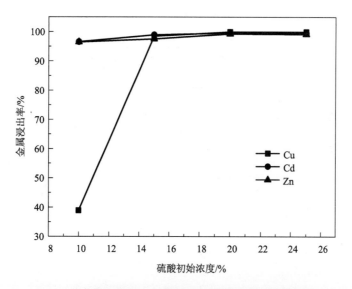

图 3-24　硫酸初始浓度对铜镉渣中金属浸出率的影响

MnO_2 过量 1.1 倍, 温度 80℃, 液固比 6∶1, 反应时间 2 h

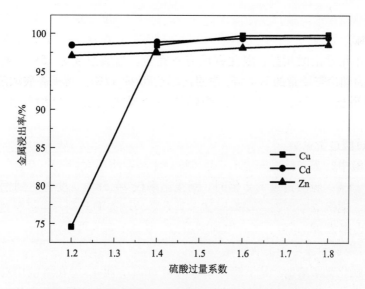

图 3-25　硫酸过量系数对铜镉渣中金属浸出率的影响

MnO_2 过量 1.1 倍, 温度 80℃, 硫酸初始浓度 15%, 反应时间 2 h

取 80 g 铜镉渣，在 MnO_2 强化铜镉渣浸出工艺最优条件(温度 80℃、15% 硫酸用量 1.4 倍、MnO_2 用量 1.1 倍、液固比 6∶1、反应时间 2 h)下进行浸出，反应完全后得到的浸出液主要成分如表 3 - 14 所示。

表 3 - 14　铜镉渣浸出液主要成分

元素	Cu	Cd	Zn	Pb	Mn
含量/(g·L⁻¹)	57.96	6.2	5.19	0.096	19.92

目前，硫酸体系溶液中除 Mn^{2+} 的研究已相当成熟，铜镉渣浸出液体系与 $ZnSO_4$ 溶液体系相似，而目前 $ZnSO_4$ 溶液除 Mn^{2+} 的方法有电解过程阳极氧化法、高锰酸钾氧化法、漂白粉氧化法、次氯酸钠氧化法、褐煤吸附法、萃取法、过硫酸铵氧化法等。

电解过程阳极氧化法主要在电解过程中，溶液中的 Mn^{2+} 在阳极被氧化成 MnO_2 或 MnO_4^-，生成的 MnO_2 一部分沉入槽底，形成阳极泥，一部分附于阳极表面形成致密的薄膜。由于锰在阴极不能以金属形态析出，而只会被还原成 Mn^{2+} 留在溶液中，当溶液中的 Mn^{2+} 浓度较高时，由于阳极泥成鱼鳞状牢固地附于阳极表面，造成阳极电阻升高，电流效率下降，因此这种方法除锰效果并不理想。

高锰酸钾氧化法是在弱酸性条件下将二价锰氧化成四价，形成亚锰酸沉淀而除去，由于 pH 过低会导致亚锰酸二次溶解，因此必须加入石灰水或氧化锌中和氧化时产生的新酸，使溶液 pH 始终保持为 5.4，以利于锰的氧化水解。此方法虽操作简单，但高锰酸钾的加入量很难把握，加入量过高时，会形成锰的残留，过低时锰离子又难以除净，且高锰酸钾价格高，必然会增加成本，所以用此方法除锰也不理想。

漂白粉氧化法和次氯酸钠氧化法原理相似，同样是利用其氧化性将溶液中的二价锰氧化成四价且生成沉淀，但容易引入氯离子，会对后续电解工序的阳极产生严重的腐蚀，降低了电流效率和电解铜的质量，所以不可取。

综上所述，针对铜镉渣浸出液体系，目前最适合除锰净化的方法为过硫酸铵氧化法。此方法具有以下优点：一是在除去二价锰的同时，不引入其他杂质；二是沉淀物量较少，只有 MnO_2 生成；三是对溶液中的锰含量没有要求；四是可以制得含锰极低的硫酸铜溶液。

目前，已经有不少学者对过硫酸铵氧化法进行了大量研究，过硫酸铵氧化除去氯化锌溶液中的 Mn^{2+}，使氯化锌溶液中 Mn^{2+} 含量降到 0.62 mg/L；过硫酸铵氧化除去硫酸锌溶液中的 Mn^{2+}，使硫酸锌溶液中 $[Mn^{2+}]/[Zn^{2+}]$ 达 2×10^{-6} 以上。过硫酸铵氧化法除锰的反应原理如下所示：

$$10(NH_4)_2S_2O_8 + 6MnSO_4 + 24H_2O = 5(NH_4)_2SO_4 + 6HMnO_4 + 21H_2SO_4 \tag{3-18}$$

$$2HMnO_4 + 3MnSO_4 + 2H_2O = 5MnO_2 \downarrow + 3H_2SO_4 \tag{3-19}$$

$$3MnSO_4 + 2(NH_4)_2S_2O_8 + 6H_2O = 3MnO_2 \downarrow + (NH_4)_2SO_4 + 6H_2SO_4 \tag{3-20}$$

过硫酸铵氧化法除锰的最佳工艺条件为温度 90 ℃、pH 5.4、反应时间 3 h。由于铜镉渣浸出液中铜含量高达 58 g/L，若 pH 高于 4.5 则会形成 $Cu(OH)_2$ 沉淀，影响除锰效果。因此保持其他条件不变，浸出液 pH 为 3.88，加入理论量的过硫酸铵，反应完全后得到除锰净化液的成分见表 3-15。用过硫酸铵氧化法除锰，可使溶液中的 Mn^{2+} 降至 0.014 g/L，且不会引入新的杂质。过硫酸铵氧化法是一种理想的除锰方法。

表 3-15　除锰净化液成分

含量/(g·L⁻¹)　元素　　反应时间/h	Cu	Cd	Zn	Pb	Mn
3	45.22	5.036	4.06	0.072	0.014
2	46.9	5.27	4.252	0.088	0.496

3.2　富镉液非均匀电场高效提镉技术

3.2.1　富镉液非均匀电场提镉工艺基础

3.2.1.1　富镉液非均匀电场高效提镉热力学原理

根据热力学原理，标准电极电势为负的金属均可置换出溶液中标准电极电势较正的金属。因此，置换反应的次序取决于水溶液中金属的标准电势大小，而且置换趋势的大小决定于电势差。根据能斯特公式和原液中各金属离子含量可计算得到各金属离子的电极电势，计算式为：

$$\varphi = \varphi^{\ominus} + \frac{0.0591}{n}\lg\left(a_{Me}^{n+}\right) \tag{3-21}$$

Zn 的标准电极电势为 -0.76 V，镉为 -0.403 V，因此，

$$\varphi_{Zn} = -0.76 + 0.0295\lg\left(a_{Zn}^{2+}\right) \tag{3-22}$$

$$\varphi_{Cd} = -0.403 + 0.0295\lg\left(a_{Cd}^{2+}\right) \tag{3-23}$$

用锌粉置换镉反应的电势差为：

$$U = \varphi_{Cd^{2+}/Cd}^{\ominus} - \varphi_{Zn^{2+}/Zn}^{\ominus} + 0.0295\lg\frac{a_{Cd^{2+}}}{a_{Zn^{2+}}} \tag{3-24}$$

当 $U=0$ 时反应达到平衡，此时 $a_{Cd^{2+}} = 10^{-11.63}a_{Zn^{2+}}$。由此可知，锌可以很彻底地置换出溶液中的镉。

3.2.1.2 富镉液非均匀电场高效提镉反应机理

富镉液非均匀电场高效提镉反应过程是一个电溶解和置换同时进行的过程。在电解过程中，锌板不断地失去电子，溶解为锌离子进入电解液。置换过程中，锌溶解和镉离子的沉积是在溶解电压及渗透压二者存在数值差并形成电势差（即电极附近的双电层与整个溶液间的电势差）时进行的。锌的溶解电压大于渗透压，差值为负，镉的溶解电压小于渗透压，差值为正，随着置换反应的进行，锌离子在溶液中的浓度增大，而镉离子的浓度降低，锌的电势由于离子渗透压的增大而降低，而镉的正电势由于离子渗透压的降低而降低，当两种电势值相等时，反应停止。锌片通直流电时，在电流作用下，一方面增大了锌片表面的点蚀，使置换比表面积增大，活性增强，另一方面增加了置换过程锌的负电势和镉的正电势之间的电势差，从而促进了置换反应的发生。置换过程发生的化学反应如下：

阳极：
$$Zn - 2e^- {=\!\!=\!\!=} Zn^{2+} \tag{3-25}$$
$$Zn + Cd^{2+} {=\!\!=\!\!=} Zn^{2+} + Cd \tag{3-26}$$

阴极：
$$Zn^{2+} + 2e^- {=\!\!=\!\!=} Zn \tag{3-27}$$
$$Cd^{2+} + 2e^- {=\!\!=\!\!=} Cd \tag{3-28}$$

最后通电可以提高溶液中离子的迁移速率。然而实际上由于电解液中存在多种金属离子，使得其电化学反应非常复杂。

3.2.1.3 富镉液非均匀电场高效提镉竞争反应

富镉液非均匀电场高效提镉是在电流作用下进行的置换过程，涉及电溶解、电沉积和置换三个过程。因含镉原料可能含有 Zn、Fe、Cu、Bi、Sb、Pb、Cr 等金属杂质，所以在置换过程和电沉积过程中均存在一定的竞争反应。为此须先考察金属的标准还原电极电势，从而能够得出电解过程中各种金属离子在阴极上放电析出的先后顺序。表 3-16 列出了 298.15 K 下水溶液中某些电极的标准电极电势。

表 3 – 16　298.15K 下水溶液中某些电极的标准电极电势

电极	$\varphi^{\ominus}/V$	电极	$\varphi^{\ominus}/V$
K^+/K	– 2.924	Cr^{3+}/Cr	– 0.74
Ca^{2+}/Ca	– 2.76	Fe^{2+}/Fe	– 0.4402
Na^+/Na	– 2.7109	Cd^{2+}/Cd	– 0.4026
Mg^{2+}/Mg	– 2.375	Pb^{2+}/Pb	– 0.1263
Al^{3+}/Al	– 1.662	Fe^{3+}/Fe	– 0.036
Mn^{2+}/Mn	– 1.029	Bi^{3+}/Bi	+ 0.32
Zn^{2+}/Zn	– 0.7628	Cu^{2+}/Cu	+ 0.3402

在只考虑标准电极电势的情况下，比镉正的金属都能置换出来，鉴于实际溶液的复杂性，对电解液中可能存在的反应电极电势作以下计算：溶液中元素 Cd 的浓度为 10 ~ 100 g/L，得到 Cd^{2+} 的电极电势在 – 0.4337 V 和 – 0.4041 V 之间，与其电极电势相近的 Fe^{2+} 在此条件下不会被置换，而比 Cd^{2+} 电极电势高的离子如 Pb^{2+}、Fe^{3+}、Cu^{2+} 则会被置换出来，但由于这几种元素在溶液中含量极低，其影响可忽略不计。

3.2.1.4　富镉液非均匀电场高效提镉原则流程

采用电流作用强化置换过程处理铜镉渣一次浸出液。以锌电积车间所产成品锌浇铸板为置换板（阳极），钛网（钛板、铜板等）为导电板（阴极），在电流作用下用锌板置换溶液中的镉，直接得到海绵镉，压滤后熔铸得到粗镉产品；同时电解后液除杂后可直接送电积锌，其流程如图 3 – 26 所示。含镉液经锌板置换后得到海绵镉、置换后液和少量阳极渣，海绵镉含水量高，经压滤、熔铸后得到镉产品。置换后液为高锌溶液，含锌可达 100 g/L 以上，经净化和除杂后返回锌电积车间。

3.2.2　非均匀电场高效提镉工艺

原料为湖南某厂铜镉渣处理流程取出的一次浸出液（溶液 1 和溶液 2），其 ICP – AES 分析结果见表 3 – 17 和表 3 – 18。富镉液中的主要金属离子有锌、镉，浓度分别为 70 ~ 100 g/L、15 ~ 35 g/L。

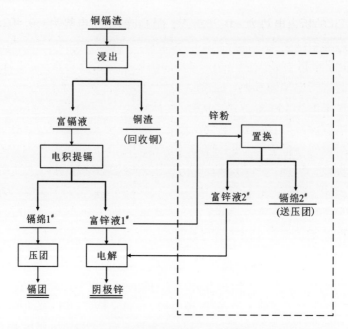

图 3 - 26　基于非均匀电场高效提镉技术的铜镉渣处理新工艺流程

表 3 - 17　1# 富镉液 ICP - AES 元素成分及含量分析　　　单位：mg/L

元素	Hg	Se	Sn	Zn	Sb	Ce	Pb	Cd	In	Au	B
浓度	0.1	14.5	41.6	93600	4.1	—	19.0	33820	—	—	13.1
元素	Mn	Pt	Mg	V	Al	Nb	W	S	As	Mo	P
浓度	6716	—	1774	—	249.1	—	—	60828	11.8	5.8	39.1
元素	Nd	Bi	Ta	Ni	Ga	Co	Fe	Cr	Si	Na	Be
浓度	—	7.5	—	72.6	—	44.3	508.2	2.5	148.6	1646	2.4
元素	Ca	Cu	La	Pd	Sc	K	Ag	Ti	Zr	Y	Ba
浓度	492.1	0.4	—	—	—	78.5	—	—	—	2.7	—

表 3 - 18　2# 富镉液 ICP - AES 元素成分及含量分析　　　单位：mg/L

元素	S	P	Fe	Ca	Na	Al	Zn	Mg	Mn
浓度	45593	104	144	471	1318	233	70895	1175	4179
元素	K	Cr	Pb	Cu	Ni	Cd	Si	As	
浓度	365	6051	29	20	6.87	15490	65	29	

考虑到 Zn 的析出电势为 -0.7628 V, 而 Cd 的析出电势为 -0.4026 V, 故在电加强置换过程中镉会先于锌析出。以上述两种富镉液为原料进行非均匀电场高效提镉工艺优化, 以含 Zn 大于 99% 的锌片为阳极, 阴极是长方形的钛网, 在无任何添加剂时进行电加强置换。正交试验研究得到的最优条件是 pH 为 1、极距为 3 cm、电流密度为 400 A·m^{-2}、温度为 90 ℃、阴阳极面积比为 1:2。各因素对提镉率的影响程度从大到小为: 温度 > pH > 极距 > 电流密度 > 阴阳极面积比。

各因素对提镉率的影响均较大, 其中温度对提镉率的影响最大, 温度越高越有利于镉的提取。因此, 选择合适的温度可以增大提镉率, 并得到纯度较高的海绵镉。pH 为 1 时提镉率最大, 此时酸度大, 加快了锌板表面离子的迁移速率和锌板溶解, 使得镉的置换率提高。因此, 升高温度、降低 pH 均可增大提镉率。提镉率随电流密度的增加而增加, 而阴阳极面积比对提镉率有一个最优值, 超过此值或低于此值都会影响提镉率。另外, 增大极距会增加离子迁移距离, 降低提取率。

3.2.2.1 低电流密度区间镉置换率

(1) 阳极电流密度

在 2 h 或 6 h 以上的时间内, 阳极电流密度影响很小; 在 2 ~ 5 h 时, 电流密度的增加有利于溶液中镉的置换, 但电流密度为 0.5 ~ 3 mA/cm^2 时, 置换率比较接近 (图 3 - 27)。实际操作过程中, 为加速置换速率, 阳极电流密度不能小于 0.5 mA/cm^2。

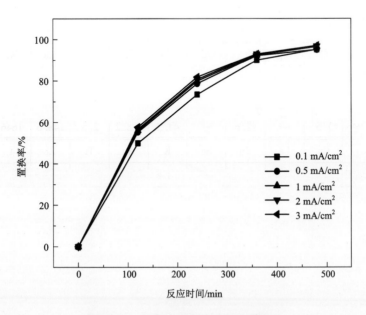

图 3 - 27 不同电流密度下镉的置换率

（2）pH

用硫酸调节体系 pH，随着 pH 的降低，镉的置换率有所增加，当 pH 保持不变时，随着反应的进行，镉的置换率会随着时间的延长而增加，但是当反应进行到 360 min 以后，镉的置换速率趋于稳定（图 3 - 28）。考虑到置换后液可与湿法炼锌的中浸液合并，料液 pH 可取 4.5。

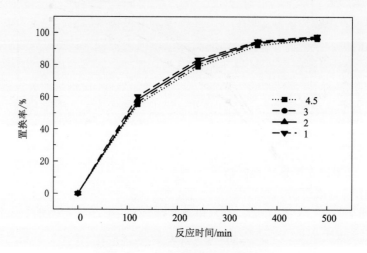

图 3 - 28　pH 对镉置换率的影响

（3）极距

极距小，镉置换率会提高；当极距为 5 cm 时，镉的置换率稍有降低，但影响不大（图 3 - 29）。考虑到海绵镉的疏松状态，可取极距为 4 ~ 5 cm。

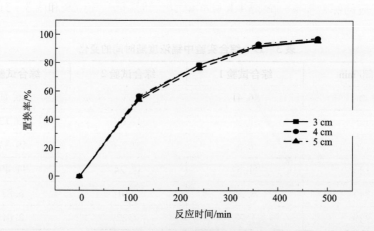

图 3 - 29　极距对置换率的影响

（4）温度

温度升高，镉的置换率明显提高（图 3 - 30），但 60℃ 时消耗的能量多，且溶液蒸发量大，因此选择 40℃ 较适宜。

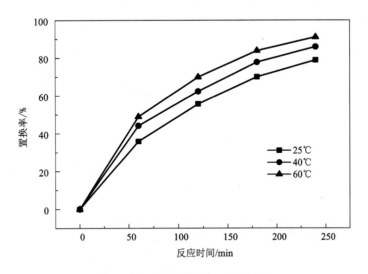

图 3 - 30　温度对镉置换率的影响

（5）优化工艺下镉的置换率

电置换时采用的是可溶阳极，为含 Zn 量大于 99% 的锌片。阴极是长方形的钛网。液面以下的锌板反应面积为 48.91 cm²，钛网液面下的反应面积为 27.47 cm²。

控制极板间距为 3 cm，pH 为 1，电流密度为 0.5 mA/cm²，温度为 40℃，进行电置换反应的综合实验。每隔 1 h 取样分析。结果见表 3 - 19 和图 3 - 31。

表 3 - 19　综合实验中镉浓度随时间的变化　　　　　　　单位：g/L

时间/min	综合试验 1	综合试验 2	综合试验 3
0	86.41	86.41	86.41
60	42.07	42.88	43.12
120	20.56	21.24	19.53
180	11.57	12.24	11.49
240	6.36	7.01	6.87
300	1.23	2.22	2.01

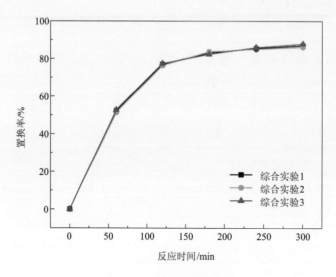

图 3 - 31　综合试验置换率

在最佳条件下镉的置换速率随时间增加而快速提高，随着反应的进行，当置换率接近80%时，镉的置换率开始明显下降。海绵镉含量见表3-20。料液中镉的置换率都大于97%，置换效果比较理想。海锦镉含量都大于85%，锌的含量小于5%，同时还有10%的其他元素析出。

表 3 - 20　综合试验中海绵镉及置换后液的锌镉含量

序号	置换后液的 Cd 浓度/(g·L⁻¹)	海绵镉/%		置换率 η/%
		Zn	Cd	
综合试验 1	1.23	3.24	85.6	98.58
综合试验 2	2.22	3.26	89.4	97.43
综合试验 3	2.01	3.92	86.4	97.67

3.2.2.2　高电流密度区间镉置换率

（1）电流密度

随着时间的延长，电解液中的镉含量不断减少，最后趋于稳定，说明此时已经很难从电解液中提取镉（图3-32）。然而，电解液中镉浓度并不能直接表示提镉的效率，因为在电解过程中，由于电解液的挥发、刮沉积物、取样等因素均会或多或少造成电解液损失，故在每次取样（1 mL）前都需要测量电解液的体积 V_2，

从而算出该时刻的提镉率,计算公式如下:

$$\eta = \frac{V_1 \cdot C_1 - V_2 \cdot C_2}{V_1 \cdot C_1} \cdot 100\% \qquad (3-30)$$

其中:V_1为初始量取的电解液体积(400 mL);C_1为电解液中初始的镉浓度(15.49 g/L);V_2为某时刻取样前电解液的体积,mL;C_2为样品中的镉浓度,g/L。

因此,通过计算得出对应的除镉率随时间的变化关系,如图3-33所示。同时表3-21列出了试验后的测量和分析数据。随着电流密度的增加,镉含量趋向平稳时所需的时间越短,提镉的速率越快,效率也越高。在400 A/m²的电流密度时,10 h后电解液中镉浓度降为0.73 g/L,提镉效率达到96.05%。这是因为电流密度越高,单位面积单位时间内通过的电量越多,从而促进了电解液中的镉离子得到电子而析出。300 A/m²与100 A/m²相比,虽然300 A/m²时的电解时间短,但其阳极损失重、阳极析出物和阴极沉积物都比100 A/m²时的大,因此,增加电流密度对镉的置换和电积均有利。然而电流密度太大也会造成电耗增加,综合考虑取400 A/m²为最佳的电流密度。

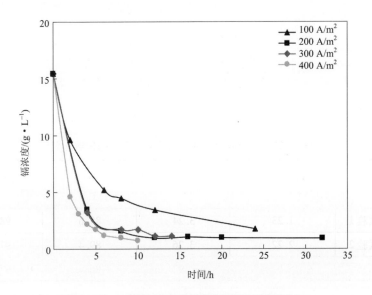

图3-32 不同电流密度下镉浓度与时间的关系

温度20℃,板间距3 cm,电解液400 mL,锌板作阳极、钛板作阴极,阳阴极板面积比1:1

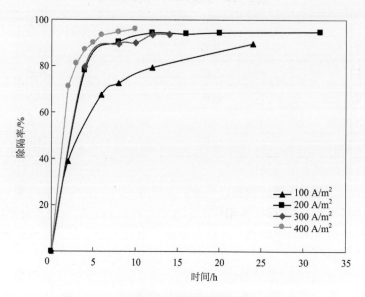

图 3-33　不同电流密度下除镉率与时间的关系

表 3-21　不同电流密度试验后的测量和分析数据

电流密度/(A·m^{-2})	100	200	300	400
电解时间/h	24	32	14	10
电解液体积/mL	365	351	347	345
锌浓度/(g·L^{-1})	86.91	90.87	89.14	93.33
镉浓度/(g·L^{-1})	1.64	0.86	0.82	0.73
阳极损失重/g	15.66	42.9	26.6	26.2
阴极增重/g	0.1	0.1	0.2	0.2
阳极析出物质量/g	2.84	7.2	3.5	4.2
阴极沉积物质量/g	19.18	51.5	40.3	31.7

（2）电极材质

温度为 20℃，电流密度为 100 A/m^2，板间距为 3 cm，电解液为 400 mL，阳阴极板面积比为 1∶1 的条件下，阴阳极板的材质（表 3-22）对提镉效率的影响见表 3-22。

表 3 – 22　五组不同的电极板材质

	阳极	阴极
Ⅰ	石墨	钛板
Ⅱ	石墨	锌板
Ⅲ	钛板	锌板
Ⅳ	钛网	锌板
Ⅴ	锌板	钛板

在石墨作阳极、钛板或锌板作阴极的试验条件下，观察试验现象，发现电解后的电解液变黑。由于石墨作阳极时，电解过程中石墨电极表面会不断有 O_2 析出，造成石墨脱落进入电解液。考虑到电解后电解液会变黑，故不适于采用石墨作阳极。

在钛板或钛网作阳极、锌板作阴极的试验条件下，观察试验现象，发现接通电源后，槽电压一直升得很快，达到电源的保护电压后就会自动切换到恒压模式，导致电解无法进行。由于电解后阳极板上附着一层致密物，在酸中都很难溶解，使得阳极钛钝化从而导致槽电压升高。因此也不适于采用钛板或钛网作阳极。

在锌板作阳极、钛板作阴极的试验条件下，观察试验现象，发现电解过程中，阴阳极板上均有海绵沉积物生成；电解后，阳极锌板明显有损失，发生了溶解。分析可知，电解过程中，阳极锌板上发生镉的置换，阴极则发生镉的电沉积。从上述分析得出，最好的电极材质应该选锌板作阳极，钛板作阴极。

（3）阳阴极板面积比

随着阳阴极板面积比的增加，提镉的速率明显加快（图 3 – 34，图 3 – 35）。当阳阴极板面积比为 3∶1 时，14 h 后电解液中镉浓度降为 0.67 g/L，提镉效率达到 96.10%。然而，当阳阴极板面积比增至 4∶1 后，提镉速率和效率反而降低。就阳极损失重、阳极析出物质量和阴极沉积物质量来看（表 3 – 23），阳阴极板面积比为 3∶1 时的阳极损失重和阳极析出物质量最大，而阴极析出物质量随阳阴极板面积比的增加有一个下降的趋势，因此可得出阳阴极板面积比的增加促进了镉的置换而抑制了镉的电积的结论。这是因为阳极面积增大促进了锌板置换镉的反应，而又由于试验过程中电流密度均是以阴极面积不变为前提设置的，故随着阳极面积的增加，实际电流密度会降低，从而又抑制了镉的电沉积。因此最佳的阳阴极面积比为 3∶1。

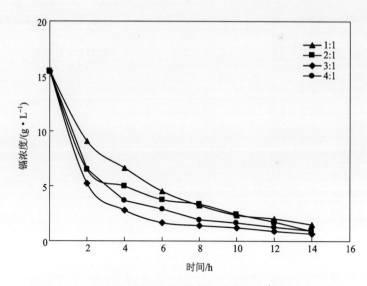

图 3 – 34　不同阳阴极板面积比条件下镉浓度与时间的关系

温度 20℃，板间距 3 cm，电解液 800 mL，电流密度 400 A/m²，锌板作阳极、钛板作阴极

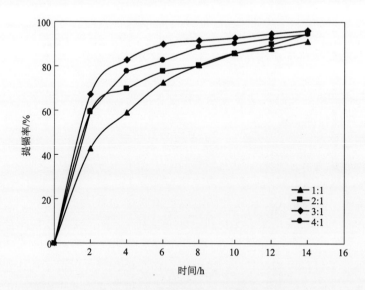

图 3 – 35　不同阳阴极板面积比条件下提镉率与时间的关系

表 3 - 23　不同阳阴极板面积比试验后的测量和分析数据

电解后	1∶1	2∶1	3∶1	4∶1
电解时间/h	14	14	14	14
电解液体积/mL	835	815	782	754
锌浓度/(g·L⁻¹)	78.05	81.21	86.91	83.66
镉浓度/(g·L⁻¹)	1.26	0.85	0.67	0.92
阳极损失重/g	23.6	24.0	25.4	24.6
阴极增重/g	0.0	0.0	0.0	0.0
阳极析出物质量/g	5.2	10.1	12.9	12.2
阴极沉积物质量/g	36.4	31.4	30.6	31.2

(4)温度

温度从 20℃升到 60℃后，提镉的速率一直有明显的加快（图 3 - 36，图 3 - 37）。60℃条件下，5 h 后电解液中镉浓度降为 0.04 g/L，提镉率达到 99.79%。60℃虽比 40℃的电解时间短，但阳极析出物质量却增加了，说明温度升高有利于镉的置换，同时也有利于镉的电沉积（表 3 - 24）。这是因为温度升高时，加快了电解液中镉离子的运动，从而使溶液中镉浓度成分均匀，促进了镉的电解和置换。故取最佳温度为 60℃。

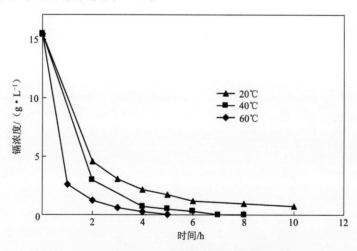

图 3 - 36　不同温度下镉浓度随时间的变化关系

板间距 3 cm，电解液 400 mL，电流密度 400 A/m²，锌板作阳极、钛板作阴极，阳阴极板面积比 1∶1

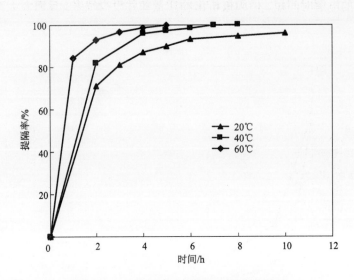

图 3 – 37　不同温度下提镉率与时间的关系

表 3 – 24　不同阳阴极板面积比试验后的测量和分析数据

电解后	20℃	40℃	60℃
电解时间/h	10	8	5
电解液体积/mL	345	352	332
锌浓度/(g·L⁻¹)	93.33	92.24	98.08
镉浓度/(g·L⁻¹)	0.65	0.01	0.04
阳极损失重/g	26.2	21.1	14.1
阴极增重/g	0.2	0.1	0.1
阳极析出物质量/g	4.2	3.2	3.7
阴极沉积物质量/g	31.7	26.9	18.4

(5)优化工艺下镉的置换率

最优工艺条件是：温度为 60℃，添加剂为 A + B，板间距为 3 cm，电解液 800 mL，电流密度为 400 A/m²，锌板作阳极、钛板作阴极，阳阴极板面积比为 3∶1。优化条件下的试验结果与 20℃时相比，得出电解过程中镉浓度随时间的变化关系(图 3 – 38)、其对应的提镉率与时间的关系(图 3 – 39)及试验后的测量和分析数据(表 3 – 25)。温度从 20℃升到 60℃后，提镉的速率和效率都大幅提高。60℃条件下，5 h 后电解液中镉浓度降为 0.07 g/L，提镉率达到 99.62%。60℃虽比20℃时的电解时间短，但阳极析出物质量却并没少很多，反而大大减少了阳极的损失。

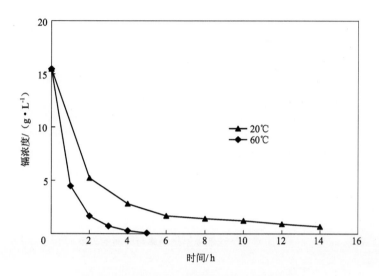

图3－38 综合对比下镉浓度与时间的关系

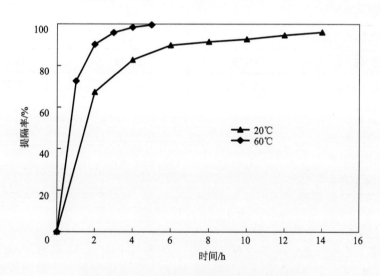

图3－39 综合对比下提镉率与时间的关系

表 3 - 25　综合对比试验后的测量和分析数据

电解后	20℃	60℃
电解时间/h	14	5
电解液体积/mL	782	700
锌浓度/(g·L⁻¹)	86.91	96.78
镉浓度/(g·L⁻¹)	0.67	0.07
阳极损失重/g	25.4	11.4
阴极增重/g	0.0	0.0
阳极析出物质量/g	12.9	11.43
阴极沉积物质量/g	30.6	12.04

3.2.3　非均匀电场高效提镉工业应用

3.2.3.1　工业试验设备

试验采用湖南某冶炼厂浸出车间产出铜镉渣的一次硫酸浸出液，其元素组成见表 3 - 26。

表 3 - 26　铜镉渣一次浸出液元素成分

元素	Zn	Cd	Fe	Co	Ni	As
含量/(g·L⁻¹)	81.68	22	8.42	0.0018	0.0008	0.0014
元素	Sb	F	Cl	Mn	H	
含量/(g·L⁻¹)	0.0005	0.218	0.778	12.20	14.60	

工业试验用炼锌厂电锌车间的电解槽，其结构和实物分别如图 3 - 40、图 3 - 41 所示。电解槽外部尺寸为 4150 mm × 1575 mm × 1000 mm，内部有效体积约 4 m³。阳极板为锌电积车间的新鲜阴极板，没有剥锌时尺寸为 80 cm × 62 cm，实际尺寸为 60 cm × 60 cm。阴极板为纯铝板，作为锌电积过程的始极片，与阳极大小相同。用铜片连接电源和电极。

实验以锌板为置换板（阳极），铝板为导电板（阴极），以铜镉渣硫酸浸出液为原液，在电流的作用下进行镉置换反应。过程控制电流密度为 50 ~ 150 A/m²，电解液温度为 30 ~ 60℃，阴阳极间距为 15 ~ 20 cm，未反应完的锌板可在下次反应中继续使用直至溶穿，阴极不参与反应，可重复多次使用。工业试验过程如下：

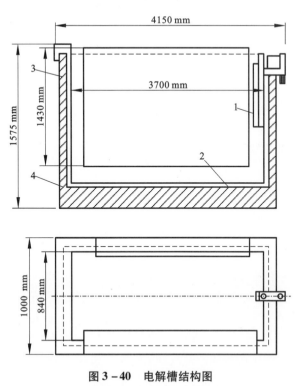

图 3 - 40　电解槽结构图

1—溢流堰;2—软聚氯乙烯塑料衬里;3—沥青油毛毡;4—槽体

图 3 - 41　电解槽主体实物图

(1)装槽前准备:①向电解槽中泵入浸出液,待电解液温度降到设定温度后计量初始电解液体积,并取样分析溶液组成;②先将阴阳极板称重,获得锌板质量;

(2)以锌板为阳极,铝板为阴极,按电解槽尺寸以及设定的同极距大小进行阴阳极板的布置,按照设定的电流密度通电进行电置换;

(3)定时刮去阳极表面置换出的海绵镉,并取电解液20 mL,分析Zn、Cd的浓度和酸度,取电解得到的海绵镉分析其中Zn、Cd的含量;

(4)电解10 h后阴阳极出槽,称重。分析残液中Zn、Cd的浓度和酸度;电解后液通过压滤机得到滤液与海绵镉,分析滤液中海绵镉纯度及滤液中Zn、Cd浓度;

(5)加入新鲜浸出液,装入阴阳极进行下一槽置换。

3.2.3.2 工业试验效果

共进行了四批次工业试验,每槽置换到Cd浓度为1 g/L以下时结束。

(1)第一批次试验

第一批次共装锌板20块、铝板19块,电流密度为100 A/m²。图3-42为提镉过程中镉、锌浓度和酸度随置换过程进行的变化。镉离子浓度在开始的200 min内下降很快,至600 min后变化已不再明显,至850 min停止置换时,镉的浓度降至0.269 g/L。该置换过程较为彻底,且终液中镉浓度低于锌粉置换的水平。在生产上需考虑生产效率,因此需要综合考虑合理的置换时间。在开始的一段时间内酸度下降很快,这可能是由锌板溶解引起的,至300 min后变化不再明显,此时溶解消耗的酸与电积过程产生的酸近似相等,达到平衡状态。而锌离子浓度有一个先升后降的过程,因为刚开始时锌的酸溶和电溶使溶液锌离子浓度快速升高,在后期置换接近完成时,锌的电积过程开始占主导,因此锌离子浓度下降。

在提镉过程中由于酸溶产生气泡,使本身密度小的海绵镉更加难以下沉,大多漂浮在溶液表面,实物如图3-43所示。

第一批次电解完成后分别在电解槽的上部和下部取海绵镉,分析其中的锌含量和镉含量,结果见表3-27。上层海绵镉含量较下层高,这是由于部分锌溶解后以块状沉入底部,以最终残液中的镉浓度来衡量,本槽在整个过程中提镉率达98.79%,提取较为彻底。

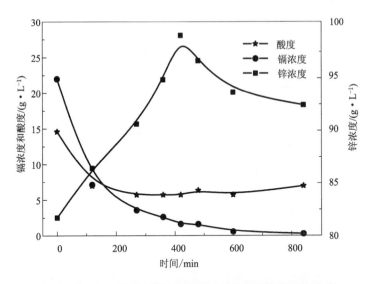

图 3 - 42　第一批次中镉、锌浓度和酸度随置换时间的变化

图 3 - 43　提镉过程电解槽中形成的海绵镉

表 3 - 27 海绵镉成分

元素	Zn	Cd
上层含量/%	10.67	59.72
下层含量/%	12.09	54.66

(2)第二批次试验

第二批次共装锌板 20 块、铝板 19 块,电流密度为 72 A/m²。图 3 - 44 为第二批次置换过程中镉、锌浓度和酸度随置换过程而发生的变化。镉离子浓度在开始的 200 min 内下降很快,在 300 min 后镉浓度已接近平衡,继续延长置换时间镉浓度变化很小,同时酸度也基本不再变化。而锌的浓度有一个先升高后降低的过程,与第一批次试验结果一致。

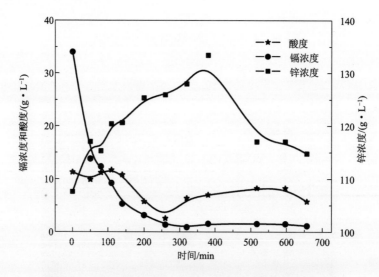

图 3 - 44 第二批次中镉、锌浓度和酸度随置换时间的变化

海绵镉产品主要为镉的单质,同时还有少量的 Cd(OH)₂ 和 CdSO₄(图 3 - 45,表 3 - 28,表 3 - 29),可能是由于冲洗不完全和在冲洗过程中发生水解所引起的。图 3 - 45 说明产品纯度较高,没有其他杂峰出现。在电流强化置换反应工艺中一次得到海绵镉的纯度达 70% 以上,而锌浓度则在 5% 左右,铅、铜、铁等元素则更少,相比传统的锌粉置换工艺,它不仅大大减少了锌粉的损耗,而且还改善了因污染源相对分散而导致的环境危害大的状况。以最终残液中的镉浓度计算,本槽在整个过程中的提镉率为 96.74%。

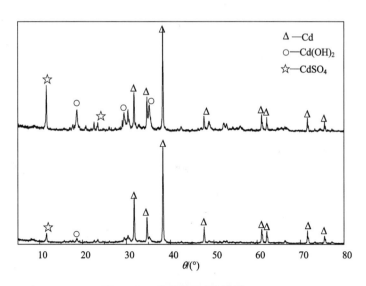

图 3 - 45 海绵镉 XRD 图谱

表 3 - 28 海绵镉 ICP 分析结果（第二批次槽内上层）   单位：μg/g（% 除外）

元素	Sn	Zn	Sb	Pb	Cd	In	Mn	Mg
浓度	262.6	5.3%	45.9	678.4	73.6%	43.0	2397	581.3
元素	Bi	Ni	Ga	Co	Fe	Cu	Ag	
浓度	76.5	1932	4.2	44.4	420.1	369.4	9.6	

表 3 - 29 海绵镉 ICP 分析结果（第二批次槽底部）   单位：μg/g（% 除外）

元素	Sn	Zn	Sb	Pb	Cd	In	Mn	Mg
浓度	369.4	5.5%	74.0	1323	68.3%	120.6	2079	529.5
元素	Bi	Ni	Ga	Co	Fe	Cu	Ag	
浓度	134.5	2161	36.0	56.8	715.7	1164	17.6	

（3）第三批次试验

第三批次共装锌板 18 块、铝板 17 块，电流密度为 100 A/m²。图 3 - 46 为第三批次置换过程中镉、锌浓度和酸度随置换过程进行而发生的变化。镉离子浓度在开始的 400 min 内下降很快，之后接近平衡，达 2 g/L 左右，继续延长置换时间镉的浓度变化很小，同时酸度在整个过程中近似不变。而锌的浓度有一个先升高后降低的过程，这一趋势与前两槽一样，只是峰值点出现得较早，在 100 min 左右，这与初始溶液的酸度较低有关，酸度低，锌片溶解少，因而溶液中锌离子浓度较低。

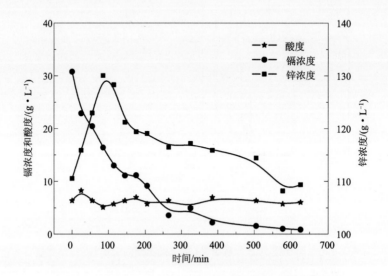

图 3 - 46　第三批次中镉、锌浓度和酸度随置换时间的变化

产品海绵镉同样主要为镉的单质，同时还有 Cd(OH)$_2$ 和 CdSO$_4$（图 3 - 47，表 3 - 30，表 3 - 31）。图 3 - 47 说明，产品纯度较高，没有其他杂峰出现。在电流强化置换反应工艺中一次得到海绵镉的纯度高达 80% 左右，而锌浓度则在 3% 以下，铅、铜、铁等元素则更少，相比第二批次试验结果，海绵镉纯度更高，杂质含量也更少，这是由于改变阴阳极板间距，避免了试验中捞镉渣的工作，使试验能够顺利进行。以最终残液中镉浓度计算，本槽在整个过程中的提镉率为 97.30%。

表 3 - 30　海绵镉 ICP 分析结果（第三批次槽内上层）　　　　单位：μg/g（% 除外）

元素	Sn	Zn	Sb	Pb	Cd	In	Mn	Mg
浓度	152.1	2.9%	36.2	1127	79.9%	—	2575	449.5
元素	Bi	Ni	Ga	Co	Fe	Cu	Ag	
浓度	66.8	805.9	2.3	14.9	287.0	392.1	8.8	

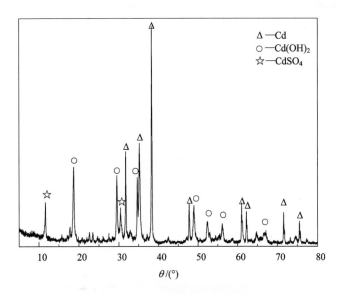

图 3 – 47　海绵镉 XRD 图谱

表 3 – 31　海绵镉 ICP 分析结果（第三批次槽底部）　　单位：μg/g（% 除外）

元素	Sn	Zn	Sb	Pb	Cd	In	Mn	Mg
浓度	166.1	1310	37.5	1954	83.4%	90.9	25.6	17.3
元素	Bi	Ni	Ga	Co	Fe	Cu	Ag	
浓度	45.0	2668	2.0	27.6	131.3	798.7	15.6	

（4）第四批次试验

第四批次共装锌板 18 块、铝板 17 块，电流密度为 125 A/m²。图 3 – 48 为第四批次置换过程中镉、锌浓度和酸度随置换过程进行而发生的变化。镉离子浓度在开始的 200 min 内已接近平衡，达 2.5 g/L 左右；继续延长置换时间，镉的浓度缓慢降低，同时酸度在整个过程中近似不变。而锌的浓度呈缓慢升高的趋势，最后接近 130 g/L。

产品海绵镉主要为镉的单质，同时还有 Cd（OH）₂ 和 CdSO₄（图 3 – 49，表 3 – 32，表 3 – 33）。第四批次实验条件下得到的海绵镉纯度并不高，上部镉含量在 75% 左右，而底部镉含量仅为 54.5%，锌含量则在 5% 左右的平均水平，铅、铁等元素含量也较低，底部铜含量较高，达 2.5%，这可能是由于本次实验原料铜镉渣一次浸出液中铜含量较高，在电积提镉过程中，由于铜的电极电势较锌的电极电势高，因而也会发生反应，并在阴极沉积。以最终残液中的镉浓度计算，本批次整个过程的提镉率为99.34%，提取率较前三批次都高。

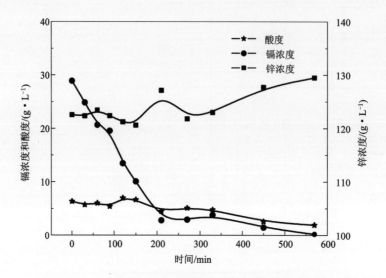

图 3 - 48　第四批次槽中镉、锌浓度和酸度随置换时间的变化

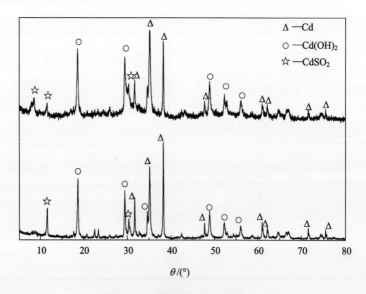

图 3 - 49　海绵镉 XRD 图谱

表 3 - 32   海绵镉 ICP 分析结果(第四批次槽内上层)   单位:μg/g(%除外)

元素	Sn	Zn	Sb	Pb	Cd	In	Mn	Mg
浓度	217.2	5.3%	91.1	688.5	75.0%	35.8	2039	427.2
元素	Bi	Ni	Ga	Co	Fe	Cu	Ag	
浓度	71.0	1307	13.6	51.3	640.7	490.5	12.0	

表 3 - 33   海绵镉 ICP 分析结果(第四批次槽底部)   单位:μg/g(%除外)

元素	Sn	Zn	Sb	Pb	Cd	In	Mn	Mg
浓度	204.9	419.5	4.9%	2636	54.5%	138.8	2720	583.8
元素	Bi	Ni	Ga	Co	Fe	Cu	Ag	
浓度	241.5	1457	34.0	70.7	321.0	2.5%	33.6	

3.2.4   提镉装置的工业化设计与运行

针对前期在工业现场进行富镉液"非均匀电场"提镉时部分镉绵漂浮在电解液上方阻碍非均匀电场高效提镉过程进行的问题,研发了一种基于"射流式/刮板式的非均匀电场提镉的装置(图 3 - 50 和图 3 - 51)。该装置包括电场提镉系统和刮板式镉绵刮离系统,以电锌板或熔铸锌板为阳极,在脉冲电流/直流电源作用下进行"牺牲阳极"置换提镉。这避免了传统锌粉置换时存在的"镉包锌"现象的发生,大大降低了海绵镉中锌的含量;采用非均匀电场提镉装置提镉后,获得的海绵镉由于吸附气泡等原因漂浮在溶液上层,此部分海绵镉通过刮板式镉绵刮离系统将之刮离电解槽。

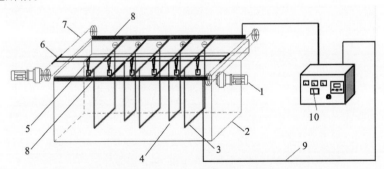

图 3 - 50   富镉液刮板式"非均匀电场"提镉配套装置示意图

1—电机;2—电解槽;3—阴极板;4—阳极板;5—刮板;6—传动轴;
7—传动皮带;8—导电铜排;9—电缆;10—脉冲电源/直流电源

采用"非均匀电场提镉设备"对富镉液电加强置换高效提镉技术进行了3.5 m³规模的工业现场试验,获得的海绵镉成分为 Cd 87.85%,Zn 5.87%,Cu 0.46%。新工艺及配套装备可以实现含镉液的高效提镉。

图 3 -51　射流非均匀电场高效提镉工业试验现场

3.2.5　含镉料渣清洁处理与资源利用工程案例

3.2.5.1　示范工程原料特征

基于已开发的富镉液非均匀电场高效提镉技术,湖南某锌冶炼企业建立了5000 t/a 含镉料渣清洁处理与资源利用技术示范工程,处理的含镉料主要包括自产的含镉氧化锌(2015 年, 37984 t;2014 年,41366 t),反射炉含镉、铅烟灰(2015 年, 157 t;2014 年, 320 t)以及锌系统自产的铜镉渣(2015 年, 4817 t;2014 年, 5263 t),其主要成分分别如表3 -34、表3 -35、表3 -36 所示。

表 3 -34　企业自产氧化锌主要成分

元素	Zn	Pb	Cd
含量/%	60. 199	11. 234	0.770

表 3 -35　企业外购反射炉铅烟灰主要成分

元素	Zn	Pb	Cd
含量/%	23. 570	24. 6300	0.9290

表3-36 湖南某企业锌系统自产铜镉渣主要成分

元素	Zn	Cd	Cu	Ca	Al	Mg	Pb	Fe
含量/%	25.76	20.38	9.53	2.27	0.49	0.62	0.55	0.14

3.2.5.2 示范工程运行情况

首先通过稀酸将含镉物料中的镉浸出,然后在净化过程以锌粉将溶液中的铜镉置换成铜镉渣,之后用稀酸将富集大部分镉的铜镉渣中的镉浸出,再用"非均匀电场提镉技术"将溶液中的镉转换成合格的海绵镉,如图3-52和图3-53所示。

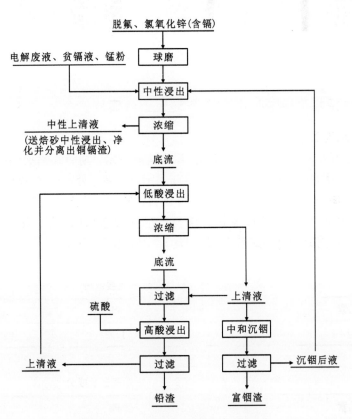

图3-52 含镉氧化锌浸出工艺流程

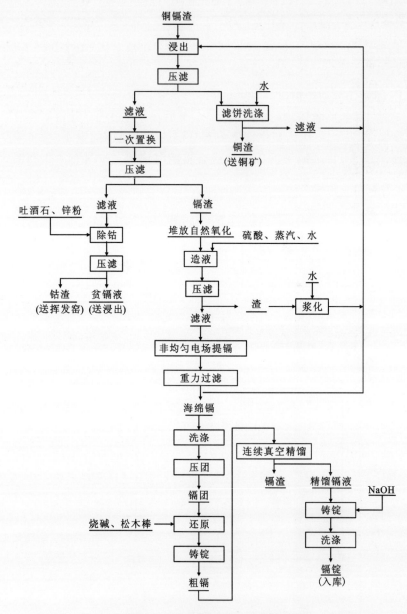

图 3 – 53 镉生产工艺流程图

3.2.5.3 示范工程运行情况

基于"非均匀电场提镉技术"，建立了含镉料渣处理示范工程，于 2015 年 8 月开始运行，稳定运行一段时间后，于 2015 年 11 月在工业现场对生产运行情况进行了监测。

　　"非均匀电场提镉"操作参数:阴阳极距为 3 ~ 10 cm,阳极电流密度为 10 ~ 100 A/m², 温度为 20 ~ 60℃;具体操作参数结合含镉废液 pH、其他重金属离子浓度及脱镉后液目标浓度来设定。工艺过程为:①计算好向电解槽中泵入含镉液的起止时间,根据溶液流速通过流量泵计量泵入系统中的溶液体积,取样分析溶液提镉前化学元素及浓度(表 3 – 37)。②以锌板为阳极,铝板为阴极,将阴、阳极板称重,以获取"非均匀电场"提镉前锌板质量;按照设定的条件进行"非均匀电场"提镉;③海绵镉收集槽中取样分析海绵镉品位,并取一定量电解液,分析锌、镉含量,监测这些元素的含量随时间的变化情况(图 3 – 54);④12 h 后阴阳极出槽,阴阳极称重。提镉后液通过压滤机得到滤液(表 3 – 38)与海绵镉(表 3 – 39),分析提镉后液及获得的海绵镉中主要元素及浓度或含量;⑤海绵镉送压镉绵机压制镉团。

表 3 – 37　溶液提镉前化学元素及浓度　　　　　　　　单位:mg/L

元素	S	Zn	Cd	Ca	Na	Al	Fe
含量	39587	61492	22128	479	1312	202	114
元素	As	Cr	Pb	Cu	Ni	Mn	Mg
含量	41	5018	31	26	11	4039	1031

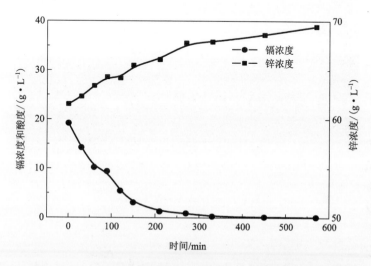

图 3 – 54　"非均匀电场提镉"系统中镉、锌浓度随时间的变化

表 3 – 38　海绵镉中主要元素及其含量　　　　　　　　单位:ug/g(% 除外)

元素	Sn	Zn	Sb	Pb	Cd	In	Mn
含量	71	1003	17.5	1104	89.7%	97.3	21.1
元素	Bi	Ni	Co	Fe	Cu	Ag	
含量	31	1318	27.6	139	617	15	

表 3 – 39　提镉 10 h 后溶液中 Cd、Zn 浓度　　　　　　　　单位: g/L

元素	Cd	Zn
浓度	0.21	68.31

生产运行现场及产品外观见图 3 – 55 ~ 图 3 – 57。

图 3 – 55　从提镉系统中自动分离出的新鲜镉绵

图 3 – 56　"非均匀电场提镉"系统工程现场

(a)启动时;(b)运行中

图 3 – 57　产品镉团

　　生产运行情况取样监测分析结果表明,采用优化的"非均匀电场提镉"技术及装备可以一次得到纯度达89%以上的海绵镉,而锌含量则在1%左右,铅、铜、铁等元素含量较少。"非均匀电场提镉"技术获得的镉绵较传统"锌粉置换"得到的镉绵表面活性更高、粒度更细,更有利于压制得到更密实的镉团及下一步的镉团精炼。此外,"非均匀电场提镉"过程的提镉率大于97%,远高于传统"锌粉置换提镉"技术(约80%)。

第四章　矿冶区镉污染土壤化学生物联合修复技术

我国土壤镉污染由局部的点源污染已扩展为流域性的环境污染，镉污染土壤修复已成为当前和今后土壤污染治理的重点。由于矿冶区土壤一般为多种重金属共存的复合污染，单一的修复方法难以同时满足矿冶区重金属污染土壤治理的技术性与经济性的要求。因此，以多种修复技术联合进行镉污染土壤修复，尤其是以植物修复为核心、以化学修复和农业生态修复措施为辅助的生态修复被认为是治理矿冶区重金属污染土壤的一种行之有效的手段，也是未来一段时间内重金属污染土壤修复技术的主要发展方向。本章介绍了污染土壤中镉化学稳定/固定剂的筛选、改性与优化，抗性较强的绿化苗木和耐性植物的筛选，构建了镉污染土壤化学-植物联合生态修复技术体系并进行工程示范，对解决湖南省乃至全国镉污染土壤生态修复问题具有重要意义。

4.1　水口山矿冶区土壤镉污染边界及其功能定位

4.1.1　示范研究区概况

研究示范矿区位于湖南省湘江沿岸，是我国主要的铅锌生产基地之一。该矿区具有一百多年的开采历史，长期的铅、锌及铜矿等的开采和冶炼活动给当地带来了环境污染。

矿区主要包括冶炼场地、采矿场地等，涉及冶炼厂、采矿区、尾砂坝及农田等区域，采样点区域地貌类型以岗丘为主，土壤以水稻土、红壤土和黄壤土为主。农田基本废弃成荒地，岗地和丘陵上植被主要为灌木、草本。该区域属亚热带季风湿润气候区，常年平均气温 17.9 ℃，最热为 7—8 月，平均最高气温 34.7 ℃；最冷为 1—2 月，平均最低气温 -0.5 ℃。

4.1.2　布点采样

根据研究区的地形地势，成土母质以及污染源分布情况，按网格布点法，利用 GPS 定位系统，对矿区主要土壤进行采样，分为 Y3、Y4、Y8、Q、T 和 K 区。本次采集 67 个样品，其中 Y3 区样品点的采集共 11 个（3-1～3-11），11 个样品。Y4 区样品点的采集共 10 个(4 - 1 ~ 4 - 10)，10 个样品。Y8 区样品点的采集共 12 个(8 - 1 ~ 8 - 12)，12 个样品。Q 区样品点的采集共 12 个(Pb - 1 ~ Pb - 12)，12 个样品。T 区样品点的采集共 12 个(Cu - 1 ~ Cu - 12)，12 个样品。K 区样品点的采集共 10 个(K - 1 ~ K - 10)，10 个样品。采集的土样于阴凉、干燥、通风、无灰尘污染的室内自然风干、过筛，供重金属元素含量测定使用。图 4 - 1 ~ 图 4 - 6 为采样布点位置图。

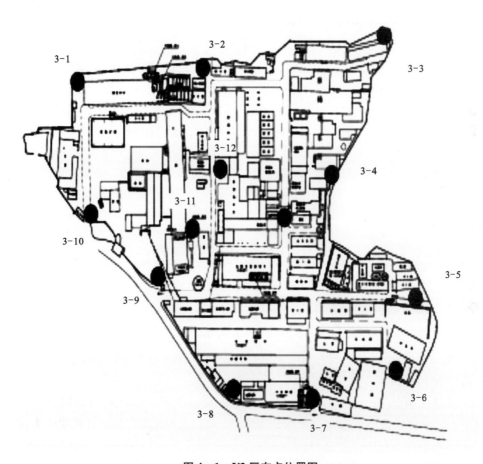

图 4 - 1　Y3 区布点位置图

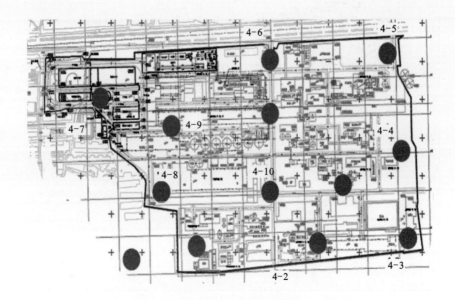

图 4 - 2　Y4 区布点位置图

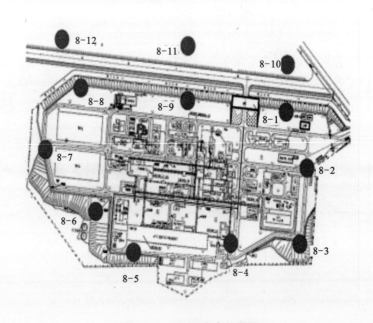

图 4 - 3　Y8 区布点位置图

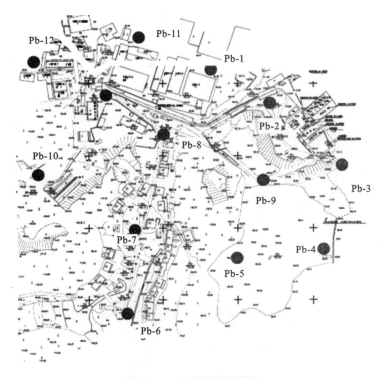

图4-4 Q区布点位置图

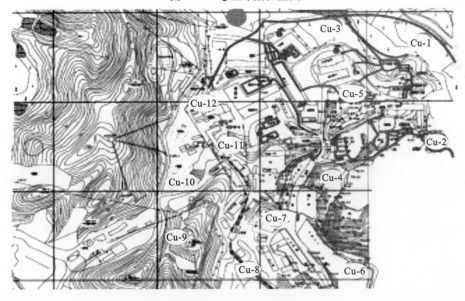

图4-5 T区布点位置图

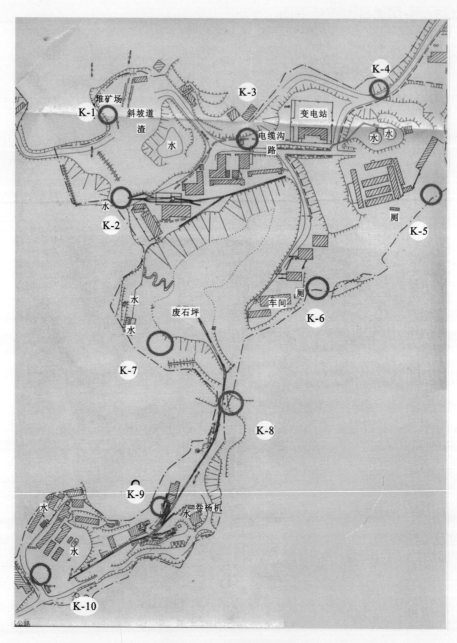

图 4 – 6　K 区布点位置图

4.1.3 分析测试与评价方法

土壤样品分析测试项目及其相应测试方法见表4-1。

表4-1 分析测试方法

项目	标准(方法)名称及编号
有机质	土壤检测 第6部分:土壤有机质的测定 NY/T 1121.6—2006
全氮	森林土壤全氮的测定 LY/T 1228—1999
全磷	土壤全磷测定法 NY/T 88—1988
全钾	森林土壤全钾的测定 LY/T 1234—1999
镉	土壤质量 铅、镉的测定:石墨炉原子吸收分光光度法 GB/T 17141—1997
机械组成	土壤检测 第3部分:土壤机械组成的测定 NY/T 1121.3—2006

同时,为了能够定量反映矿区土壤中各种重金属的污染程度,常选用单因子污染指数法和Nemerow(内梅罗)综合污染指数法、潜在生态危害指数(RI)评价方法等进行评价。内梅罗污染指数反映了各污染物对土壤的作用,同时突出了高浓度污染物对土壤环境质量的影响,可按内梅罗污染指数划定污染等级。潜在生态危害指数(RI)评价方法不仅反映了某一特定环境中各种污染物的影响,也反映了多种污染物的综合影响,并以定量的方法划分出潜在危害程度。

示范矿区土壤重金属背景值见表4-2。参考标准为《土壤环境质量标准》(GB 15618—1995)中的3级标准;土壤背景值取自《中国土壤元素背景值》。根据前期测试结果,先初步计算,再详细计算镉污染边界。修复目标暂定为达到湖南省土壤环境质量背景值标准。

表4-2 背景值与毒性响应系数

元素	T_i	参考标准/(mg·kg^{-1})	湖南省土壤背景值/(mg·kg^{-1})
As	10	40(旱地)	15.7
Cd	30	1	0.126
Cr	2	300(旱地)	71.4
Cu	5	400	27.3
Pb	5	500	29.7
Zn	1	500	94.4

4.1.4 矿区土壤中镉污染边界

（1）Y3 区

Y3 区土壤重金属 Cd 的生态风险指数为 10.3～1386.6。土壤重金属污染 Cd 元素的平均值均超过了土壤背景值，表明这种重金属元素在该研究区域的污染情况严重并且普遍。11 个样品的 Cd 含量均超过土壤背景值。Cd 元素具有极强生态危害的土壤样品占据绝大多数，约占 63.6%。其中污染最严重的点位于厂区西北门，这可能是由于该区土壤同时受到冶炼烟尘和精矿、废渣运输的影响，如图 4-7所示。

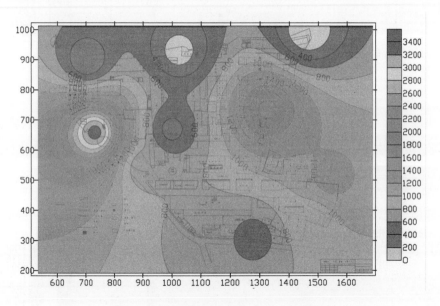

图 4-7 Y3 区镉污染边界（单位：mg/kg）

（2）Y4 区

Y4 区土壤重金属的生态风险指数范围为 13.8～293.3。土壤重金属污染 Cd 元素的平均值均超过了土壤背景值，在该研究区域的污染情况严重并且普遍。10 个样品中，Cd 含量超过土壤背景值的有 2 个。Cd 元素具有极强生态危害的土壤样品中 Cd 元素含量约占 20%。其中污染最严重的点采集于厂区东南门，判断可能是由于该区土壤同时受到冶炼烟尘和精矿、废渣运输的影响，如图 4-8 所示。

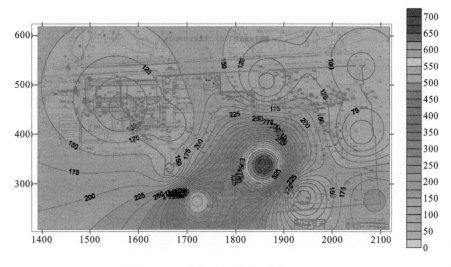

图 4 - 8　Y4 区镉污染边界(单位:mg/kg)

(3) Y8 区

Y8 区土壤重金属 Cd 的生态风险指数为 8.6 ~ 550.4。研究区土壤重金属污染 Cd 元素的平均值均超过了土壤背景值,表明这种重金属元素在该区域的污染情况严重并且普遍。12 个样品中,Cd 含量超过土壤背景值的有 2 个。具有极强生态危害土壤样品中 Cd 元素的含量约占 12.7%。其中污染最严重的点采集于厂区西南角处,判断可能是由于该区土壤受到冶炼烟尘的影响,如图 4 - 9 所示。

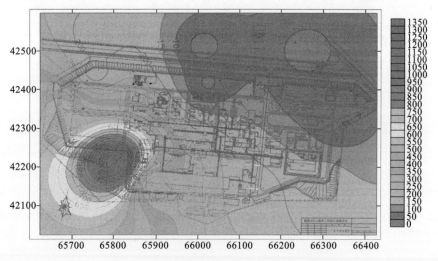

图 4 - 9　Y8 区镉污染边界(单位:mg/kg)

(4)Q 区

Q 区土壤中 Cd 的生态风险指数为 3.73~59.66。土壤重金属污染 Cd 元素的平均值均超过了土壤背景值。12 个样品中，Cd 含量超过土壤背景值的有 3 个。Cd 元素具有极强生态危害土壤样品仅占 25%，表明这种重金属元素在该区域的污染情况并不十分严重。其中污染最严重的点采集于厂区东北角处，判断可能是由于该区土壤受到废渣运输的影响，如图 4-10 所示。

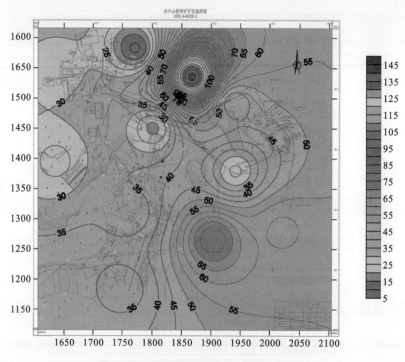

图 4-10　Q 区镉污染边界(单位:mg/kg)

(5)T 区

T 区土壤重金属 Cd 的生态风险指数为 1.24~61.3。土壤重金属污染 Cd 元素的平均值均超过了土壤背景值。12 个样品的 Cd 含量超过土壤背景值。Cd 元素无生态危害土壤样品占据绝大多数，约 75%，表明这种重金属元素在该区域的污染情况并不严重。其中污染最严重的点采集于厂区东北角处，判断可能是由于该区土壤受到废渣运输的影响，如图 4-11 所示。

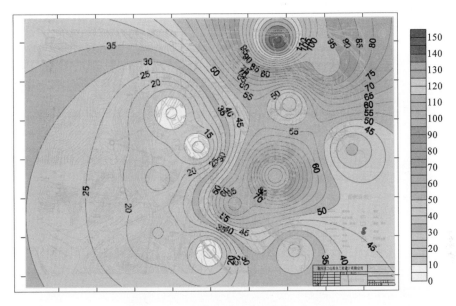

图 4 - 11 T 区镉污染边界(单位:mg/kg)

(6)K 区

K 区土壤重金属 Cd 的生态风险指数范围为 2.6 ~ 63.4。土壤重金属污染 Cd 元素的平均值均超过了土壤背景值。10 个样品中,Cd 含量超过土壤背景值的有 2 个。Cd 元素无生态危害的土壤样品占绝大多数,约占 80%,表明这种重金属元素在该研究区域的污染情况并不严重。其中污染最严重的点采集于厂区北处,判断可能是由于该区土壤受到废渣运输的影响,如图 4 - 12 所示。

研究区各点土壤中 Cd 污染严重,这不仅限制了植物生长发育甚至生存,导致了尾砂坝寸草不生的状况,还使得矿区植被呈现乔木稀少,多以灌木、草本为主的格局,在矿区植被恢复应用中,必须选择耐多种重金属污染的树种,以达到生态修复矿区土壤、快速恢复植被的目的。

铅锌矿床是典型的多金属伴生矿床,由于采矿目标单一,导致除铅、锌以外的重金属元素暴露于地表,经渗透或地表水作用进入矿区土壤环境中,这不仅造成了资源浪费,而且还造成环境的重金属污染。

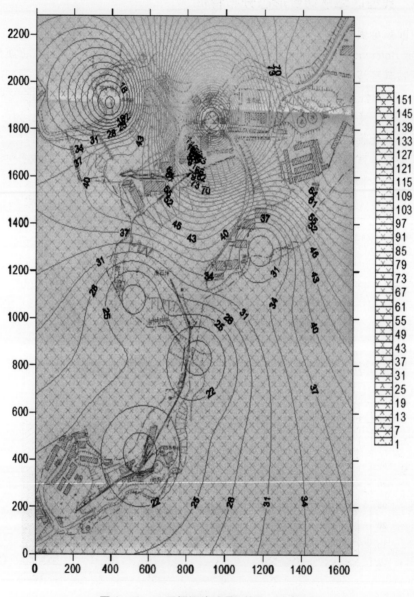

图 4 –12　K 区镉污染边界(单位：mg/kg)

4.1.5　典型区域镉结合形态分布特征

目前重金属形态分析方法主要采用欧共体标准物质局(European Communities Burea of Reference)提出的三步提取法(简称 BCR 法)。BCR 法提取的重金属形态可以反映其环境活性状态。酸溶态代表当环境条件变酸时,能释放到环境中的金属元素,其活性越大,对环境的危害越大。还原态代表与铁锰氧化物结合在一起的金属,当环境条件变为还原状态时,金属可以释放到环境中去。氧化态代表与有机质和硫化物结合的金属,当环境条件变为氧化状态时,这部分金属可以释放到环境中去。残渣态金属结合在矿物晶体中,在自然条件下不容易释放,对动植物的毒性和生物有效性影响很小。

相对采矿区部分的土壤样品,冶炼区的样品中残渣态含量更高一些(图 4-13)。而以往的研究证明,随着土壤 pH 的下降,土壤中重金属的有效态含量会逐渐增加。研究发现,镉、铅可交换态含量与 pH 成反比,这可能是因为在偏碱性条件下,Cd、Pb 与碳酸盐、磷酸盐等形成了难溶化合物,使有效性降低。冶炼区样品中酸溶态低于采矿区的土壤样品,说明冶炼厂土壤样品中硅酸盐含量较高。

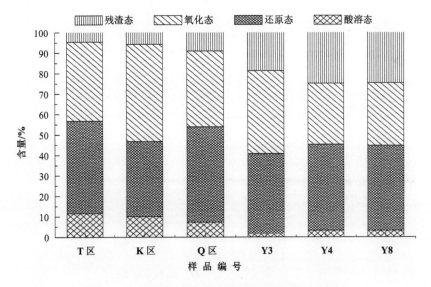

图 4-13　不同矿冶区土壤中镉赋存形态比例比较

示范矿区周边土壤环境存在污染。土壤镉含量明显超过《土壤环境质量标准》(GB 15618—1995)中的 3 级标准。其中采矿区(如 Q、T 和 K 区等)的 Cd 污染远低于冶炼 Y 区内土壤的重金属污染。这也说明冶炼区土壤同时受到冶炼烟尘和精矿、废渣运输的影响。铅锌尾矿（砂）库周边表层土壤重金属 Cd 浓度均远高于湖南省土壤背景值。因此，采选区和冶炼区厂界周边 1000 m 范围内土壤应作为重点保护对象。

4.2　土壤中镉的化学阻隔材料

4.2.1　土壤中镉化学固定材料的筛选、改性与复配

4.2.1.1　供试土壤

实验用土壤 pH 为 6.66，Cd 总量为 3.61 mg/kg，水溶态含量 0.0035 mg/kg，有效态含量为 0.72 mg/kg，占总量的 19.94%，镉主要以不稳定的弱酸提取态和可还原态存在，占 58.17%。因此，镉在土壤中的活性较大，如表 4 – 3 所示。

表 4 – 3　供试土壤中镉含量

项目		含量
土壤 Cd 总量/($mg \cdot kg^{-1}$)		3.61
DTPA 有效态 Cd 含量/($mg \cdot kg^{-1}$)		0.72
水溶态 Cd 含量/($mg \cdot kg^{-1}$)		0.0035
BCR 法连续提取土壤中 Cd 含量/($mg \cdot kg^{-1}$)	酸提取态	1.46
	可还原态	0.64
	可氧化态	0.15
	残渣态	1.36

4.2.1.2　土壤中镉化学固定剂的筛选

由于实验用土壤属于中性土壤，水溶态含量较低（0.0035 mg/kg），且 BCR 法连续提取的土壤镉形态中 58.17% 为不稳定的弱酸提取态和可还原态，因此，正常降雨及淹水情况下，镉不会进入地表水及地下水中，但是当环境条件改变时，则极可能使土壤中不稳定的镉释放。根据化学固定的原理，为使土壤中的镉固定在土壤中，阻断其进入其他环境介质，则需使土壤中不稳定的镉转化为稳定的形态。可采用碱性物质、硫化物使镉与之反应生成氢氧化物、硫化物沉淀，或者采用稳定吸附物质，生成较为稳定的配合物，从而实现镉的固定。

所选用的药剂包括氧化钙、磷酸钠、熟石膏、硫化钠、硫酸铝钾、六偏磷酸钠、无水亚硫酸钠、磷酸二氢钠、磷酸氢二铵等沉淀剂；木炭、菜籽壳、木质素磺

酸钙、木质素磺酸钠、腐殖酸钾、鸡粪肥、植物有机肥、高岭土等吸附材料；尾矿、粉煤灰、钢渣等工业固体废物。

为确保固定剂过量，控制有机物以及高岭土的添加量为 5%，无机药剂添加量为 2%，水分含量为 40%。培养一周，取样测镉的 DTPA 有效态含量的变化。结果如图 4-14 所示。

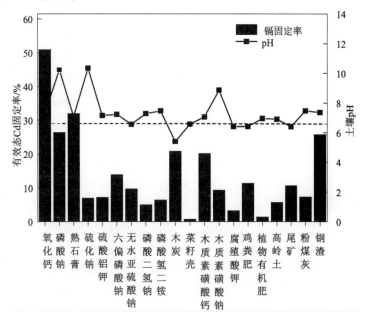

图 4-14　固定剂的筛选

在所筛选的固定剂中，对有效态镉固定效果最好的为氧化钙，固定率为 50.94%，固定后土壤的 pH 与未处理对照土壤的 pH(6.66)相比略偏高，为 7.32；其次为熟石膏，它对有效态镉的固定率为 31.94%，且固定后土壤 pH 略偏高，为 7.08；固定率在 20% 以上的还有磷酸钠、钢渣、木炭、木质素磺酸钙，但在固定后使土壤 pH 降低的除木炭外，其他三种固定剂均导致土壤 pH 升高，尤其是磷酸钠，它能使土壤的 pH 升至 10.23。

4.2.1.3　土壤中镉化学固定剂的改性

在所筛选出的几种固定剂中，挑选氧化钙、熟石膏、磷酸钠、钢渣、木炭进行后续改性与复配。氧化钙、熟石膏、磷酸钠为无机药剂，钢渣成分较为复杂。综合比较，在几种固定剂中木炭最具改性条件，因此对木炭开展改性研究。采用硝酸、过氧化氢、固定剂氢氧化钠等在不同条件下进行酸改性、氧化改性、碱改性以及热改性试验。当采用 0.5 mol/L NaOH 在 200 ℃下对木炭改性 2 h，冷却后清洗至中性，改性产品对有效态 Cd 的固定率提升至 29.25%，pH 变化仅为 0.75

（表4-4）。硝酸改性木炭反而使土壤中有效态镉的含量提升。过氧化氢改性木炭在添加量达到6%时，土壤有效态镉含量降低效果很小。而采用过氧化氢进行二次改性之后的木炭进行试验，反而活化了土壤中的镉元素。因此，热改性木炭对土壤中的镉含量没有降低作用。

表4-4 木炭改性研究结果

改性方式	ΔpH	有效态 Cd 减少率/%
未改性木炭	- 0.05	20.81
硝酸改性	- 0.11	—
过氧化氢改性	+ 0.41	19.85
过氧化氢二次改性	+ 0.28	—
1 mol/L NaOH 浸泡 12 h 以上，清洗至中性	+ 0.77	3.63
3 mol/L NaOH 浸泡 12 h 以上，清洗至中性	+ 0.68	—
0.5 mol/L NaOH 200℃保持 2 h，冷却后清洗至中性	+ 0.75	29.25
1 mol/L NaOH 200℃保持 2 h，冷却后清洗至中性	+ 0.81	16.29
2 mol/L NaOH 200℃保持 2 h，冷却后清洗至中性	+ 0.94	20.96
3 mol/L NaOH 200℃保持 2 h，冷却后清洗至中性	+ 1.12	6.61
0.5 mol/L NaOH 300℃保持 2 h，冷却后清洗至中性	+ 1.04	12.40
1 mol/L NaOH 300℃保持 2 h，冷却后清洗至中性	+ 0.73	2.20
2 mol/L NaOH 300℃保持 2 h，冷却后清洗至中性	+ 0.38	10.20
3 mol/L NaOH 300℃保持 2 h，冷却后清洗至中性	+ 0.38	10.20

当提高碱液的浓度或升高改性的温度时，改性产品对有效态镉的固定率呈无规则下降状态。因此，最佳的改性条件为将木炭浸泡于 0.5 mol/L NaOH 溶液中，加热至 200 ℃，保持 2 h，冷却，清洗至中性。

4.2.1.4 土壤中镉化学固定剂的复配

由于所筛选出的氧化钙、熟石膏、磷酸钠、钢渣、木炭以及改性木炭，导致了土壤 pH 的变化，因此，后续固定剂采用复配的方式以缓冲修复前后土壤 pH 的变化。

对所筛选出的几种单一固定剂进行复配。固定剂添加总量为土壤质量的4%，各固定剂用量均一。由于在固定剂筛选实验中，各固定剂的固定率大小依次为:氧化钙>熟石膏>磷酸钠>钢渣>改性木炭>木炭,因此,复配时它们对有效态镉的固定率大小有所偏重。此外由于仅有木炭使土壤修复后的 pH 降低,然而,木炭在复配过程中使用频率也较高。从统计结果可以看出,在两两复配与三种固定剂复配中,当磷酸钠存在时,修复前后土壤 pH 的增幅大多数大于 2,即便在与木炭复配时,其 pH 的增幅仍达 2.64(表 4 - 5),且其复配对有效态镉的固定率最高(44.44%)。然而,磷酸钠由于会导致土壤碱化而不宜作为土壤修复的固定剂。

表 4 - 5 固定剂的复配

复配方式	固定剂	ΔpH	有效态 Cd 固定率/%
两两复配	氧化钙 + 磷酸钠	+ 3.50	15.28
	氧化钙 + 熟石膏	+ 0.75	56.94
	氧化钙 + 木炭	+ 0.34	50.00
	熟石膏 + 木炭	+ 0.26	19.44
	磷酸钠 + 木炭	+ 2.64	23.61
	磷酸钠 + 熟石膏	+ 0.78	34.72
	改性木炭 + 氧化钙	+ 1.34	20.60
三种复配	氧化钙 + 磷酸钠 + 木炭	+ 2.69	44.44
	氧化钙 + 熟石膏 + 木炭	+ 0.27	51.09
	氧化钙 + 磷酸钠 + 熟石膏	+ 2.05	30.69
	钢渣 + 熟石膏 + 木炭	+ 0.19	13.42
	改性木炭 + 氧化钙 + 熟石膏	+ 1.20	23.23
四种复配	氧化钙 + 磷酸钠 + 熟石膏 + 木炭	+ 0.13	44.44
	钢渣 + 氧化钙 + 熟石膏 + 木炭	+ 0.3	29.18

钢渣在几种碱性固定剂中固定效果最差,当钢渣与其他物质复配时,有效态镉的固定率降低。因此,钢渣也不适合作为土壤修复的固定剂。改性木炭与其他固定剂复配时,其不仅导致修复前后土壤 pH 变化幅度提升较大,而且对有效态镉的固定率也低于各自单独作用。因此,为保持成本低廉、工艺简单,本研究采用未改性木炭作为固定剂与其他固定剂复配。

表 4 - 5 中氧化钙 + 熟石膏、氧化钙 + 木炭、氧化钙 + 熟石膏 + 木炭三种复配方式对土壤中有效态镉的固定率达 50% 以上,且 pH 变化幅度小于 1,因而是较

为适宜的固定剂组合。当氧化钙与熟石膏和/或木炭复配时,其对有效态镉的固定率相对于各自单独作用时有所提升。当不添加氧化钙时,熟石膏与木炭两者复配,其固定效果没有提升;氧化钙与熟石膏复配,对有效态镉的固定率最高,达56.94%,但是其pH变化幅度为三种组合中最高,为0.75。氧化钙与木炭、熟石膏三者复配时,对有效态镉的固定率较氧化钙与木炭两者复配有所提升,且pH的变化为0.27,较氧化钙与熟石膏复配时小。而氧化钙+熟石膏、氧化钙+木炭、氧化钙+熟石膏+木炭由于对土壤中有效态镉的固定率达50%以上,且pH变化幅度小于1,均是较为适宜的固定剂组合。最终选择有效态镉固定率较高且修复前后土壤pH变化幅度小的氧化钙+熟石膏+木炭三者复配作为最佳固定剂组合。

4.2.2　土壤中镉化学固定技术参数

将化学固定剂用于处理受污染的土壤时,需要明确各固定剂的用量、固液比以及施用方式等。

4.2.2.1　复合固定剂配比

氧化钙、熟石膏和木炭复配作用时,各固定剂所占比例影响其对Cd的固定效果。因此,通过改变氧化钙、熟石膏、木炭三者的质量比,研究固定剂配比的改变对Cd有效态含量的影响。控制固定剂总添加量为4%,设定固定剂配比为1:0.33:0.67、1:0.5:0.5、1:1:1、1:1:2、1:2:1。

各不同配比的复合固定剂修复镉污染土壤后,土壤pH均有轻微增加,且随着氧化钙所占比例的降低,土壤修复前后pH的变化幅度逐渐减小(表4-6)。土壤pH增幅最大为0.47,配比1:0.33:0.67。同时,有效态镉的固定率随氧化钙所占比例的增加而呈上升的趋势,在配比1:0.33:0.67下有效态镉的固定率最高,为54.64%。考虑到此时氧化钙的比例较大,pH将随固定剂总量的变化而有所变化,因此,选定固定剂配比为1:0.33:0.67。

表4-6　固定剂配比对土壤中有效态镉固定率的影响

固定剂质量比(氧化钙:熟石膏:木炭)	ΔpH	有效态Cd固定率/%
1:0.33:0.67	+0.47	54.64
1:0.67:0.33	+0.41	52.27
1:0.5:0.5	+0.39	52.03
1:1:1	+0.24	51.09
1:1:2	+0.21	50.62
1:2:1	+0.19	53.10

4.2.2.2　固定剂用量

在 1∶0.33∶0.67 的固定剂配比下，设定固定剂总添加量分别为 1%、2%、3%、4%、6%、8%，固定剂用量对土壤中有效态镉固定率的影响结果见表 4−7。除固定剂总添加量为 1% 时，有效态镉的固定率在 50% 以下；其他的添加量情况下，有效态镉的固定率均在 52% 以上；当添加量为 2% 时，有效态镉的固定率最高，为 56.51%。土壤修复前后 pH 变化幅度随着固定剂添加量的增加而加大，当固定剂添加量达到 8% 时，pH 上升幅度最大，为 0.6。综合考虑 pH 和有效态镉的固定率，固定剂最优用量取 2%。

表 4−7　固定剂用量对土壤中有效态镉固定率的影响

固定剂总添加量/%	ΔpH	有效态 Cd 固定率/%
1	+0.17	49.75
2	+0.24	56.51
3	+0.34	52.67
4	+0.47	54.64
6	+0.47	54.25
8	+0.6	53.42

4.2.2.3　土壤水分含量

土壤含水量的多少影响其氧化−还原电势，进而影响 Cd 的固定效果。当固定剂加入量为 2%，固定剂配比为 1∶0.33∶0.67，土壤水分含量分别设定为 20%、25%、30%、35%、40%、45%，研究不同水分含量下有效态镉的固定效果。土壤中加入的水量对有效态镉的固定率有一定影响，基本趋势是随着水分含量的增大，有效态 Cd 的固定率增加（表 4−8）。而 pH 的变化幅度却随水分含量的增加而减小，这可能是由于土壤中含水量的增加，促进了氧化钙的水解，从而使其相对于水分含量较低的样本 pH 稍高。而修复前后 pH 的变化幅度最高，为 0.24。当水分含量大于 35% 时，土壤有效态镉的固定率在 56% 以上。当水分含量为 40% 时，土壤有效态镉的固定率最高，为 57.94%。综合用水成本，选择 35%～40% 的水分含量作为应用范围，其中，最优水分含量为 40%。

表 4 – 8 水分含量对土壤中有效态镉固定率的影响

水分含量/%	ΔpH	有效态 Cd 的固定率/%
20	– 0.06	51.86
25	+ 0.01	52.78
30	– 0.03	51.27
35	+ 0.15	57.03
40	+ 0.23	57.94
45	+ 0.24	56.51

4.2.2.4 固定剂施用方式

固定剂的施用方式不同会影响固定剂与土壤的反应顺序和混合程度，进而影响处理效果。氧化钙与水反应，熟石膏与木炭不溶于水，因此，根据固定剂的性质以及操作程序，设固定剂投加方式 A 为三者同时添加混匀后再加水；B 为先加水然后再加三种固定剂混匀；C 为先加氧化钙和熟石膏，再加水，放置 12 h 以上后再加木炭；D 为先加木炭，再加水，放置 12 h 以上后再加氧化钙和熟石膏。操作流程见图 4 – 15。上述固定剂实验流程均为 A。

固定剂添加量为 2%，配比为 1∶0.33∶0.67，水分含量为 40% 时，固定剂施用方式对修复前后土壤 pH 变化幅度以及土壤有效态 Cd 固定率的影响较小（表 4 – 9）。土壤有效态 Cd 固定率最低为 D(54.03%)，最高为 A(57.94%)，两者相差 3.91%。这可能是由固定剂的性质决定的。三种固定剂两两不相反应，或通过沉淀作用，或通过吸附作用，但其加入顺序对固定效果并不产生大的影响。且从图 4 – 15 可以直观地看出，C 与 D 的操作流程较 A 与 B 的复杂，操作步骤较多，易增加运行成本。而流程最为简便的方式为 A，其有效态 Cd 的固定率也最高，因此，固定剂施用方式选择 A，即三种固定剂一起加，与土壤混匀，而后加水搅拌，振荡，静置。

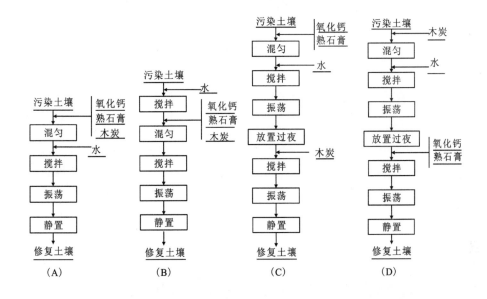

图 4－15　实验流程与固定剂投加方式

表 4－9　固定剂施用方式对土壤中有效态镉固定率的影响

固定剂施用方式	ΔpH	有效态 Cd 固定率/%
A	+0.23	57.94
B	+0.27	56.25
C	+0.25	56.65
D	+0.29	54.03

对所筛选出的复配型固定剂的应用工艺参数(固定剂配比、固定剂用量、水分含量、固定剂施用方式)进行优化。结果表明,氧化钙:熟石膏:木炭质量比为1:0.33:0.67时,土壤有效态镉的固定率为 54.64%,土壤修复后 pH 上升 0.47;氧化钙、熟石膏、木炭三者总用量占土壤质量的 2% 时,有效态镉的固定率为56.51%,土壤修复后 pH 上升 0.24;土壤水分含量为 40% 时,有效态镉的固定率为 57.94%,土壤修复后 pH 上升 0.23;固定剂施用方式及操作程序为氧化钙、熟石膏、木炭三者同时洒入土壤中,混匀,加水,搅拌,振荡,静置。此操作流程在所有流程中最简单、效果最好。以上参数均为同批次影响因素实验中综合考虑土壤有效态镉固定率、pH、固定剂与操作成本后所选择的最优条件。

综上所述,当采用氧化钙、熟石膏、木炭作为土壤重金属镉污染固定剂时,固定技术的应用步骤为:将氧化钙、熟石膏、木炭三者按土壤总量的2%,以质量比为1:0.33:0.67配比称量好后洒入土壤中,使之与土壤混匀,然后加入质量分数为40%的水,搅拌,使土壤得到充分浸润,放入振荡箱振荡使土壤、固定剂、水充分混匀,静置一个星期即可。

4.2.3 土壤铅镉固定剂–多羟基磷酸铁的制备及改性

磷酸盐类物质是近年来研究最多的固定剂之一,能与多种重金属离子结合生成沉淀,能有效地减缓重金属的迁移转化能力,降低重金属的生物毒性。本节以钛白粉副产品硫酸亚铁为原料,合成了一种富含羟基的聚合磷酸铁配合物。进一步使用冷氨水改变溶液的酸度和温度来促使颗粒大量形成,并借助表面活性剂(SDS)来防止颗粒发生团聚,从而制得分散均匀的纳米羟基磷酸铁颗粒,作为铅镉固定剂(图4–16)。

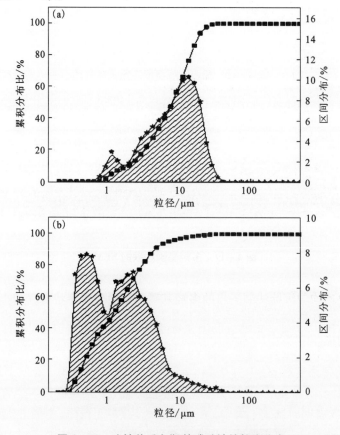

图4–16 改性前后多羟基磷酸铁的粒度分布

(a)多羟基磷酸铁;(b)改性后多羟基磷酸铁

4.2.3.1　铅镉固定剂粒度分布及比表面积

多羟基磷酸铁的中位径为 9.58 μm，粒度主要分布在6.21～19.50 μm；添加表面活性剂对多羟基磷酸铁改性后，中位径 $D50$ 为 0.97 μm，粒度主要分布在0.4～4.15 μm，改性后的多羟基磷酸铁的粒度明显小于未改性的多羟基磷酸铁。采用 BET 氮气吸附法测得改性后样品的比表面积为 13.44 m²/g，比改性前的样品比表面积(6.47 m²/g)增加了一倍多。改性后的多羟基磷酸铁粒度较小，因而能深入土壤缝隙中与重金属进行反应，同时，较大的比表面积增强了固定剂对重金属的吸附作用。

4.2.3.2　铅镉固定剂形貌特征

多羟基磷酸铁样品呈棒状，直径为 120～200 nm，长度为5～10 μm。颗粒不均匀且交错分布，无明显团聚现象，如图 4-17 所示。

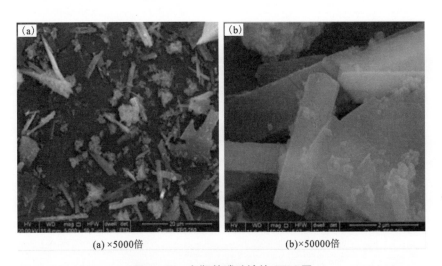

(a)×5000倍　　　　　　　　　　(b)×50000倍

图 4-17　多羟基磷酸铁的 SEM 图

通过快速均匀沉淀法制备出的多羟基磷酸铁由匀质棒状变为细小棒状体，尺寸明显减小，说明表面活性剂 SDS 对颗粒大小有一定的调控作用。改性多羟基磷酸铁由均匀棒状变为中间粗两端细的锥形体，其平均长度为 200～900 nm，如图 4-18所示。

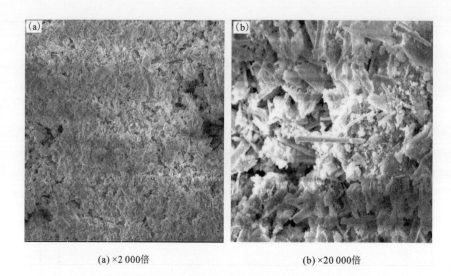

(a) ×2 000倍　　　　　　　　　(b) ×20 000倍

图 4 – 18　改性后多羟基磷酸铁样品的 SEM 图

4.2.3.3　铅镉固定剂官能团特征

改性前后多羟基磷酸铁的红外特征峰位置相同，仅峰强有所差别，如图 4 – 19所示。熟化 72 h 的改性多羟基磷酸铁谱图在波数为 3405 ~ 3545 cm^{-1} 处的吸收峰较强较宽，这是由聚合铁中与铁离子相连的 — OH 和吸附水分子中的 — OH 的伸缩振动导致的；波数 1622 cm^{-1} 处的特征吸收峰可以认为是结合水分子 H — O — H 的弯曲振动；波数 900 ~ 1200 cm^{-1} 处吸收峰的变化较明显，这是磷酸根的吸收峰范围，其中 1120 cm^{-1} 代表 — P = O 或者 — P = O — 的反对称伸缩振动；波数 600 ~ 700 cm^{-1} 处的吸收弱峰代表 — Fe — O — 的振动。多羟基磷酸铁内部的羟基较为复杂，其主要是由分子间缔合的羟基和部分分子内螯合的羟基连接，配合铁离子与磷酸根结合生成的 OH — Fe — PO$_4$ 高聚物，其中铁与磷可以相互螯合形成 — Fe — O — Fe — 、 — P — O — P — 、 — Fe — P — Fe — 、 — P — Fe — P — 等多种结构。因此，无机高分子聚合物多羟基磷酸铁的结构可以表示为：— ｛ — P — O — [⋯O — H⋯]$_n$ — O — Fe — ｝ — 重复连接，如表 4 – 10 所示。

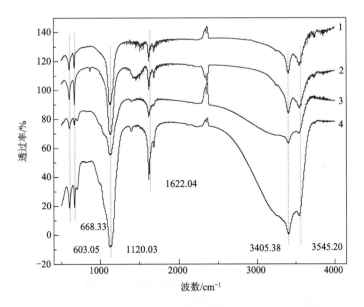

图4-19　不同熟化时间下多羟基磷酸铁红外吸收光谱图

1—未改性;2—改性,熟化2 h;3—改性,熟化24 h;4—改性,熟化72 h

表4-10　含氧基团的红外特征峰

官能团类型	吸收峰波数范围/cm^{-1}	结构类型与振动类型	吸收峰特征
羟基化合物 — OH	3500~3600	游离羟基 V_{O-H}	尖强
	3200~3500	分子间缔合 V_{O-H}	强宽
	2500~3100	分子内螯合 V_{O-H}	强宽
磷氧化合物 — P=O	1100~1350	$V_{P=O}$	强宽
=P—O—	900~1250	V_{P-O}	
铁氧化合物 — Fe—O—	360~700	V_{Fe-O}	

4.2.3.4　铅镉固定剂物相组成

改性后多羟基磷酸铁样品主要物相为 $Fe_6(OH)_5(H_2O)_4(PO_4)_4(H_2O)_2$ 和 $Fe_{25}(PO_4)_{14}(OH)_{24}$（图4-20），还包括少量的 $FePO_4(H_2O)_2$、$Ca(Fe)(OH)(PO_4)_2$、$Fe_{12}(OH)_{7.3}(PO_4)_8(H_2O)_{4.7}$。说明该聚合反应成功进行,且生成了 OH — Fe — PO_4 聚合配合物。

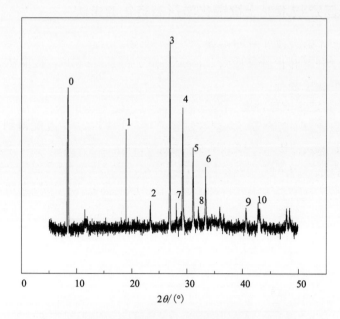

图 4 – 20　改性后多羟基磷酸铁样品的 XRD 图谱

表 4 – 11　改性后多羟基磷酸铁 XRD 图的峰位置与对应的物质

编号	X 射线衍射峰对应物质
0	$Fe_6(OH)_5(H_2O)_4(PO_4)_4(H_2O)_2$
1	$FePO_4(H_2O)_2$
2	$Fe(OH)_3(H_2O)_{0.25}$
3	$Fe_{25}(PO_4)_{14}(OH)_{24}$
4	$Ca(Fe)(OH)(PO_4)_2$
5	$Ca_2Fe(PO_4)_2(H_2O)_4$
6	$FeO(OH)$
7	$Fe_{12}(OH)_{7.3}(PO_4)_8(H_2O)_{4.7}$
8	$Ca_5(PO_4)_3(OH)$
9	Fe_2P
10	$Ca(Fe_6(OH)_6(H_2O)_2(PO_4)_4)_2$

4.2.4　化学固定技术对土壤镉化学形态转化的影响

化学固定技术通过改变镉在土壤中的赋存形态,从而降低土壤中镉的有效态含量。镉的化学迁移转化可采用欧共体标准物质局提出的 BCR 提取法提取的镉各形态含量的变化来表征。

4.2.4.1　化学固定剂的施用量

本研究将氧化钙、熟石膏、木炭按质量比为 1∶0.33∶0.67 复配得到重金属固定剂,固定剂的加入使土壤中镉的弱酸提取态大幅减少,且随着固定剂用量的增加,弱酸提取态的含量下降。可还原态和可氧化态镉含量在修复前后变化趋势无规律,且变化幅度较小。整体而言,固定剂的添加使弱酸提取态镉向可还原态和残渣态镉转化。弱酸提取态镉含量随着固定剂施用量的增加而平缓减少(图 4 – 21)。

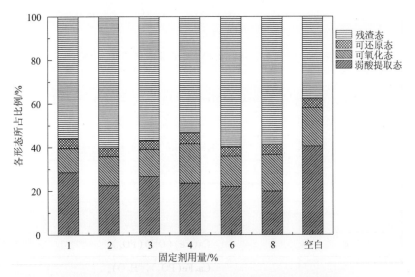

图 4 – 21　固定剂用量对土壤镉化学形态转化的影响

4.2.4.2　化学固定剂的施用方式

虽然固定剂投加方式不一致,在前节所述四种施用方式中,镉的各形态含量相似(图 4 – 22)。与修复前空白对照相比,土壤中的弱酸提取态镉均减少约 50%,而可还原态、可氧化态含量几乎无变化。即修复后弱酸提取态镉转化为残渣态镉。

与有效态镉含量相比,弱酸提取态镉的减少与有效含量降低的比例大致相同，这说明土壤中的弱酸提取态镉含量要高于 DTPA 有效态镉含量。

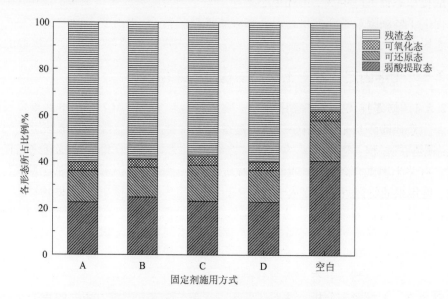

图 4 – 22　固定剂施用方式对土壤镉化学形态转化的影响

4.2.4.3　修复前后土壤镉形态转化规律

表 4 – 12 列出了以氧化钙、熟石膏、木炭作为固定剂，采用前述所得出的最优工艺参数进行土壤修复，土壤 pH 与镉含量的变化情况。

表 4 – 12　土壤修复前后 pH 与镉的含量变化

土壤	pH	DTPA 浸提态镉含量/(mg·kg⁻¹)	BCR 连续提取态镉含量/(mg·kg⁻¹)			
			弱酸提取态	可还原态	可氧化态	残渣态
修复前	6.66	0.72	1.46	0.64	0.15	1.36
修复后	6.89	0.30	0.82	0.48	0.14	2.17

重金属弱酸提取态中交换部分受土壤 pH 的影响。当土壤 pH 在 6.0 以上时，镉的交换态与土壤胶体之间发生离子交换吸附，其吸附量的大小与土壤胶体中带的电荷多少相关，随着 pH 升高，土壤溶液 H^+ 减少，游离的 Cd^{2+} 与土壤胶体(带负电)结合量增多，从而使土壤弱酸提取态镉含量降低。

采用 BCR 连续浸提法对土壤中镉进行分析，以此表征土壤中镉的化学形态转化。研究结果表明，采用氧化钙、熟石膏、木炭复配型固定剂在最优工艺参数条件下，修复后土壤 pH 变化幅度较少，仅上升了 0.23，有效态镉固定率达 58%，弱酸提取态镉下降 44%，可还原态下降 25%，均转化为残渣态。固定剂用量的增加促进了弱酸提取态镉向可还原态和残渣态镉的转化。固定剂施用方式对镉的各形态影响不大。

4.2.5　化学固定技术对土壤中镉稳定性效果评价

4.2.5.1　修复技术生态风险评价

生态风险评价是评估由一种或多种外界因素导致可能发生或正在发生的不利生态影响的过程。微量元素的生物可利用性是进行生态风险评价中必须考虑的因素。有关土壤重金属污染的生态风险评价一直以来主要以土壤中的总含量进行评估，近年来的研究表明，虽然土壤中重金属浓度总量是必不可少的评价因素，但仅评价总量将过高地估计其潜在风险的程度，从而降低生态风险评价的可靠性。尤其针对本章所采用的固定修复技术，在修复前后土壤中重金属的总量恒定，因此，采用基于总量的生态风险评价法无法对修复技术减轻生态风险的效果进行衡量。目前国内外利用形态分析工具研究风险，利用生物有效性的部分所占的比例判定风险。根据形态分析方法对应的风险限值，认为沉积物土壤中的重金属有不同的结合相，这些结合相对应着不同的结合紧密程度，可以用风险评价指数（RAC）来表征和规范。当可交换态和碳酸盐结合态少于整体的 1% 时，可以看作环境安全；当大于整体的 50% 时，认为高度危险和极易进入食物链。一般，RAC < 1% 为无风险；1% < RAC < 10% 为低风险；11% < RAC < 30% 为中风险；30% < RAC < 50% 为高风险；RAC > 50% 为极高风险。

分别采用 DTPA 提取态、BCR 提取中弱酸提取态表征镉的生物有效性，对固定技术的修复效果进行风险评价（表 4 - 13）。污染土壤以 DTPA 浸提态镉表征镉的生物有效性，其 RAC 为 19.94%，为中风险，修复后降至低风险。弱酸提取态镉表征镉的生物有效性时，其 RAC 为 40.44%，属高风险，修复后将镉的风险降低为中度风险。且两种不同形态作为生物可利用性的代表形态时，其风险值不统一。弱酸提取态 RAC 指数较 DTPA 浸提态 RAC 指数偏高。但是可以确定的是，经过固定修复，土壤的生态风险降低了一个等级。

表 4 - 13　土壤修复前后镉的 RAC 指数变化

土壤	DTPA 浸提态 RAC 指数/%	弱酸提取态 RAC 指数/%
修复前	19.94	40.44
修复后	8.31	22.71

4.2.5.2 模拟酸雨法评价化学固定技术的稳定性

评价化学固定剂对镉的稳定性是衡量该种化学固定剂修复效果的一个方面。化学固定后的镉随时间的推移以及环境的变化，经风化、淋溶、生物降解等作用，极有可能返溶而再次造成土壤镉污染。因此，模拟酸雨法评价化学固定技术通过对修复后的土壤模拟十年酸雨淋溶试验，并分析化学固定剂对土壤镉的稳定性具有重大意义。

湖南衡阳地区为硫酸型酸雨区，平均年降雨量约为 1350 mm，年蒸发量约为 56%，年平均 pH 约为 5.0。酸雨导致土壤酸化，不仅仅是由 pH 引起，还与酸雨中各种离子的成分及含量有关。衡阳酸雨离子组成为：SO_4^{2-} 60.55 μmol/L；NO_3^- 30.93 μmol/L；F^- 4.21 μmol/L；Cl^- 17.88 μmol/L；NH_4^+ 83.01 μmol/L；Ca^{2+} 17.67 μmol/L；Mg^{2+} 2.55 μmol/L；Na^+ 6.35 μmol/L；K^+ 6.60 μmol/L。根据离子组成，用 $(NH_4)_2SO_4$、NaF、NaCl、KCl、$CaCl_2$、$Ca(NO_3)_2 \cdot 4H_2O$、$Mg(NO_3)_2 \cdot 6H_2O$ 配置模拟酸雨母液，吸取一定量的模拟酸雨母液，加入到去离子水中，然后用稀 H_2SO_4 调节 pH 至 5.0，作为模拟酸雨。

研究装置主要包括淋溶液贮存器、淋洗柱以及滤液收集器三个部分。为更接近自然降水过程，采用间歇淋洗法，使土壤有一定的反应时间。每次淋完一年降雨量后，将收集到的淋滤液混匀，测 pH 和重金属含量，待土样稳定 12 h 后再进行下次淋洗，共淋洗 10 次，相当于淋溶了 10 年的降雨量。模拟每年的酸雨对修复后土壤中固定的镉含量及淋滤液 pH 的影响如表 4 – 14 所示。

表 4 – 14　模拟酸雨对土壤中固定镉的影响

时间/年	1	2	3	4	5	6	7	8	9	10
滤液 pH	6.33	6.50	6.61	6.61	6.62	6.76	6.58	6.60	6.57	6.64
镉含量 /(mg · L^{-1})	<0.01	<0.01	<0.01	<0.01	<0.01	<0.01	<0.01	<0.01	<0.01	<0.01

pH 为 5.0 的淋滤液经过土壤后，其 pH 上升至 6 以上。这是由于土壤的 pH 为 6.60，且添加的化学固定剂中含有碱性物质，一般情况下，酸性条件会活化土壤中的重金属，因此，考虑酸雨对被固定的镉的浸出极有必要。淋滤液 pH 的变化不大，除模拟第一年的酸雨淋滤液的 pH 较低，仅 6.33 外，后续几次的淋滤液 pH 在 6.50 和 6.64 之间波动。

各年度模拟酸雨浸出的镉含量均低于 0.01 mg/L。整体来看，十年的模拟酸雨对土壤中镉的淋溶量极少，说明所添加的固定剂对土壤中镉的固定作用较为稳定，经过十年的酸雨淋洗也不会发生返溶现象，其固定效果具有长期稳定性。以模拟酸雨淋滤液模拟日常降雨情况下的地表水，对比《地表水环境质量标准》（GB 3838—2002），经过十年酸雨的淋溶，修复土壤地表水一直适用于农业用水及景观用水。对比《地下水质量标准》（GB/T 14848—93），它达了到Ⅲ类水的标准，对人体健康无影响。

4.2.6　模拟酸雨条件下土壤铅镉的释放特征

通过化学固定法修复土壤时，重金属仍留存在土壤中未被移出，只是以更稳定的形态存在，外界条件的改变极有可能改变重金属在土壤中的存在状态，且使已钝化的重金属重新活化，恢复其生物活性，提高重金属的迁移能力，再次对土壤造成污染。在可能引起土壤环境发生改变的因素中，酸雨是最快速也是目前影响最为广泛的因素。同时，湖南是我国酸雨较多的地区，随着近年来酸雨频率的增加和强度的增大，因酸雨造成的污染越来越严重。酸雨不仅会对水生生态和地上环境造成破坏，还会促使土壤中的重金属溶出，提高重金属的活性，甚至危害地下水安全。因此，采用模拟酸雨柱淋溶实验来模拟自然条件下土壤中重金属的释放量以评价重金属污染土壤固定修复的稳定性具有重大意义。

4.2.6.1　模拟酸雨淋溶对土壤镉的释放

分别对化学固定修复前后的土壤进行模拟酸雨淋溶实验，在实验过程中控制淋滤液体积，并结合测得的淋滤液中重金属的含量计算重金属的累积释放量。镉、铅污染酸性土壤经多羟基磷酸铁固定法修复前后，在模拟酸雨条件下镉的累积释放量随淋溶体积变化情况如图4-23所示。镉的累计积释放量随淋溶体积的

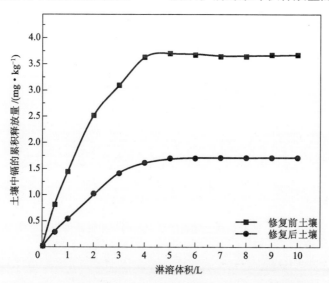

图 4-23　修复前后土壤淋滤液中镉随模拟酸雨体积的变化

增加而上升,之后增长变缓,逐渐趋于平稳。其中,在前3次淋溶时,每次都能淋出较多的镉,其累积释放量增加较快,此阶段淋出的可能是处于静电吸附状态的镉;而当淋溶超过5次后,两种土壤中镉累积释放量的增长变缓,且从第5次淋溶开始,每次淋出的镉越来越少,第6次之后滤液中镉含量低于检出限,这说明修复后原来土壤中的水溶态和弱酸提取态 Cd 已被转化为较为稳定的形态。固定处理前后土壤中镉的最大累积释放量分别为3.67 mg/kg、1.71 mg/kg,分别占总镉的19.47%、9.09%;施加多羟基磷酸铁对土壤进行固定修复后,土壤中镉的累积释放量比未处理的土壤减少了51% ~63%,因此多羟基磷酸铁对该土壤的固定效果较稳定,不会由于自然条件的改变而使土壤中的重金属大量溶出。

4.2.6.2 模拟酸雨淋溶对土壤铅的释放

镉、铅污染酸性土壤在模拟酸雨条件下 Pb 的累积释放量随淋溶体积的变化,与 Cd 的变化趋势类似,不同之处在于 Pb 的释放过程比 Cd 更快(图4-24)。淋溶液 pH 为4,经3次淋溶后,修复后土壤中 Pb 的累积释放量基本不变,修复前土壤经过4次淋溶后,每次单独淋溶所得滤液中 Pb 的含量逐渐减少,直至为零。固定处理前后土壤中 Pb 的最大累积释放量分别为16.30 mg/kg、8.03 mg/kg,分别占总 Pb 的0.65%、0.32%,修复后比修复前土壤 Pb 的释放量减少了38% ~51%。

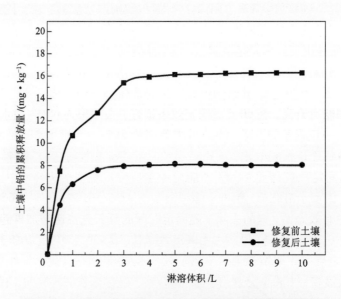

图4-24 修复前后土壤淋滤液中铅随模拟酸雨体积的变化

模拟酸雨对土壤中镉和铅的释放有不同程度的促进作用,其中镉的释放程度大于铅,这是由于镉本身活性较强,当 pH 过低时,土壤对镉的吸附能力随 pH 的降低而降低,镉的有效态含量随 pH 的降低而升高。由于酸雨降低了土壤 pH,以及对土壤胶体(主要是铁的氧化物和氢氧化物)的溶蚀作用,导致部分镉随滤液淋出。虽然酸雨淋溶会导致土壤中镉、铅的溶出,但是施加多羟基磷酸铁的土壤中镉、铅的累积释放量远远低于未经处理的土壤,因此多羟基磷酸铁对土壤中重金属有明显的固定效果,修复后土壤的潜在生态风险明显降低。

4.3 矿冶区镉污染土壤化学 – 植物联合生态修复新技术

4.3.1 化学固定修复工艺

4.3.1.1 铅镉污染土壤固定修复工艺

不同区域土壤的类型、重金属种类和污染程度有所不同,因此使用固定剂对污染土壤进行化学固定修复时,各工艺条件对最终的固定效果有很大影响。

(1)固定时间

随着时间的增加,土壤中的有效态和水溶态重金属镉、铅越来越多地被固定在土壤中,并在一定时间后达到平衡(图 4 – 25)。土壤中水溶态铅的固定很快,14 d 后铅的固定率可达 63%。而镉在土壤中的固定较为缓慢,这可能是由于随时间的推移,土壤 pH 虽逐渐升高,但仍只有 5~6。而土壤 pH <6 时,镉的活性较强,且土壤中被吸附的镉的生物有效态含量会随 pH 的升高而升高,增加了固定难度。由于固定剂的加入提高了土壤的 pH,水溶态镉在 0~14 d 内的去除率与时间呈线性关系,在反应 21 d 时固定效率达到最高(58%)。固定超过 28 d,水溶态铅的固定率略有升高,在 60 d 后固定效果最好,去除率为 68%;而水溶态镉的去除效果却有一定程度的下降,60 d 后去除率为 56%。水溶态镉、铅的固定较快,21 d 即可达到最佳修复效果,而有效态镉、铅分别在固定 35 d 和 42 d 后达到稳定,因此,固定反应需要 42 d,才能使重金属得以更多的去除,并且保持稳定。有效态镉、铅和水溶态镉、铅的去除率分别为 41%、62% 和 56%、66%。

土壤中有效态铅、镉的去除率随固定时间的延长先快速增加再趋于平缓。在固定的前 7 d,有效态镉、铅的去除率迅速增长,从 3d 的 10%、26% 升高到 24%、39%;14 d 之后去除率增长速度变慢。镉和铅的有效态含量分别在固定 35 d 和 42 d 后降低最多,去除率分别为 41% 和 62%。继续延长固定时间,有效态镉和铅的固定效果不再变化或仅有小范围的波动,固定反应已达到平衡。

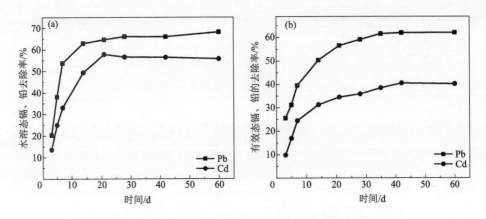

图 4 - 25　土壤中水溶态及有效态镉、铅去除率随固定时间的变化

（2）土壤水分含量

为确定在修复过程中能起到最佳修复效果的用水量，以供试土壤的最大田间持水量（30%）为基准，将土壤水分含量调节至最大田间持水量的 35%、45%、55%、65%、85%、115%、135%，固定剂多羟基磷酸铁以土壤质量的 5% 加入土壤中，混匀后固定 42 d，测定固定后土壤中有效态与水溶态重金属镉和铅的含量，如图 4 - 26 所示。在用水量为田间最大持水量的 85% 时，土壤中镉的固定效果最好，其去除率达 45%。而用水量对有效态铅的固定效果影响不大，固定 42 d 后铅的有效态去除率维持在 60% 左右，且用水量为 65% 时有效态铅去除率可达 64%。水溶态镉、铅的固定效率随用水量的变化趋势与有效态镉的变化趋势基本一致，不同之处在于当用水量超过 65% 后，其中水溶态镉和铅的固定均在用水量为 85% 时达到最佳，固定率分别为 59% 和 65%。在用水量超过田间最大持水量 85% 时，两种形态的重金属的去除率均有不同程度的下降。这是由于水量过多造成了土壤淹水，在此条件下，重金属在酸性土壤中的活性会增高，导致土壤中镉和铅的水溶态和有效态含量增加。

综合以上数据，选择田间持水量 85% 作为固定土壤的最佳用水量，既可取得较好的修复效果，又不会引起潜在的二次污染，在大面积的工程示范中还可以节约水资源。

（3）固定剂用量

固定剂对土壤中重金属的吸附和沉淀等作用都有一定的容量限制，固定剂施加过少，会导致部分重金属不能与固定剂反应或被吸附固定，影响修复效果；而污染土壤中固定剂的添加量过多，不仅会导致资源浪费，而且可能会对土壤环境造成二次污染。

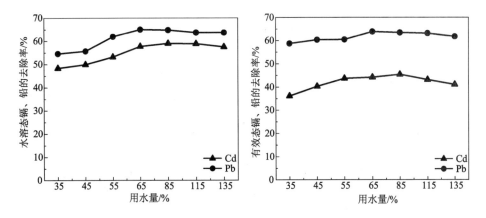

图4-26　用水量对土壤水溶态和有效态镉、铅去除率的影响

分别以固定剂与土壤质量比0.5%、1%、2%、3%、4%、6%、8%向土壤中添加多羟基磷酸铁,固定42 d后测土壤中重金属含量(图4-27),计算得出土壤中有效态和水溶态镉、铅的固定效率。随着固定剂施用量的增加,土壤中有效态镉、铅的固定效率都在逐渐升高,固定剂用量为土壤质量的0.5%~2%时,有效态镉、铅的固定效率均以类似线性的趋势递增,但固定效率较低。当固定剂用量大于3%时,有效态镉、铅的固定率增长变缓,但较之前有明显升高,固定剂施用量在4%以上时,有效态镉、铅的固定率基本保持稳定。土壤中镉、铅有效态的去除率均在用量为8%时达到最大,分别为45%、65%。

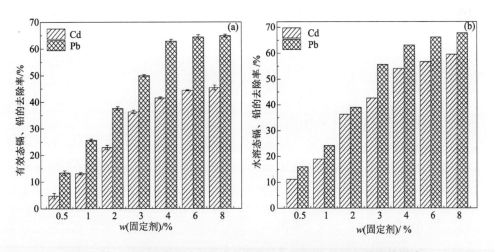

图4-27　多羟基磷酸铁用量对水溶态和有效态镉、铅固定效果的影响

多羟基磷酸铁用量越多，水溶态镉、铅去除率的变化趋势与有效态类似，也是随着固定剂用量的增加而逐渐升高，且在固定剂用量为土壤质量的 8% 时效果最佳，土壤中水溶态镉、铅的含量分别从 6.84 mg/kg、20.19 mg/kg 降至 2.77 mg/kg、6.50 mg/kg，其去除率分别达 60% 和 68%。

当固定剂用量小于 3% 时，固定剂对供试酸性土壤的 pH 影响不大，因而土壤中镉、铅的活性较高，难以被固定。当固定剂施加量增大，土壤 pH 随之略有升高。首先，在此条件下，Cd^{2+} 可水解生成 $Cd(OH)^+$，这使得土壤中镉的活性降低，从而提高固定剂对有效态镉的去除率；其次，除沉淀作用外，磷酸盐对 Pb 的固定也包括吸附机制。固定剂用量的增加，直接导致 PO_4^{3-}、HPO_4^{2-}、$H_2PO_4^-$ 等阴离子数量增多，导致土壤颗粒表面阴离子电性增强，从而加大对土壤中 Pb^{2+} 的直接吸附。这种由于阴离子电性的增加而对阳离子吸附增大的现象主要与下列原因有关：①阴离子电性的增加导致对阳离子的吸附加大；②阳离子和 $H_2PO_4^-$ 吸附而成为新的阴离子；③与磷灰石矿质表面基团形成配合(螯合)物。

综合对比固定剂对有效态和水溶态镉、铅的固定效果，将土壤质量的 4% 确定为固定剂多羟基磷酸铁的最佳添加量，有效态镉、铅的去除率分别为 41%、63%，水溶态镉、铅的去除率为 54%、63%。

(4)土壤粒径

土壤的化学固定修复是基于固定剂与受污染土壤中重金属之间的吸附、沉淀等作用，因此固定剂能否与受污染土壤充分接触是影响修复效果的一个重要因素。将供试土壤研磨后分别过 4、8、18、30、100 目筛(其孔径分别为 0.15 mm、0.6 mm、1 mm、2.4 mm、4.8 mm)，对不同粒径段的土壤进行固定修复实验，得到修复 42 d 后不同粒径土壤中的重金属去除率。

土壤粒径的不同对有效态铅、镉固定的影响并不十分明显，二者并不是完全呈线性相关。但总体上来说，随着土壤粒径的增大，有效态镉、铅的去除率逐渐降低。这是由于粒径较小的土壤能更加充分地与固定剂混合，增加其中重金属与固定剂的接触面积，从而加强了固定剂对重金属的固定作用。从图 4-28 中可以看出，粒径大于 4.8 mm 的土壤有效态镉、铅的去除率稍低，为 37% 和 54%，这是由于土壤颗粒过大，固定剂无法接触到颗粒内部包裹的重金属，从而有一部分重金属未能被固定。当粒径为 2.4~4.8 mm 时，有效态镉、铅的去除率均有明显增加；当粒径为 0.6~2.4 mm 时，有效态镉(铅)的去除率分别先下降后上升(先上升后下降)，但变化幅度很小，说明当土壤粒径达到一定级别后，其对固定效果的影响变小。粒径为 0.15 mm、0.6 mm 时，土壤中有效态镉、铅的去除率分别达到最大，为 43% 和 67%。

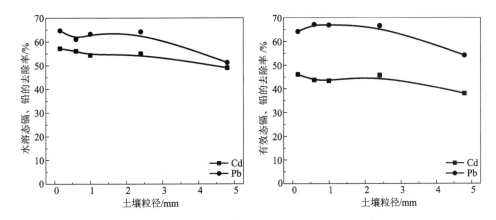

图 4 - 28　土壤粒径对水溶态和有效态镉、铅固定效果的影响

镉的水溶态去除率的变化与有效态的变化略有不同。水溶态镉的去除率随土壤粒径的减小而增大，在粒径为 0.15 mm 左右时固定效果最好，去除率可达 57%。土壤中水溶态铅的含量随着粒径的减小而降低，同样，在过 100 目(孔径为 0.15 mm)筛的土壤中水溶态含量最少，水溶态铅的去除率为 65%，因此，土壤粒径越小，固定效果越好，固定修复时应将土壤过 100 目筛；但在实际的污染土壤化学固定修复过程中，土壤的破碎研磨是一项耗费很大的工程，而土壤粒径越小，对人力、物力的要求就越高。总的来说，有效态和水溶态重金属在粒径小于 2.4 mm 的土壤中的固定效果都比较好，去除率随粒径的减小仅有小范围的增加。因此综合考虑成本以及固定效果，选择过 8 目的筛(粒径为 2.4 mm)为土壤固定所需的最佳粒径，此时有效态镉、铅和水溶态镉、铅的去除率分别为 46%、67% 和 55%、64%。

4.3.1.2　最佳条件下铅镉的固定效果

(1)土壤镉的固定效果

比较了最佳工艺条件下修复前后土壤中有效态和水溶态镉含量的变化，如图 4 - 29 所示。经改性多羟基磷酸铁修复后，土壤中有效态和水溶态镉含量有大幅度下降，有效态镉含量从 9.95 mg/kg 降低至 5.37 mg/kg，水溶态镉含量从 6.84 mg/kg 降低至 3.08 mg/kg，其去除率分别达 46% 和 55%。

(2)土壤铅的固定效果

如图 4 - 30 所示，供试土壤中铅大部分以有效态形式存在，经改性多羟基磷酸铁修复后，土壤中有效态和水溶态铅含量大幅度下降，有效态铅含量从 2303.81 mg/kg 降低至 760.26 mg/kg，水溶态铅含量从 20.19 mg/kg 降低至 5.25 mg/kg，其去除率分别达 67% 和 74%。多羟基磷酸铁对铅的修复主要是通

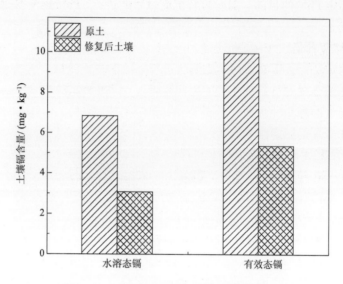

图 4 - 29　固定修复前后土壤镉含量的变化

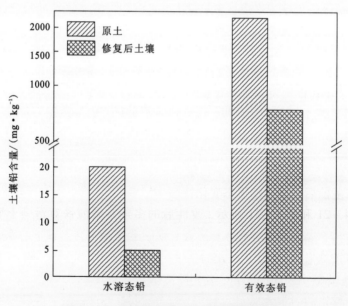

图 4 - 30　固定修复前后土壤铅含量的变化

过溶解 - 沉淀机制实现的。首先，固定剂在土壤溶液中溶解，并释放出磷酸根离子，而后磷酸根离子与溶液中的 Pb^{2+} 作用，生成溶解度很低的铅磷酸盐化合物，

从而达到固定 Pb^{2+} 的目的。随着溶解沉淀过程的进行，Pb^{2+} 逐渐取代了固定剂中 Fe^{2+} 的位置。

4.3.1.3　修复前后土壤中铅镉形态变化特征

化学固定法修复重金属污染土壤的过程主要通过改变重金属在土壤中的赋存状态来降低重金属的可移动性和生物可利用性，以减小其对植物的毒害作用。化学固定修复法的稳定性直接关系到该技术的修复效果，且从修复前后重金属的形态变化特征来评价固定修复技术的稳定性。

（1）修复前后土壤镉的形态变化特征

如表 4 - 20 和图 4 - 31 所示，污染土壤采用改性后的多羟基磷酸铁固定修复后，土壤中水溶态、交换态和碳酸盐结合态镉的含量均有明显下降，分别从 7.94 mg/kg、4.09 mg/kg 和 2.93 mg/kg 降至 5.98 mg/kg、1.97 mg/kg 和 1.87 mg/kg。而残渣态、铁锰氧化态和有机结合态的镉含量有不同程度的提高。这可能是由于修复后土壤 pH 升高及氧化还原电势的改变，有利于铁锰氧化物的形成，也可能是通过水溶态或交换态镉转化形成的。其中，残渣态镉的含量从 1.14 mg/kg 增加到 4.70 mg/kg，提高了近 20% 。这说明，使用多羟基磷酸铁作为钝化剂修复土壤镉污染时，该钝化剂可以有效减少土壤中镉的活动性和生物有效性，使其转变成在环境中稳定存在的残渣态，从而降低镉的迁移转化能力和对植物的毒害。

表 4 - 20　修复前后土壤中各形态镉含量的变化　　　　　单位：mg/kg

	水溶态	交换态	碳酸盐结合态	铁锰氧化态	有机结合态	残渣态
修复前	7.94	4.09	2.93	1.89	0.62	1.14
修复后	5.98	1.97	1.87	3.19	0.90	4.70

（2）修复前后土壤铅的形态变化特征

如表 4 - 21 和图 4 - 31 所示，改性后的多羟基磷酸铁对污染土壤固定修复后，土壤中非残渣态（水溶态、交换态、碳酸盐结合态、铁锰氧化态、有机结合态）中铅的含量均有不同程度的下降，且在这几种形态中，交换态、碳酸盐结合态、铁锰氧化态对非残渣态铅降低量的贡献最大。修复后土壤中这三种形态的铅含量分别降至 785.28 mg/kg、99.03 mg/kg、323.47 mg/kg，占总铅的比例也从 52.56% 、9.40% 、16.13% 降至 31.33% 、3.95% 、12.91% ，其中以交换态铅降低的含量和比例最大。研究表明，Tessier 法中非残渣态的提取剂均不能溶解提取结合在磷酸铅盐化合物中的铅，因此推测磷酸根的加入可与土壤中非残渣态铅发生反应生成更稳定的磷酸铅盐化合物，从而减少非残渣态铅的含量，降低了铅的活

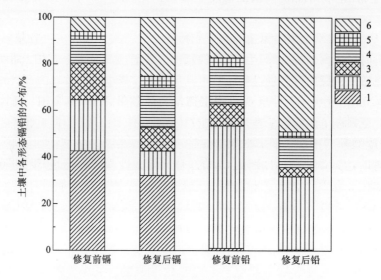

图4-31 修复前后土壤中镉、铅各形态的分布比例

1—水溶态;2—交换态;3—碳酸盐结合态;4—铁锰氧化态;5—有机结合态;6—残渣态

性。上述几种形态铅的减少使土壤中的残渣态铅含量显著提高,土壤中残渣态铅含量从431.01 mg/kg增加到1223.53 mg/kg,占总铅含量的比例也从17.2%上升到48.82%,说明土壤一部分非残渣态铅转化成残渣态,这部分可能是交换态铅。

表4-21 修复前后土壤中铅各形态含量的变化　　　　　　　　单位：mg/kg

	水溶态	交换态	碳酸盐结合态	铁锰氧化态	有机结合态	残渣态
修复前	24.92	1317.22	235.62	404.24	95.16	431.01
修复后	11.30	785.28	99.03	323.47	63.57	1223.53

4.3.2　镉污染土壤植物修复技术

4.3.2.1　镉污染土壤生态修复植物筛选与组合

（1）镉对修复植物生长特性的影响

筛选对镉有较强耐性和累积能力的不同种类耐性景观植物,包括香樟、圆柏、侧柏等常绿乔木,女贞、四季桂、珊瑚树、金边黄杨、海栀子、红继木、海桐、夹竹桃等灌木,芦竹等草本先锋植物,通过盆栽试验,分别研究3.6 mg/kg(对照CK)、9.6 mg/kg(T1)、24.6 mg/kg(T2)镉污染土壤系列对12种植物的生长形态、部分生理指标和镉累积量的影响，筛选出适用于镉污染土壤修复的植物种类。

土壤镉含量对各植物生长影响明显(图4-32)，六种植物的生物量随培养时间的增加而逐渐增加，香樟的生物量增幅最大，其次是四季桂、侧柏，而女贞、珊瑚树、海桐的增幅没有明显区别。

经过203 d培养，12种景观植物生物量由高到低依次为：圆柏、夹竹桃、侧柏、芦竹、珊瑚树、海桐、红继木、金边黄杨、四季桂、香樟、海栀子、女贞。随着镉胁迫浓度的升高，圆柏、珊瑚树、金边黄杨、红继木整株生物量均呈下降趋势，在T2处理时达到最小值，分别是CK的84.33%、86.10%、44.46%和76.47%。圆柏、珊瑚树、红继木的根、茎、叶和整株生物量在处理方式不同时并无显著差异($P > 0.05$)，金边黄杨的根、茎、叶和整株生物量在T2处理下才与CK有显著差异($P < 0.05$)。侧柏、芦竹、夹竹桃、海桐、四季桂、女贞、海栀子、香樟都随着镉浓度的升高，整株生物量呈先增加后降低的趋势，在T1处理下都达到峰值，分别是CK的1.02、1.12、1.11、2.47、1.55、2.09、1.65和3.22倍。其中侧柏、芦竹的根、茎、叶和整株生物量在各浓度镉处理下均无显著差异；夹竹桃茎部生物量和在T2处理下与CK有显著差异，但从整株生物量来看，其在T1处理下与CK有显著差异；T1处理下海桐茎、四季桂根部干重与CK相比有显著差异($P > 0.05$)；女贞的茎、叶、整株干重在T1处理方式下与CK有显著差异，其根部在T2处理下才与CK有显著差异；香樟根、茎生物量在不同处理方式下均无显著差异，其叶在T1处理下与CK有显著差异，从整株生物量来看，T1和T2处理均与CK无显著差异，但T2处理与T1处理有显著差异。上述结果表明，不同浓度镉对不同植物生长产生不同的影响，圆柏、珊瑚树、金边黄杨、红继木的生长随着镉浓度的增加而逐渐受到抑制。较低浓度的镉可促进植物生长，如刘周莉等发现低浓度镉对金银花的生物量、株高和叶绿素含量都有一定程度的促进作用。本书中较低镉含量能促进侧柏、芦竹、夹竹桃、海桐、四季桂、女贞、海栀子、香樟植株生长，而较高镉含量却有明显抑制作用。从各种植物的生长状况来看，只有海栀子的生长受到严重影响，海栀子在镉浓度为24.6 mg/kg的条件下存活率只有6.25%，其余在较高镉含量处理下仍能保持正常生长，说明其余各植物对土壤中镉具有较强的耐受能力，所以除海栀子外，其余的植物种类都可以作为镉污染土壤的备选植物。

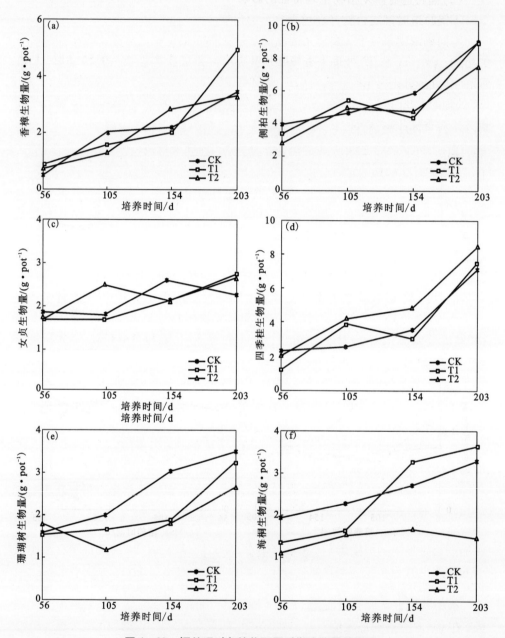

图 4 - 32　镉处理对各植物不同时期生物量的影响

（2）镉胁迫对修复植物生理特征的影响

①镉胁迫对修复植物光合色素含量的影响

不同镉浓度条件下，香樟光合色素含量变化如图 4－33 所示，随着培养时间的增加，CK、T1 和 T2 处理下香樟叶片叶绿素 a 含量变化平稳，在 56 d 时 T1 处理和 T2 处理分别是 CK 处理的 0.97 倍和 0.95 倍，105 d 时 T1 和 T2 处理分别是 CK 处理的 1.00 倍和 1.12 倍，154 d 时分别为 CK 处理的 0.98 倍和 1.15 倍，说明镉并未对香樟叶绿素 a 的合成产生很大影响。

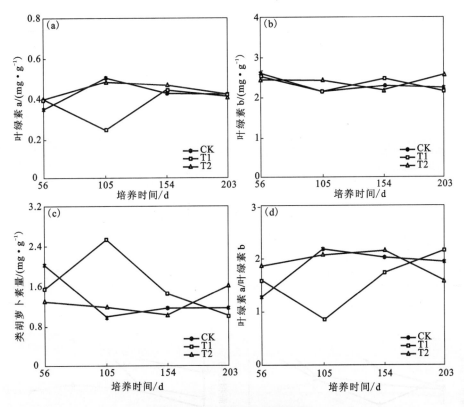

图 4－33　香樟光合色素含量

香樟叶绿素 b 的含量在 T1 处理下随着培养时间的增加呈先增后减的变化趋势，在 105 d 时达到最大值，为 56 d 时的 1.61 倍。T2 和 CK 处理下叶绿素 b 随时间增加呈先减后增的变化趋势，CK 和 T2 处理在 105 d 时分别为 56 d 的 0.55 倍、0.77 倍，CK 和 T2 处理在 154 d 时分别为 56 d 的 0.55 倍、0.91 倍，CK 和 T2 处理在 203 d 时分别为 56 d 的 0.56 倍、1.21 倍。在 105 d 和 154 d 时，随着镉浓度的增加叶绿素 b 含量呈先增加后减少的趋势，在 T1 处理下达到最大值，为 CK 处理的 2.55 倍和 1.27 倍,说明 T1 处理可在一定时间内促进香樟叶绿素 b 的合成。

类胡萝卜素可保护叶绿素分子免遭光氧化损伤,其含量的高低反映了镉对植物光合色素的合成产生抑制作用的大小。而叶绿素 a、b 值越高,则光能利用效率越高。不同镉处理下叶绿素 a、b 随着培养时间的变化规律与类胡萝卜素随时间的变化一致,CK 和 T2 处理下香樟类胡萝卜素和叶绿素 a、b 含量呈先增后减的变化趋势,且值大小接近,而 T1 处理下类胡萝卜素和叶绿素 a、b 含量随时间的变化呈先降后升的趋势,且其值远小于 CK 和 T2 处理下的值,这同样反映了 T1 可在一定时间和程度上减少镉对香樟光合色素的损害,T2 处理下香樟的光合作用也并未受到抑制,说明香樟对镉污染土壤具有较强的耐受性。

不同镉浓度下,侧柏光合色素含量变化如图 4 - 34 所示,随着培养时间的增加,CK 处理下侧柏叶片中叶绿素 a、叶绿素 b 和类胡萝卜素含量呈先增加后减少的变化趋势,叶绿素 a 和类胡萝卜素含量在 105 d 时达到峰值,均为 56 d 的 1.11 倍,叶绿素 b 含量在 154 d 时达到最大值,为 56 d 的 1.14 倍。T1 和 T2 处理下叶

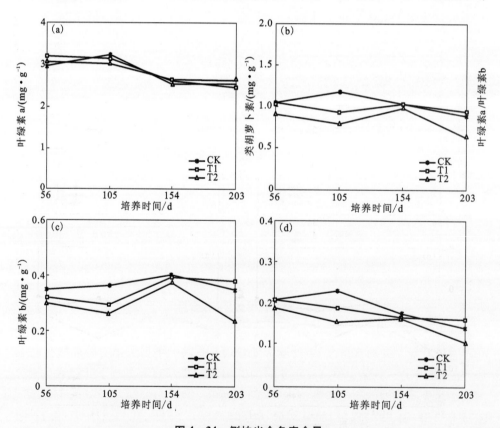

图 4 - 34　侧柏光合色素含量

绿素 a 和叶绿素 b 均呈先略微降低然后增加再降低的趋势，在 203 d 时达到最小值，203 d 时 T1 处理下叶绿素 a 和叶绿素 b 分别为 56 d 的 0.90 倍和 1.17 倍，T2 处理下叶绿素 a 和叶绿素 b 分别为 56 d 的 0.70 倍和 0.80 倍。56 d、105 d 和 154 d 时随着镉浓度的增加，侧柏的叶绿素 a 和叶绿素 b 含量呈逐渐降低的趋势。

由图 4 - 35 可看出，在 56 d 时，女贞叶片中的叶绿素 a、叶绿素 b、类胡萝卜素的浓度高低顺序为：CK > T2 > T1，随着培养时间的增加，CK、T1 和 T2 处理下女贞叶片叶绿素 a、类胡萝卜素含量总体呈增加趋势，其中 T1 处理下增幅最大，203 d 时 T1 处理下女贞叶片叶绿素 a、叶绿素 b 和类胡萝卜素含量与 56 d 时相比分别增加了133.39 %、81.18 %和131.03 %。T2 处理下女贞叶绿素 b 含量呈先增后降的趋势，T1 和 CK 处理时总体略有上升。在 105 d 和 156 d 时，随着镉浓度的增加，叶绿素 a、叶绿素 b(在 156 d 时随镉浓度的升高逐渐降低)和类胡萝卜素含量都呈先增加后减少的趋势，说明较低浓度镉处理有助于光合色素的合成。203 d 时，叶绿素 a、叶绿素 b 和类胡萝卜素含量随镉浓度的升高逐渐降低，T2 处理下叶绿素 a、叶绿素 b 和叶绿素含量与 CK 处理时相比分别降低了24.98 %、

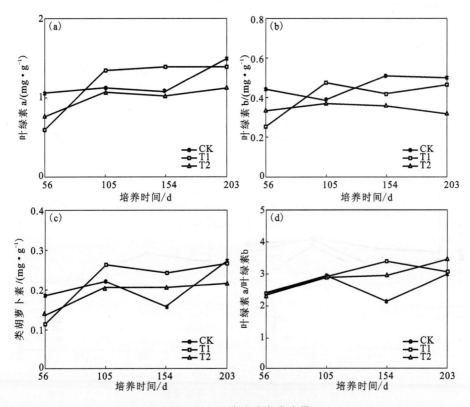

图 4 - 35 女贞光合色素含量

35.22 % 和 21.45 %，说明较高浓度的镉处理对植物光合色素的合成产生了一定的抑制作用。T2 处理下叶绿素 a/叶绿素 b 含量随着培养时间的增加而增加，在 24.6 mg/kg 镉胁迫下，女贞叶绿素含量降低，植物可通过提高叶绿素 a/b 值来提高植物对光能的利用率，从而维持自身的正常生长。女贞对污染土壤中镉仍具有较强的忍耐能力。

从图 4－36 可看出，在 56 d 时，四季桂叶片中的叶绿素 a、叶绿素 b、类胡萝卜素的浓度高低顺序为：CK < T2 < T1，随着培养时间的增加，CK 和 T1 处理下四季桂叶片叶绿素 a、叶绿素 b 和类胡萝卜素含量总体呈增加趋势，且 T1 处理下各光合色素含量大于 CK 处理，203 d 时 T1 处理下四季桂叶片叶绿素 a、叶绿素 b 和类胡萝卜素含量与 56 d 时相比分别增加了 48.90 %、46.31 % 和 55.46 %。T2 处理下四季桂叶绿素 a、叶绿素 b 和类胡萝卜素含量呈先增后降的趋势，203 d 时其值分别是 56 d 的 0.99 倍、0.83 倍和 1.17 倍。在 105 d 时，随着镉浓度的增加，叶绿素 a、叶绿素 b 和类胡萝卜素含量逐渐升高，T2 处理下叶绿素 a、叶绿素 b 和

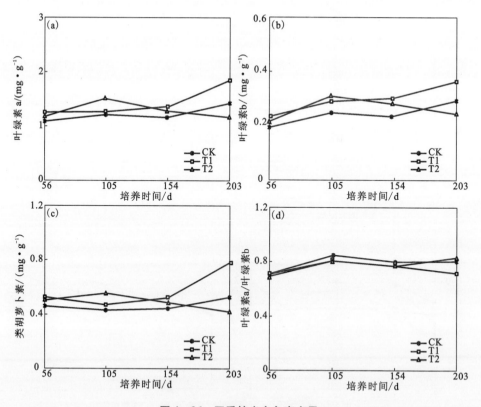

图 4－36　四季桂光合色素含量

类胡萝卜素含量分别是 CK 处理的 1.23 倍、1.29 倍和 1.26 倍,说明在 105 d 培养时间内 24.6 mg/kg 镉处理都有助于光合色素的合成。154 d 和 203 d 时,叶绿素 a、叶绿素 b 和类胡萝卜素含量随镉浓度的升高呈先增加后降低的趋势,T2 处理下 154 d 时叶绿素 a、叶绿素 b 和叶绿素含量分别是 CK 处理的 1.09 倍、1.11 倍和 1.20 倍。不同镉处理下叶绿素 a/b 含量随着培养时间的增加呈一致的变化趋势,且其值没有明显差异,说明 24.6 mg/kg 镉处理并未对四季桂的光合色素合成产生抑制作用。

随着培养时间的增加,在不同镉处理下珊瑚树叶片镉含量均呈现出先增加后减少的变化趋势。CK 处理在 105 d 时达到峰值,为 56 d 的 1.37 倍;T1 和 T2 处理都在 154 d 时达到峰值,分别为 1.53 倍、2.02 倍。

随着镉胁迫浓度的升高,珊瑚树的叶绿素 a、叶绿素 b 及类胡萝卜素含量呈增加的趋势,与对照相比增幅分别为 75.0% ~ 101.9%、85.2% ~ 110.3% 及 58.3% ~ 75.3%,显著性分析结果表明珊瑚树的叶绿素 a、叶绿素 b 及类胡萝卜素含量在 T1 处理下与 CK 相比有显著差异(图 4 - 37)。

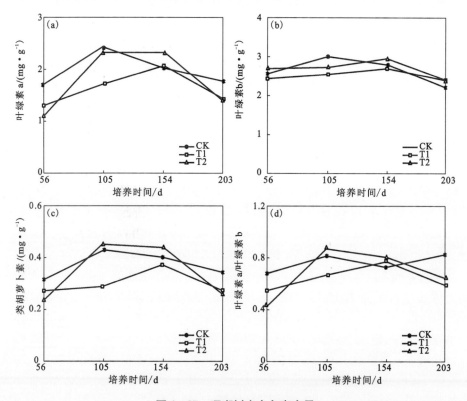

图 4 - 37 珊瑚树光合色素含量

随着镉胁迫浓度的升高，圆柏、侧柏、海桐和四季桂的叶绿素 a、叶绿素 b 和类胡萝卜素的含量均先上升后下降。T1 处理下圆柏的叶绿素 a、叶绿素 b 和类胡萝卜素的含量分别为对照的 1.16 倍、1.14 倍和 1.38 倍，T2 处理下的叶绿素 a、叶绿素 b 和类胡萝卜素的含量与对照相比分别下降了 43%、50% 和 31.3%。T1 处理下侧柏的叶绿素 a、叶绿素 b 和类胡萝卜素的含量分别为对照的 1.06 倍、1.09 倍和 1.14 倍，T2 处理下的叶绿素 a、叶绿素 b 和类胡萝卜素的含量与对照相比分别下降了 28.09%、31.42% 和 21.43%。T1 处理下海桐的叶绿素 a、叶绿素 b 和类胡萝卜素的含量分别为对照的 1.03 倍、1.04 倍和 1 倍，T2 处理下的叶绿素 a、叶绿素 b 和类胡萝卜素的含量与对照相比分别下降了 30.40%、36.47% 和 28.13%。T1 处理下四季桂的叶绿素 a、叶绿素 b 和类胡萝卜素的含量分别为对照的 1.08 倍、1.06 倍和 1.07 倍，T2 处理下的叶绿素 a、叶绿素 b 和类胡萝卜素的含量与对照相比分别下降了 6.46%、2.97% 和 3.50%。除圆柏的类胡萝卜素含量在 T1 处理下与 CK 有显著差异外($P < 0.05$)，侧柏、海桐和四季桂的叶绿素 a、叶绿素 b 和类胡萝卜素含量在 T1 和 T2 处理下与 CK 均无显著差异($P > 0.05$)。

随着镉胁迫浓度的升高，香樟、红继木和金边黄杨的叶绿素 a、叶绿素 b 和类胡萝卜素的含量均先降后升。T1 处理下香樟的叶绿素 a、叶绿素 b 和类胡萝卜素的含量与对照相比下降了 1.94%、11.54% 和 2.85%，T2 处理下的叶绿素 a、叶绿素 b 和类胡萝卜素的含量是对照处理的 1.15 倍、1.38 倍和 0.99 倍。T1 处理下红继木的叶绿素 a、叶绿素 b 和类胡萝卜素的含量与对照相比下降了 11.71%、8.20% 和 8.72%，T2 处理下的叶绿素 a、叶绿素 b 和类胡萝卜素的含量是对照处理的 1.15 倍、1.30 倍和 1.12 倍。T1 处理下金边黄杨的叶绿素 a、叶绿素 b 和类胡萝卜素的含量与对照相比下降了 9.44%、12.10% 和 7.78%，T2 处理下的叶绿素 a、叶绿素 b 和类胡萝卜素的含量是对照处理的 0.97 倍、0.94 倍和 0.98 倍。香樟叶绿素 a 在 T1、T2 处理下均与 CK 无显著差异，但 T1 处理与 T2 处理有显著差异，叶绿素 b 在 T2 处理下与 CK 和 T1 有显著差异，类胡萝卜素在不同镉处理下均无显著差异。红继木叶绿素 a、叶绿素 b 和类胡萝卜素含量在 T2 处理下才与 CK 有显著差异。金边黄杨在 T1 和 T2 处理下与 CK 相比均无显著差异。

珊瑚树和女贞叶绿素 a、叶绿素 b 和类胡萝卜素均随镉胁迫浓度的增加而不断下降，与对照相比降幅分别为 19.77%~20.34%、20.73%~26.83% 及 20.59%~23.53%，显著性分析结果表明珊瑚树的叶绿素 a、叶绿素 b 及类胡萝卜素含量在 T1 和 T2 时处理时与 CK 相比均无显著差异。

分别计算类胡萝卜素占总色素的百分比和各植物在使用不同处理剂时叶绿素 a 和 b 的比值发现：随着镉添加浓度的上升，侧柏的类胡萝卜素的百分比呈现逐渐增加的趋势，珊瑚树类胡萝卜素的百分比呈先增后降的趋势，在 24.6 mg/kg 时，分别是对照处理的 1.11 倍、1.02 倍。随着镉胁迫浓度的增加，侧柏叶绿素 a、叶绿素 b 值先降低后升高,而珊瑚树则呈现逐渐增加的趋势,在 24.6 mg/kg 时,分别是对照处理的 1.10 倍、1.08 倍。对类胡萝卜素和叶绿素 a、叶绿素 b 值进行多重比较发现并无显著差异。

②镉胁迫对修复植物丙二醛(MDA)含量的影响

一般来说,植物细胞膜是重金属伤害的基本位点,丙二醛是膜质过氧化的产物,其含量可反映膜质过氧化、植物衰老或遭受逆境伤害程度。从图 4 - 38可看

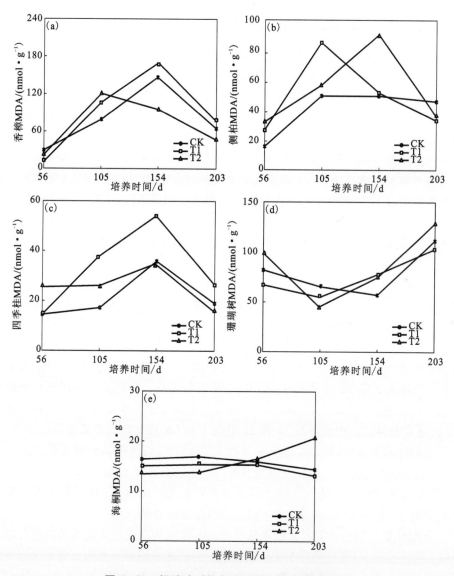

图 4 - 38　镉胁迫对修复植物丙二醛含量的影响

出，培养56 d和105 d后，CK处理下海桐叶片中MDA含量高于T1和T2处理下的含量；但随着培养时间增加，154 d后，T1和T2处理下海桐叶片中MDA含量与CK处理下的含量相当，随着培养时间的进一步延长，203 d后T2处理下海桐叶片中MDA含量已经明显高于CK和T1处理下的含量，T2处理下海桐叶片中MDA含量较对照处理增加了52%。从MDA的变化过程也可以看出镉对海桐的毒害是一个长期作用的结果，土壤中镉含量达到24.6 mg/kg时，镉对海桐产生一定的毒害作用。T2处理下由于较高镉含量诱导海桐叶片产生较高含量丙二醛，对海桐的生理产生了一定的毒害作用。

③镉胁迫对修复植物体内镉含量的影响

镉在不同植物体内的累积与分布情况如图4-39和图4-40所示，以海桐为例，简要分析镉在海桐体内累积与分布特征。海桐对污染土壤中镉具有一定的吸收和累积能力，海桐根、茎、叶中镉的吸收和累积量随培养时间和污染土壤镉含量增加而逐渐增加(图4-40)。培养56 d后，不同镉处理方式下海桐根、茎、叶中镉含量没有明显区别；培养105 d后，其根部镉含量明显大于茎、叶中镉含量，T2处理下的结果尤为明显，这说明海桐对镉胁迫有一个适应期。有研究表明，植物积累Cd^{2+}的机理主要通过与细胞壁结合，或与有机化合物形成金属螯合物及区室化分布等途径进行解毒。随着培养时间进一步增加，154 d后，海桐对土壤镉的吸收和累积发生了明显变化，T2处理下海桐根、茎、叶中镉含量分别为21.2 mg/kg、26.1 mg/kg、26.0 mg/kg，其茎、叶部中镉含量高于根部；203 d后，镉含量在海桐根、茎、叶中的分布特征与培养154 d时一致。

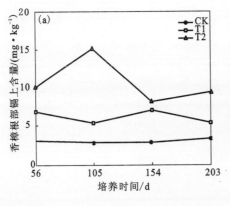
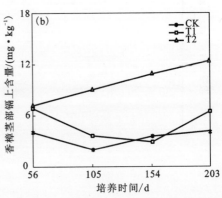

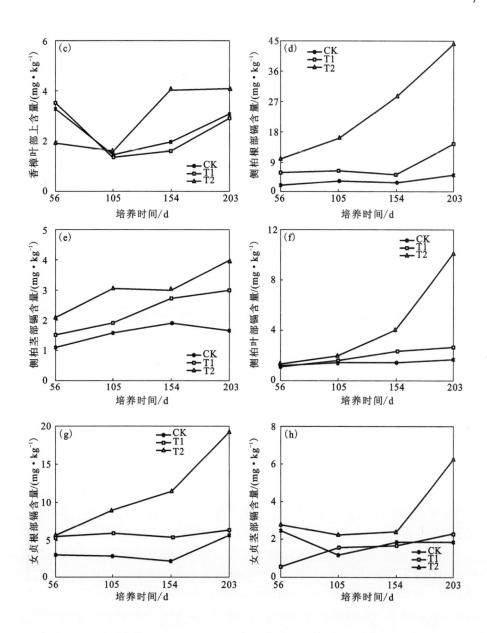

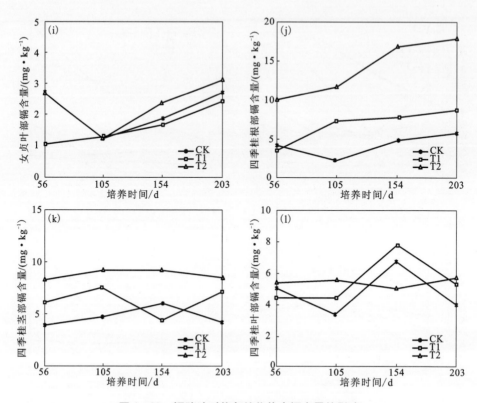

图 4 – 39 镉胁迫对修复植物体内镉含量的影响

植物对重金属的吸收情况是耐性物种选择的重要指标，富集系数反映植物对重金属的富集能力。侧柏根部在不同浓度镉处理下的富集系数较珊瑚树大，茎、叶部对镉的富集则小于珊瑚树。从植物富集镉的部位来看，侧柏根部的富集能力最强，富集系数为 1.44 ~ 1.79，茎、叶对镉的富集能力相当，其富集系数都为 0.16 ~ 0.46，说明侧柏将大部分的镉固定在其根部。然而珊瑚树对镉的富集部位与侧柏有很大的不同，珊瑚树茎、叶部对镉富集能力强于根部，其富集系数分别为 1.04 ~ 1.88 和 1.04 ~ 1.95，说明珊瑚树体内存在很好的镉运输机制。转运系数能反映出重金属在植物体内的运输和分配情况。侧柏的转运能力较低，镉富集系数为 0.10 ~ 0.37，而珊瑚树对镉的转运能力较强，其富集系数为 1.03 ~ 2.00。随着镉浓度的增加，侧柏和珊瑚树茎、叶的富集系数 *BC*、转运系数 *TF* 呈逐渐降低的趋势。

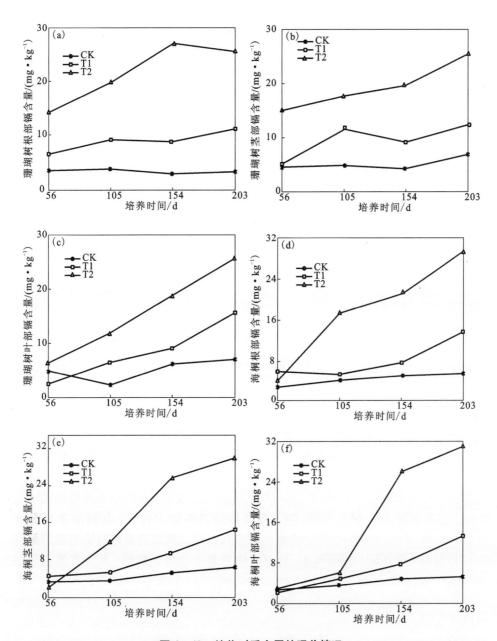

图 4-40　植物对重金属的吸收情况

4.3.2.2 化学强化的重金属污染土壤芦竹修复技术

（1）重金属污染土壤芦竹修复化学强化下生长生理响应

化学改良剂如 EDTA、柠檬酸、草酸、海泡石、有机肥、钙镁磷肥和石灰等在重金属污染土壤的植物修复中应用广泛。选取包括 EDTA、柠檬酸和醋酸在内的有机酸改良剂及海泡石和磷石膏在内的无机改良剂，通过盆栽试验研究不同改良剂对重金属污染土壤上芦竹生长及重金属积累特性的影响。供试土壤来自郴州地区某典型矿区，污染土壤中 Cd、Pb 含量分别为 11.07 mg/kg、552.4 mg/kg。在污染土壤中按照表 4 - 22 加入化学改良剂，每个处理重复三次，开展化学强化下芦竹生长生理响应研究。

表 4 - 22 供试土壤中化学改良剂添加量

处理	添加量/(mmol · kg^{-1})			添加量/(g · kg^{-1})	
	醋酸	柠檬酸	EDTA	海泡石	磷石膏
对照	0	0	0	0	0
低水平	1.25	1.25	1.25	4.0	2.0
中水平	2.5	2.5	2.5	20	4.0
高水平	5.0	5.0	5.0	40	8.0

①芦竹地上部分生物量

化学剂对芦竹生物量的影响见表 4 - 23。在 5 种不同浓度的改良剂影响下，污染土壤中生长的芦竹生物量较对照均有不同程度的增加，增幅为 6.15%~141.5%。

表 4 - 23 复配污染土壤中不同改良剂对芦竹地上部分干重的影响

处理	生物量/(g · 盆$^{-1}$)				
	醋酸	柠檬酸	EDTA	海泡石	磷石膏
CK	1.30b	1.30b	1.30b	1.30c	1.30b
低水平	1.94abAB	2.29abAB	1.66bB	3.14aA	2.64aAB
中水平	2.19abAB	2.21abAB	2.89abA	2.75bAB	1.38bB
高水平	1.65bB	3.14aA	2.38abAB	2.32bcAB	2.53abAB

注：小写字母表示竖行同一改良剂在不同浓度化学剂处理时生物量存在显著差异，大写字母表示横行不同种类改良剂处理下的生物量存在显著差异。

在低浓度(1.25 mmol/kg)处理时以柠檬酸效果最显著,芦竹地上部分干重达2.29 g/盆,比对照增加76.2%;醋酸和 EDTA 处理较对照分别增加了49.2%和27.7%。随着有机酸添加浓度的提高,芦竹生物量有所增加。在2.5 mmol/kg 有机酸处理下,EDTA 的促进效果明显增大,地上部分干重达2.89 g/盆,比对照增加122.3%,柠檬酸与醋酸处理下芦竹生物量比对照分别提高了70%和68.5%,均与对照存在显著差异。当有机酸处理浓度为5 mmol/kg 时,柠檬酸作用下芦竹地上部分干重高达3.14 g/盆,与对照相比增幅为141.5%,其次为 EDTA,较对照增加83.1%,二者均与对照存在显著差异。总的来看,柠檬酸和 EDTA 在浓度为2.5 mmol/kg 时对生物量的促进作用最明显,原因可能是由于二者均为弱酸,施入到土壤中会改变土壤基本理化性质如 pH、氧化还原电势等,从而影响重金属离子的沉淀、有效态和迁移转化规律。

从添加海泡石和磷石膏处理来看,施加4 g/kg、20 g/kg 海泡石处理,芦竹地上部分干重分别高达3.14 g/盆、2.75 g/盆,分别较对照增产141.5%和115.3%,且与对照存在显著差异。这是由于海泡石有大的比表面积,能有效吸附重金属离子。在低浓度(2 g/kg)和高浓度(8 g/kg)磷石膏处理时,芦竹地上部分产量均较对照有显著增加。

②叶绿素含量

叶绿素是植物生长的物质基础,植物叶片叶绿素含量的高低能够反映光合作用水平的强弱,因此叶绿素含量是植物健康与否的重要指标。从有机酸对叶绿素含量的影响来看,在1.25 mmol/kg EDTA 作用下,叶绿素含量为1.739 mg/g FW,较对照增长25.1%,但差异不显著(表4-24)。随着 EDTA 浓度的增加,叶绿素含量明显降低,2.5 mmol/kg 和5.0 mmol/kg 处理下叶绿素含量比对照分别降低65.5%和59%,且存在显著差异,表明随着 EDTA 浓度的增加,叶绿素的合成逐渐受到抑制。在醋酸和柠檬酸处理下,芦竹叶片中叶绿素含量均低于对照。在低浓度(1.25 mmol/kg)醋酸的处理下,芦竹叶片中叶绿素含量较对照下降不显著,但施加5 mmol/kg 醋酸时叶绿素含量仅为0.25 mg/g FW,比对照降低82%,存在显著差异。在柠檬酸处理浓度为1.25 mmol/kg 和2.5 mmol/kg 时,芦竹中叶绿素含量均远低于对照,分别降低66.2%和61.2%,差异显著,而施加浓度为5 mmol/kg 时叶绿素含量相比对照无明显变化。总的来看,低浓度 EDTA 和高浓度的柠檬酸处理下芦竹中叶绿素没有受到明显抑制。

添加海泡石和磷石膏时,芦竹叶绿素含量变化趋势相似,均随着浓度的增加而增加。在低浓度作用下,叶绿素含量远低于施加浓度为4 mg/gFW 和20 mg/gFW时的叶绿素含量且存在显著差异。当施加浓度为5 mmol/kg 时叶绿素含量相比对照有所增加,表明施加高浓度海泡石和磷石膏均可以在很大程度上缓解重金属毒性,改善植物生理特性。

表 4 - 24   不同改良剂强化下对芦竹叶绿素含量的影响

处理	叶绿素含量/$(mg \cdot g^{-1} FW)$				
	醋酸	柠檬酸	EDTA	海泡石	磷石膏
CK	1.39a	1.39a	1.39a	1.39a	1.39a
低水平	1.25aAB	0.47bBC	1.74aA	0.39bC	0.56bBC
中水平	0.96bA	0.54bA	0.48bA	0.53bA	0.63bA
高水平	0.25cB	1.36aA	0.57bB	1.48aA	1.50aA

注:小写字母表示竖行同一改良剂不同浓度化学剂处理时生物量存在显著差异,大写字母表示横行不同种类改良剂处理下的生物量存在显著差异($P < 0.05$)。

③过氧化物歧化酶活性

随着醋酸和 EDTA 施加浓度增加,芦竹叶片中过氧化物歧化酶(SOD)活性较对照有所提高,且均在施加 5 mmol/kg 处理时 SOD 活性较高,分别为 0.123 μ/mg 和 0.142 μ/mg,是对照的 1.21 倍和 1.39 倍,存在显著差异(表 4 - 25)。柠檬酸处理下酶活性与对照处理差异不显著。

添加低浓度(4 g/kg)海泡石处理,芦竹叶片中 SOD 活性较对照无明显变化,但随添加海泡石浓度的增加,SOD 活性逐渐受到抑制。在分别加入 2.5 mmol/kg 和 5 mmol/kg 海泡石后,SOD 较对照分别降低 41.2% 和 38.2%,均与对照存在显著差异。添加不同浓度磷石膏处理时酶活性与对照相比无显著变化。

表 4 - 25   不同改良剂处理下芦竹叶片中过氧化歧化酶活性

处理	过氧化物歧化酶活性/$(\mu \cdot mg^{-1} 蛋白)$				
	醋酸	柠檬酸	EDTA	海泡石	磷石膏
CK	0.102ab	0.102a	0.102b	0.102a	0.102a
低水平	0.082bB	0.097aAB	0.100bA	0.102aA	0.100aA
中水平	0.118abA	0.088aAB	0.099bAB	0.060cB	0.102aA
高水平	0.123aAB	0.106aBC	0.142aA	0.063bD	0.087aC

注:小写字母表示竖行同一改良剂在不同浓度处理时生物量存在显著差异,大写字母表示横行不同种类改良剂处理时的生物量存在显著差异($P < 0.05$)。

④过氧化氢酶(CAT)活性

添加有机酸能提高过氧化氢酶活性,其中以醋酸激活效果最为显著(表 4 - 26)。在施加 1.25 mmol/kg 醋酸处理时,芦竹体内过氧化氢酶(CAT)活性为 1.41 H_2O_2 mg/(g·min)，较对照增长 20.5%。随着醋酸添加浓度的增加，芦竹体内过氧化氢酶（CAT）活性也增加，2.5 mmol/kg 和 5 mmol/kg 处理时较对照分别增长 58.1% 和 94%，存在显著差异。在添加较低浓度柠檬酸处理时，CAT 活性呈增加趋势，1.25 mmol/kg 和 2.5 mmol/kg 处理时，CAT 活性较对照分别增加24% 和 24.7%，而在高浓度（5.0 mmol/kg）柠檬酸处理时略低于对照，与对照均无显著差异。EDTA 处理时 CAT 酶活性与对照相比无明显变化。

表 4-26　不同改良剂处理下芦竹叶片中过氧化氢酶活性

处理	过氧化氢酶[H_2O_2mg·(g·min)$^{-1}$]				
	醋酸	柠檬酸	EDTA	海泡石	磷石膏
CK	1.17b	1.17a	1.17a	1.17a	1.17ab
低水平	1.41abA	1.45aA	1.37aA	1.18aA	0.70bA
中水平	1.85abA	1.46aA	1.23aA	1.37aA	1.68aA
高水平	2.11aA	1.12aB	1.29aAB	1.29aAB	1.15abAB

注：小写字母表示竖行同一改良剂在不同浓度处理时生物量存在显著差异，大写字母表示横行不同种类改良剂处理下的生物量存在显著差异（$P < 0.05$）。

在施加低浓度（2 g/kg）磷石膏后，芦竹叶片中 CAT 酶活性远低于对照，较对照降低 40%。随着施加浓度的增加，酶活性有所提高，在浓度为 20 g/kg 时酶活性高出对照 43.6%，差异显著。添加各浓度海泡石处理时 CAT 酶活性均有所增加，但与对照处理差异不明显。

（2）污染土壤上芦竹对重金属的累积特征

①芦竹体内重金属含量

添加有机酸能促进芦竹地上部分吸收重金属（表 4-27）。从镉含量来看，添加醋酸、柠檬酸和 EDTA 时，芦竹体内镉含量高于对照，其中添加 2.5 mmol/kg 醋酸、5 mmol/kg 柠檬酸和 5 mmol/kg EDTA 处理时，芦竹地上部分镉含量分别为 14.67 mg/kg、19.22 mg/kg 和 13.45 mg/kg，较对照分别提高 198%、291% 和 173%，与对照差异显著（$P < 0.05$）。在添加海泡石和磷石膏处理时，较低水平处理下芦竹体内镉含量较高，较对照分别提高了 331% 和 407%，差异显著。

同样，添加醋酸、柠檬酸和 EDTA 时，芦竹地上部分中铅含量均高于对照，其中添加 5 mmol/kg 醋酸和 5 mmol/kgEDTA、2.5 mmol/kg 柠檬酸处理时，镉含量分别高达 20.14 mg/kg、15.44 mg/kg 和 5.04 mg/kg，分别是对照的 8.77 倍、6.50 倍和 1.44 倍，5 mmol/kg 醋酸和 EDTA 处理时与对照存在显著差异（$P < 0.05$）。在添加 4 g/kg 海泡石处理时芦竹地上部的铅含量达 19.30 mg/kg，与对照差异显

著($P < 0.05$)，然后随着处理浓度的提高而降低。铅含量随着磷石膏添加浓度的增加而增加，在高浓度(8 g/kg)处理时，达到25.83 mg/kg。

表4－27 改良剂对芦竹地上部分重金属含量的影响

改良剂	处理	地上部分重金属含量/(mg·kg⁻¹)	
		Cd	Pb
醋酸	CK	4.92b	2.06b
	低	10.74abBC	8.09bB
	中	14.67aB	11.01abB
	高	8.16abAB	20.14aAB
柠檬酸	CK	4.92b	2.06a
	低	16.03aAB	4.73aC
	中	17.32aAB	5.04aC
	高	19.22aA	3.48aC
EDTA	CK	4.92b	2.06b
	低	5.31 bC	5.66bC
	中	10.01abB	3.23bC
	高	13.45aAB	15.44aB
海泡石	CK	4.92b	2.06b
	低	21.21aA	19.30aA
	中	15.34aB	10.98abB
	高	5.66bB	3.21bC
磷石膏	CK	4.92b	2.06b
	低	2.76bC	7.68bB
	中	24.95aA	18.83aA
	高	19.91aA	25.8aA

注:小写字母表示竖行同一改良剂在不同浓度处理时生物量存在显著差异，大写字母表示横行不同种类改良剂处理下的生物量存在显著差异($P < 0.05$)。

②化学改良剂强化下芦竹中重金属的累积量

添加有机酸在各个处理水平下，芦竹地上部分对镉、铅的累积量均高于对照（表4－28）。对于镉，以施加5 mmol/kg柠檬酸后累积量达最大，为0.053 mg/kg,

施加 2.5 mmol/kg 醋酸时次之，累积量为 0.033 mg/kg，施加 5 mmol/kg EDTA 后累积量为 0.032 mg/kg，较对照分别增加 342%、175% 和 167%，均存在显著差异。添加 4 g/kg 海泡石处理时，芦竹植株地上部分镉累积量为 0.05 mg/盆，随着海泡石处理浓度的增加，镉累积量呈递减趋势。镉累积量随着磷石膏作用的增加而增加，当施加浓度为 8 g/kg 时达最大，分别为 0.051 mg/kg 和 0.065 mg/kg，均与对照存在显著差异。铅累积量随着添加醋酸浓度的增加而增加，在 5 mmol/kg 醋酸处理下，铅累积量达 0.033 mg/kg，较对照增加 5.6 倍。在较低浓度（1.25 mmol/kg 和 2.5 mmol/kg）EDTA 处理下，芦竹地上部分铅累积量变化不大，当浓度增至 5 mmol/kg 时，累积量较对照明显提高，达 0.105 mg/kg，较对照增加 20 倍。施加不同浓度的柠檬酸对铅累积量影响不大。但镉、铅累积量却随着磷石膏作用浓度的增加而增加，当施加浓度为 8 g/kg 时达最大，分别为 0.051 mg/kg 和 0.065 mg/kg，分别是对照的 4.25 倍、13 倍，且均与对照存在显著差异。

表 4-28　不同改良剂对芦竹地上部分重金属累积量的影响

化学剂	处理	地上部分累积量（mg·盆$^{-1}$）	
		Cd	Pb
醋酸	CK	0.012b	0.005b
	低水平	0.024abA	0.018abB
	中水平	0.033aAB	0.024abA
	高水平	0.013bB	0.033aBC
柠檬酸	CK	0.012b	0.005a
	低水平	0.029bA	0.008aC
	中水平	0.050aA	0.014aB
	高水平	0.053aA	0.009aC
EDTA	CK	0.012b	0.005b
	低水平	0.013bC	0.009bC
	中水平	0.026abB	0.008bB
	高水平	0.032aAB	0.010aA

续表 4 – 28

化学剂	处理	地上部分累积量(mg·盆⁻¹)	
		Cd	Pb
海泡石	CK	0.012b	0.005c
	低水平	0.05aB	0.046aA
	中水平	0.042aAB	0.030abA
	高水平	0.015bB	0.009bcC
磷石膏	CK	0.012(0.001)b	0.005(0.001)c
	低水平	0.015(0.003)bC	0.020(0.006)bcB
	中水平	0.041(0.001)aAB	0.030(0.004)bA
	高水平	0.051(0.025)aA	0.065(0.008)aAB

注:小写字母表示竖行同一改良剂在不同浓度处理时生物量存在显著差异,大写字母表示横行不同种类改良剂处理下的生物量存在显著差异($P < 0.05$)。

总的来看,添加化学改良剂能明显改善复配重金属污染土壤上芦竹的生长情况,尤其是生物量,与对照相比,均有不同程度的增加,增幅为 6.15% ~ 141.5%。其中 5.0 mmol/kg CA,2.5 mmol/kg EDTA 处理污染土壤后芦竹的生物量分别为对照的 1.25 倍和 1.15 倍。但 1.25 mmol/kg 的 EDTA 和 5.0 mmol/kg 的柠檬酸处理的芦竹中叶绿素含量没有受到明显抑制。化学改良剂能不同程度地提高芦竹叶片中过氧化物歧化酶和过氧化氢酶的活性,促进芦竹富集土壤中的重金属。较高水平有机酸处理、低水平海泡石和磷石膏处理均可明显利于芦竹地上部分对镉、铅重金属的吸收和累积。

4.3.2.3 重金属污染土壤修复植物芦竹规模化培育技术

在多金属污染土壤上,通过田间试验,开展芦竹种苗培育成活率和生长特性的研究,探讨芦竹种苗规模化培育的优化技术。

在田间含水量为 100%、土壤基肥施用保持在 50 kg/亩的育苗条件下,田间培育结果(图 4 – 41 至图 4 – 43)表明,采用芦竹茎杆进行截断、扦插,节枝扦插的成活率达到 80% 左右,根状茎繁殖或腋芽生枝微繁育苗的成活率达到 93% 左右,整株移栽的成活率几乎能达到 100%。同时,扦插的节枝没有现成的根系,需要新生根来支持幼苗的生长,幼苗生长明显缓慢;根状茎繁殖和腋芽生枝微繁是由于根系腋芽处于分蘖生长的旺盛时期,因此,移栽后生长迅速,尤其是后期伏地蔓枝分蘖更加明显;整株移栽由于根系完整,移栽后即成活并快速分蘖繁殖。

节枝扦插、根状茎繁殖或腋芽生枝微繁、整株移栽育苗三种育苗方式均可满

扦插当天　　　　　　生长60天后　　　　　　　　　生长150天后

图4-41　节枝扦插(埋殖)育苗结果

移栽当天　　　　　　生长150天后　　　　　　　腋芽生枝

图4-42　根状茎繁殖或腋芽生枝微繁育苗结果

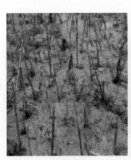

移栽当天　　　　　　生长60天后　　　　　　　生长150天后

图4-43　整株移栽育苗结果

足芦竹规模化培育需求,但根状茎繁殖、腋芽生枝微繁和整株移栽育苗方式具有明显的优势,可作为多金属污染土壤芦竹种苗的规模化优先选育方式。

4.3.2.4 含重金属芦竹收获物热解技术

（1）芦竹收获物热解制取生物炭产率

含重金属芦竹生物质收获物可以顺利实现热解（表4-29），在控制热解气氛条件下，温度和热解时间对生物炭产率和热值影响明显。热解温度低，时间短，所得的生物炭产率高，相应生物炭的热值也很低。在300℃热解0.5 h的生物炭产率达35.2%，但生物炭热值却只有9.32 MJ/kg；在500℃热解0.5 h的生物炭产率为22.3%，生物炭热值达到27.22 MJ/kg，500℃热解2 h的生物炭产率为19.4%，但生物炭热值却达到29.53 MJ/kg。上述结果说明适当提高热解温度，会牺牲一定量的生物炭产率，却有利于生物炭热值的提高。

表4-29 不同制备条件下生物炭产率及其热值

制备条件		生物炭产率/%	生物炭热值/(MJ·kg^{-1})
温度	热解时间		
300℃	0.5 h	35.2	9.32
500℃	0.5 h	22.3	27.22
300℃	2 h	29.8	23.21
500℃	2 h	19.4	29.53

在实验条件下，芦竹收获物制备生物炭产率达35%~86%。随着热解温度升高和热解时间延长，芦竹收获物制备出的生物炭产率明显降低至30%~40%。正交实验结果表明，热解温度对生物炭产率影响显著，其次依次为热解时间和外加固定材料比例。其中适宜的热解条件为250℃下添加5%的$FeCl_3$、热解0.5 h，其生物炭产率达到76%。王秦超等的研究表明，在温度为250~300℃条件下热解，生物质炭的表观体积比原料生物质小，外形收缩，颜色随温度升高而加深，显著改善生物质炭表面的疏水性和研磨特性；升高热解温度和延长热解时间，生物炭产率明显降低。杨海平等的研究也发现，在300~600℃时，生物质炭量随着热解温度升高从36.7%下降到28.5%。在生物质热解反应过程中，金属盐的添加对反应具有促进作用，在一定范围内热解转化率随其浓度的升高而增加，且使反应速度提高。上述研究结果与本章的含重金属芦竹生物质热解制备生物炭的结果相一致（表4-30）。

表 4 – 30 芦竹生物质热解制备生物炭正交分析结果

	固定材料种类	热解温度/℃	热解时间/h	固定材料添加量/%	生物炭产率/%
1	NaOH	250	0.5	0.5	86
2	$FeCl_3$	250	1	1	78
3	$CaCO_3$	250	1.5	2	76
4	Al_2O_3	250	2	5	78
5	NaOH	300	1	2	54
6	$FeCl_3$	300	0.5	5	67
7	$CaCO_3$	300	2	0.5	46
8	Al_2O_3	300	1.5	1	47
9	NaOH	350	1.5	5	47
10	$FeCl_3$	350	2	2	43
11	$CaCO_3$	350	0.5	1	45
12	Al_2O_3	350	1	0.5	41
13	NaOH	400	2	1	35
14	$FeCl_3$	400	1.5	0.5	35
15	$CaCO_3$	400	1	5	42
16	Al_2O_3	400	0.5	2	41
R	0.04	0.41	0.09	0.07	
F	6.37	473.39**	25.10*	15.20*	

注：$F_{0.01}(3, 3) = 29.5$，$F_{0.05}(3, 3) = 9.23$；$**P < 0.01$，$*P < 0.05$。

(2)生物炭中镉、铅的固定效率

生物炭中镉的固定率达到 65% ~ 97%，但镉的固定率随热解温度的升高而降低。影响生物炭中镉固定率的因素依次为热解温度、固定材料比例、热解时间和固定材料种类。生物炭中镉最适宜的热解温度为 250℃，固定材料比例为 5%，热解时间为 0.5 h，固定材料种类为 $FeCl_3$。生物炭中铅的固定率也较低，只有 23%~59%。随热解温度升高，铅的固定率呈增加趋势。影响生物炭中铅固定率的因素依次为热解温度、固定材料种类、热解时间和固定材料添加比例。生物炭中铅最适宜的热解温度为 400℃，固定材料为 $CaCO_3$，热解时间为 1 h，固定材料比例为 5%。生物炭中不同重金属的固定条件存在明显的差异，针对不同的重金属污染元素需要有相应适宜的固定条件。

表 4 – 31 生物炭中 Cd、Pb 的固定率

	固定材料种类		热解温度/℃		热解时间/h		固定材料添加量/%		重金属固定率/%	
	Cd	Pb	Cd	Pb	Cd	Pb	Cd	Pb	Cd	Pb
1	NaOH		250		0.5		0.5		96	25
2	$FeCl_3$		250		1		1		90	23
3	$CaCO_3$		250		1.5		2		93	25
4	Al_2O_3		250		2		5		97	24
5	NaOH		300		1		2		74	29
6	$FeCl_3$		300		0.5		5		91	23
7	$CaCO_3$		300		2		0.5		74	29
8	Al_2O_3		300		1.5		1		76	31
9	NaOH		350		1.5		5		74	29
10	$FeCl_3$		350		2		2		76	33
11	$CaCO_3$		350		0.5		1		72	29
12	Al_2O_3		350		1		0.5		68	33
13	NaOH		400		2		1		68	38
14	$FeCl_3$		400		1.5		0.5		65	37
15	$CaCO_3$		400		1		5		73	59
16	Al_2O_3		400		0.5		2		76	44
R	0.09	0.02	0.06	0.07	0.24	0.20	0.12	0.11	0.06	0.05	1.15	0.04
F	0.64	0.64	0.71	0.04	68.33 **	6.55	0.10	6.99	0.63	0.02	9.20	0.22

注：$F_{0.01}(3, 3) = 29.5$，$F_{0.05}(3, 3) = 9.23$；** $P < 0.01$，* $P < 0.05$.

(3)生物炭的基本特性

将添加不同固定材料后的生物质进行热解得到的生物炭进行扫描电镜分析（图 4 – 44），在热解过程中添加 $FeCl_3$ 得到的生物炭比表面积明显增大，达到 0.31 m^2/mg，明显大于在热解过程中添加 NaOH、$CaCO_3$、Al_2O_3 时的比表面积，其相应的比表面积依次为 0.13 m^2/mg、0.13 m^2/mg、0.21 m^2/mg。这与相应的生物炭中重金属固定率较高的结果是相一致的。

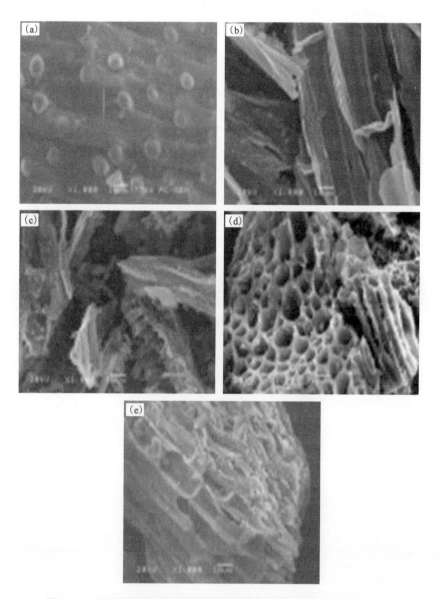

图 4 - 44　添加不同外加固定材料热解后生物炭的 SEM 图（×1000）

（a）不加固定材料；（b）NaOH；（c）$FeCl_3$；（d）$CaCO_3$；（e）Al_2O_3

　　热解过程中添加不同外加固定材料后生物炭的表面特征：添加固定材料后生物炭的表面空隙结构得到明显的改善。添加 NaOH 后热解制备的生物炭孔隙结构丰富，但孔径较小，且孔隙上附着有生物油。添加固定材料 $FeCl_3$ 后热解制备的生物炭部分孔隙完整且结构发达，但大部分孔隙结构已经不完整，存在不同程度的塌陷;孔内吸附有生物油,但孔径较添加固定材料 NaOH 后热解制备的生物炭大。添加固定材料 $CaCO_3$ 后热解制备的生物炭孔隙结构发达,孔径大小不均,具有明显的介孔材质特性。添加固定材料 Al_2O_3 后热解制备的生物炭孔隙结构发达,孔径大小不一,但存在不同程度的塌陷,表面吸附有生物油。上述生物炭表面结构的特性表明,由于添加不同的外加固定材料,生物炭的孔隙结构差异显著,外加固定材料不仅可以在生物质热解制备生物炭过程中稳定重金属,还可以改善生物炭的孔隙结构。

(4)芦竹生物炭中低含量重金属的稳定性及浸出毒性

采用《固体废物浸出毒性浸出方法 水平振荡法(HJ 557 - 2010)》开展含重金属的芦竹生物炭的毒性浸出试验:取上述制备的四种生物炭 0.2 g 放入 20 mL 去离子水中,分别调节 pH 为 2.5 和 5.5,振荡浸提 24 h 后测定浸出液中 Cd、Pb 的含量。同时,做不加生物炭空白样对照试验(表 4 - 32),含重金属的芦竹生物炭浸出液中 Cd、Pb 浓度远低于浸出毒性标准鉴别值(GB 5085.3—2007),可以安全应用于污染土壤、废水和废气中重金属的吸附处理。

表 4 - 32 污染土壤上芦竹制备的生物炭浸出液中 Cd、Pb 浓度

	浸出液中重金属浓度/$(mg \cdot L^{-1})$	
	Cd	Pb
水浸(pH = 5.5)	ND	0.10
酸浸(pH = 2.5)	0.31	0.50
浸出毒性标准鉴别值	1	5

注:*浸出毒性标准鉴别值(GB 5085.3—2007)中重金属鉴别值均以总量计。"ND"表示没有检测出。

将添加不同固定材料后热解制备出的生物炭中重金属进行连续提取(图 4 - 45)。添加固定材料 $FeCl_3$ 后热解制备的生物炭中镉主要以残渣态存在,含量为 26.5 mg/kg。其次为可氧化态,含量为 17.3 mg/kg。添加其他固定材料热解制备的生物炭中镉主要以残渣态存在,其含量为 24.675 ~ 30.6 mg/kg。添加固定材料 $CaCO_3$ 热解制备的生物炭中铅主要以氧化态形式存在,含量为 63.65 mg/kg。其次为残渣态,含量为 22.25 mg/kg。添加其他固定材料热解制备生物炭中铅主要以氧化态形式存在,其含量为 50.5 ~ 72.4 mg/kg。上述结果表明,添加不同固定材料后热解制备的生物炭中镉主要以可氧化态存在而生物炭中铅主要以残渣态存在。添加固定材料 NaOH 后热解制备的生物炭中铅的残留态含量明显提高,生物炭中镉的残留态含量也明显提高而可氧化态含量明显降低,表明 NaOH 是含重金属生物质热解制备生物炭过程中比较适宜的重金属固定材料。

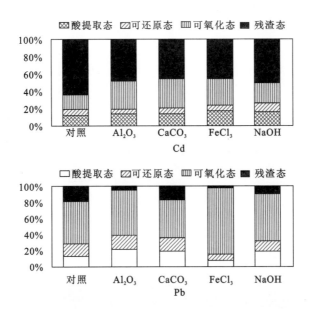

图 4-45　添加固定材料热解制备的生物炭中 Cd、Pb 的赋存形态

相比未改性生物炭，添加改性剂后，镉可氧化态、醋酸提取态含量增加，残渣态减少，铁锰结合态含量变化不大；铅的四种形态变化程度不一，$FeCl_3$ 的添加使铅可氧化态大幅度升高，残渣态铅含量降低，NaOH 和 Al_2O_3 的添加使醋酸提取态含量有所增加。

4.3.3　化学强化作用下镉污染土壤植物组合修复技术

景观植物中草本植物具有物种资源丰富、抗逆性强、生长迅速等特点；木本植物则基干高大、枝叶茂密、根系发达，对重金属耐性好，兼具植被恢复的功能，且都不与食物链相连。木本、草本植物在生态系统中往往占有不同的生态位，可利用两者生态位差异联合种植，形成较大的绿色空间和根系网络结构，通过与环境相互作用，促进生态系统的良性循环。然而，植物在许多重金属污染的土壤中生长会受到营养物质缺乏、持水保肥能力差和不良的物理结构限制。在植物生长的早期阶段，基质的改良是关键，只有保证植物的正常生长发育才能充分发挥其景观生态效益。含磷材料是一种廉价、有效的化学改良剂，其不仅对重金属修复效果显著，而且磷是生物细胞质的重要组成元素，是植物生长的必需元素。生物质活性炭是一种环境友好的重金属污染土壤修复剂，生物质活性炭在治理重金属污染时可改良土壤肥力，提高农作物产量以及改善生态环境效益。一般条件下生产的活性炭呈中性，在活性炭生产工艺中添加物质进行改性可使其显酸性或碱性。有大量研究表明，中性或碱性条件的活性炭都可减少重金属有效态含量，降低重金属的毒性。如 Jiang 等研究发现生物质活性炭的添加会降低土壤的 zeta 电势，提高土壤的 CEC 和 pH，这些土壤性质的改变有利于生物质活性炭对重金属的固定，添加生物质活性炭后土壤中酸可溶态镉下降了 5.6% ~ 14.1%。酸改性可增加活性炭表明，酸性官能团含量可降低 pH。厉悦等研究发现硫酸氧化改性活性炭可降低活性炭对水中苯酚的吸附。

关于磷矿粉和酸性活性炭对多种植物联合修复镉污染土壤的报道很少。因此本章对供试修复植物按照乔、灌、草搭配原则进行科学组合，提出适宜的组合模式；同时，选取其中一种组合模式作为目标植物，通过盆栽试验，选取无机固定剂磷矿粉和酸性活性炭进行镉污染土壤的修复，以此来研究其对镉污染土壤中修复植物组合对镉的吸收特性以及土壤中镉活性变化的影响，探讨磷矿粉和酸性活性炭作用下生物可利用性和镉化学形态的相关性。

4.3.3.1 基于镉污染的景观修复植物组合模式

从植物对镉的耐性来看，构树抗逆性较强，特别适于在重金属污染矿区生长，是矿区植被恢复的先锋树种。构树对多种重金属均有较强的耐性和累积能力，其通过富集作用，可以使铅锌尾矿区尾沙中镉、铅的含量分别降低 41.3%、31.9%。由本团队前期研究发现，芦竹对镉具有很强的耐性，在镉浓度为 26.1 mg/kg 的污染土壤上，芦竹叶片中叶绿素和丙二醛含量均高于未污染土壤，且其株高和生物量均未受到明显影响；在镉浓度低于 76.1 mg/kg 的污染土壤上，芦竹具有良好耐受能力。前文的研究结果表明香樟、夹竹桃、四季桂、红继木对污染土壤中镉具有较强的耐受性能，侧柏、海桐、金边黄杨对污染土壤中镉耐受性能次之，松柏、珊瑚树和女贞对污染土壤中镉耐受性能较差；在污染土壤中镉含量为 24.6 mg/kg 时，海栀子已不能正常生长。

从植物对镉的富集特性看，常绿小乔木或灌木珊瑚树、海桐为镉富集型植物；常绿乔木侧柏，常绿小乔木或灌木红继木、金边黄杨，常绿小灌木女贞均为镉根圈积型植物；常绿乔木香樟、松柏，常绿小乔木或灌木夹竹桃和四季桂，草本植物芦竹属于镉规避型植物。谭立敏等研究结果表明构树亦属于规避型植物，规避型植物可与富集型、根圈积型植物一起配套种植，以增加植被和生态系统的多样性。

从树木生长状况来看，本章涉及的景观植物中，乔木构树、香樟、侧柏和松柏株高为 10 ~ 30 m，而灌木珊瑚树、四季桂的株高为 10 ~ 15 m，夹竹桃、海桐、红继木和金边黄杨株高为 3 ~ 6 m，女贞株高为 1 ~ 2 m，海栀子的株高为 0.3 ~ 0.5 m，草本芦竹的株高则为 3 ~ 6 m，且均具有较大生物量。从树木构成来看，既有乡土先锋树种构树，又有绿化植物香樟、松柏、侧柏、夹竹桃、珊瑚树、海桐、四季桂、红继木、金边黄杨、女贞、海栀子和芦竹。

结合乔、灌、草的搭配，乡土植物、绿化植物相结合，常绿与落叶、针叶与阔叶相结合,景观植物的观形、赏色和闻味上的效果搭配等原则,针对镉污染土壤,根据景观修复植物对污染土壤中镉耐性以及镉在植物体内的累积分布特征。在镉污染较严重区域可选择种植对镉耐性较强的乡土先锋植物构树、四季桂、红继木、金边黄杨、海桐和芦竹的植物组合模式;在镉污染但未达到严重程度的区域,推荐修复植物组合模式为:香樟、松柏、四季桂、女贞、海桐、珊瑚树、芦竹。

4.3.3.2 化学强化下景观修复植物对镉污染土壤的效应

(1)添加剂对植物吸收镉的影响

添加5%的磷矿粉在淹水情况下,与对照处理相比,磷矿粉使构树、四季桂、金边黄杨、海桐和芦竹体内镉含量分别从 5.82 mg/kg、21.3 mg/kg、20.5 mg/kg、17.0 mg/kg 和 50.3 mg/kg 降至 5.58 mg/kg、8.36 mg/kg、5.92 mg/kg、15.6 mg/kg 和 42.9 mg/kg,分别降低了 3.95%、60.75%、71.14%、8.32% 和 14.67%。可见磷矿粉对植物吸收镉有很好的抑制作用。而活性炭的添加,促进了植物对镉的吸收,添加5%活性炭时构树、四季桂、金边黄杨、海桐和芦竹体内镉含量分别 11.8 mg/kg、17.8 mg/kg、23.6 mg/kg、18.6 mg/kg 和 57.8 mg/kg,与对照相比分别增加了 102.22%、5.07%、14.86%、9.17% 和 14.93%,酸改性活性炭对构树吸收镉的促进作用最大。同时添加5%磷矿粉+5%活性炭处理时,可在一定程度上促进植物对镉的吸收,但促进作用没有单独添加活性炭时明显,此时构树、金边黄杨、海桐和芦竹体内镉含量与对照相比分别升高了 94.2%、31.6%、3.06% 和 8.97%,而四季桂体内镉含量与对照相比降低了 16.5%,如图 4-46 所示。

(2)景观植物生物量及镉富集能力

与其他几种景观植物相比(表 4-33),构树在单位面积内的生物量明显高于其他植物,反映了构树具有适应性强、生长速度快的优点。单独添加磷矿粉、酸性活性炭和同时添加磷矿粉和酸性活性炭的条件下修复植物组合的生物量分别为 2272 g/m², 2796 g/m², 2784 g/m²,与对照相比分别增加了 21.0%、48.9% 和 48.3%。说明磷矿粉和酸性活性炭都可促进植物的生长。从植物对镉的富集量来看,单独添加磷矿粉、酸性活性炭和同时添加磷矿粉和酸性活性炭的条件下修复植物组合对镉的富集量分别为 33.2 mg/m²、59.5 mg/m²、56.9 mg/m²,与 CK 相比分别增加了 37.9%、137% 和 126%。可见,单独添加磷矿粉、酸性活性炭和同时添加磷矿粉和酸性活性炭均可提高修复植物组合对镉的富集量,但单独添加磷矿粉修复植物组合对镉的富集量明显小于单独添加磷矿粉和同时添加磷矿粉和酸性活性炭的情况,说明虽然磷矿粉会降低土壤中镉的活性,但由于其能够显著促进植物的生长,故修复植物组合的富集总量比 CK 处理时高。

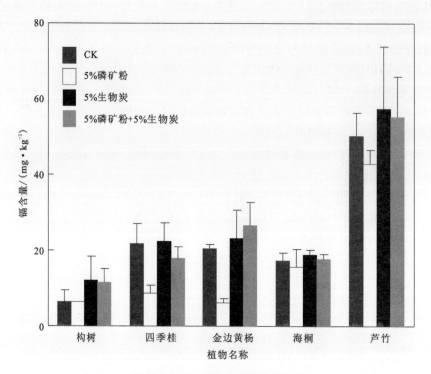

图 4 - 46　植物体内镉含量

表 4 - 33　景观植物生物量及镉富集量

植物名称	总生物量/(g·m⁻²)				镉富集量/(mg·m⁻²)			
	CK	磷矿粉	酸性活性炭	磷+酸性活性炭	CK	磷矿粉	酸性活性炭	磷+酸性活性炭
构树	1126	766	1496	1585	6.54	4.28	17.6	17.9
四季桂	136	306	284	214	2.79	1.81	6.69	5.80
金边黄杨	253	458	376	259	5.39	3.83	8.42	4.61
海桐	233	314	259	300	3.97	4.90	4.81	5.26
芦竹	129	428	381	425	6.49	18.4	22.0	23.3
合计	1877	2272	2796	2784	25.2	33.2	59.5	56.9

（3）添加剂对土壤 pH 的影响

添加磷矿粉和活性炭都可影响土壤 pH，植物培养前后 pH 也会发生变化。土壤 pH 改变是重金属活性改变的重要因素,土壤的 pH 大小不仅会影响土壤溶液离子组成,也会影响土壤中的各种化学反应。由图 4 – 47 可知,培养前添加 5% 磷矿粉处理时土壤 pH 与 CK 处理时相近,并无显著差异,而添加 5% 活性炭和同时添加 5% 磷矿粉 + 5% 活性炭处理时土壤的 pH 明显小于 CK 处理时的 pH,与 CK 相比分别下降了 12.09% 和 11.95%,培养后土壤的 pH 都有一定程度降低,培养后添加 5% 磷矿粉、5% 活性炭和同时添加 5% 磷矿粉、5% 活性炭较培养前镉分别降低了 0.14%、1.43%、0.65% 和 11.3%。

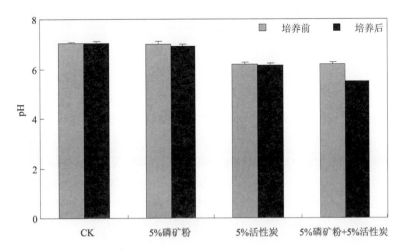

图 4 – 47　种植培养前后土壤 pH 的变化

（4）添加剂对土壤中镉形态变化的影响

图 4 – 48 表示不同处理方法下植物培养前后土壤中镉的各种形态,添加 5% 磷矿粉后可降低酸提取态和可还原态含量,增加可氧化态和残渣态含量,与 CK 相比可氧化态镉和残渣态镉含量分别增加了 9.09% 和 1.37%,可见磷矿粉可降低镉活性,使其向缓释态（可氧化态）或残渣态转化。添加 5% 活性炭后,各形态镉含量也发生了变化,与 CK 相比酸提取态和可氧化态分别增加了 23.0%、9.09%,可还原态与残渣态分别降低了 34.3%、19.5%。同时添加 5% 磷矿粉 + 5% 活性炭也可使可还原态和残渣态镉向酸提取态和可氧化态转换,可还原态、残渣态镉与 CK 相比分别降低了 9.52% 和 29.4%,酸可溶态和可氧化态镉分别增加了 20.5%、69.3%。种植植物后可使镉活化,培养前 CK 土壤酸提取态含量占全量的 51.4%,可还原态占 19.0%、可氧化态占 1.36%,残渣态占 28.3%。培养后对照土壤酸提取态含量占全量的 56.8%,可还原态占 22.3%、可氧化态占 2.15%,残渣态占 18.7%。植物的生长可明显促进残渣态向酸提取态、可还原态和可氧化态转化,提高了土壤中镉的迁移能力。

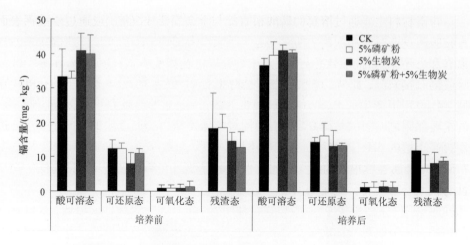

图 4 - 48   各种处理培养前后对应土壤中四种形态镉的含量

（5）土壤镉的形态转化与植物体内镉含量的关系

酸提取态与残渣态、可还原态与可氧化态之间成极显著负相关关系，相关系数分别为 0.710 和 0.807，说明施用强化剂后导致不同形态之间相互转化，高活性态和低活性态间呈互为消长关系。不同植物间也存在相互促进关系，不同植物间作可在一定程度上提高对土壤镉污染的修复效率。构树与芦竹之间存在极显著正相关，相关系数为 0.844，构树、金边黄杨、芦竹与四季桂之间都存在显著正相关，说明植物间作与镉吸收存在密切联系（表 4 - 34）。

表 4 - 34   各形态镉含量与各植物镉含量的相关性系数

相关系数	C－1	C－2	C－3	C－4	构树	四季桂	金边黄杨	海桐	芦竹
C－1	1	－0.202	0.223	－0.710**	0.19	－0.175	0.186	－0.336	－0.167
C－2		1	－0.807**	－0.537	0.007	－0.320	－0.463	－0.285	－0.06
C－3			1	0.314	－0.233	－0.115	0.111	0.22	－0.234
C－4				1	－0.12	0.447	0.223	0.486	0.238
构树					1	0.669*	0.499	0.175	0.844**
四季桂						1	0.707*	0.488	0.693*
金边黄杨							1	0.462	0.374
海桐								1	0.162
芦竹									1

注：$n=12$，* 表示 $P<0.05$ 显著相关，** 表示 $P<0.01$ 极显著相关。C－1、C－2、C－3 和 C－4 分别代表酸提取态、可还原态、可氧化态和残渣态

含磷材料主要通过溶解的磷酸根直接与重金属形成沉淀，或通过磷酸钙表面直接吸附重金属。添加磷矿粉可促进土壤固相结合的镉从活性高的形态（即酸提取态和可还原态）向缓效态或无效态（即可氧化态和残渣态）转化，从而减少植物吸收的直接来源，此外，淹水状态下会降低镉的活性，在无氧条件下，有机物在微生物作用下产生的 H_2S，使镉形成难溶的 CdS，也是导致植物对镉吸收量减少的主要原因之一。大量研究表明，活性炭施入土壤可提高土壤的盐基饱和度，进而提高土壤的 pH，Park 等研究发现添加生物炭最大可使土壤 pH 从 5.11 提高至 7.51，重金属连续提取的结果表明活性炭可促使可交换态镉、铜和铅向低生物活性有机结合态转化。施用的活性炭呈强酸性，pH 仅为 1.84，单独施用 5% 活性炭和同时施用 5% 活性炭 +5% 磷矿粉均会使土壤 pH 有了一定程度的降低，这也是导致植物对镉吸收量增加的主要原因。有研究表明根系分泌可以通过改变土壤酸碱度和氧化还原条件等来影响各形态重金属向酸可提取态的转化，也有研究表明这可能与植物生长刺激了土壤微生物的繁殖和活性有关。植物培养前后土壤的 pH 有所下降，且酸提取态、可还原态和可氧化态镉含量均有不同程度的升高。

①构树、四季桂、金边黄杨、海桐和芦竹组合适用于修复镉污染较严重区域，香樟、松柏、四季桂、女贞、珊瑚树和芦竹组合比较适用于修复存在一定程度镉污染但未达到严重程度的区域。

②以构树、四季桂、金边黄杨、海桐和芦竹组合为例，结合磷矿粉和活性炭修复镉污染的土壤，研究结果发现，向土壤施加磷矿粉可降低土壤镉活性，有利于土壤中酸可提取态和可还原态镉向可氧化态和残渣态镉转化，修复植物组合对镉总富集量增加 37.9%；单施活性炭、配施磷矿粉 + 活性炭均会提高土壤镉活性，可使修复植物组合对镉总富集量分别增加 137% 和 126%。

4.4 矿冶区镉污染土壤化学 – 植物联合生态修复工程案例

4.4.1 工程基本概况

选取示范区内废渣临时堆场共计约 20 亩污染场地土壤作为示范工程建设区域。现场调查表明，目前，该区域的原有宿舍房屋大部分已经拆除，原有的废渣堆场为冶炼窑渣的中转堆放场地，渣场下有麻石堆砌防止污染渗漏。由于现有生产工艺和厂区的调整，渣场已经完全废弃，但由于历史原因，遗留的部分废渣一直没有全部转出，渣场表面重度污染的土壤也还没有来得及治理。

4.4.2 工程土壤重金属污染调查

示范点土壤样品分析项目按照相应国家标准方法制样、分析。其中，示范区有部分空白区因原有废弃宿舍暂时还没有拆除而没有进行采样。示范区土壤重金属污染调查取样共分两次完成，共计取回样品 22 个。

示范点距离湘江直线距离约 300 m，如图 4-49 所示。取样区海拔高度为：49.1~67.7 m；取样区域覆盖面积 20 亩。每一土壤样品均由定位点周围 15 m 范围内 5 个 5~20 cm 深度土壤样品混合而成。土壤样品预处理后，对土壤 pH、水分含量、土壤重金属铅、镉、砷总量以及有效态含量进行了分析。实验过程中，为确保数据结果的可靠性，采用标准土壤物质进行同条件实验。

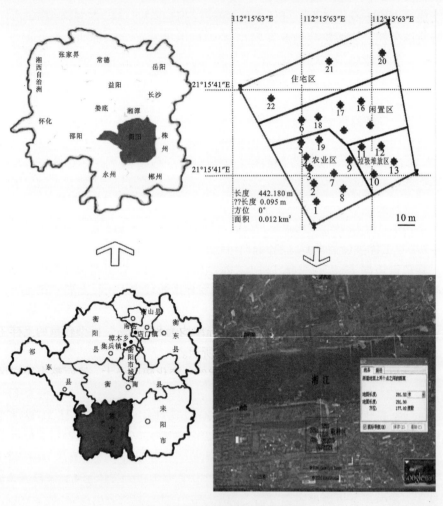

图 4-49　采样区域及位置示意图

4.4.2.1　工程特点

整个示范区地势较平坦,由菜地、废渣堆场、废弃住宅民房、房前屋后空地组成。根据采样区域的现有用途,将其分为 4 个采样区。如图 4 - 49、表 4 - 35 所示。采样区 1 主要为菜地,蔬菜生长较为茂盛,但部分土壤为客土;采样区 2 为废渣堆场,被围墙围住,仅有一个出入口,曾堆置废渣,现废渣已被拖运走,现地表堆积了少量生活垃圾;采样区 3 所处位置为房屋拆除之后闲置的空地,部分样点范围内可采土壤的区域不多,地面多为水泥;采样区 4 为两排房屋中间的区域,地表土壤较少,多为水泥地,其中 22 号是从泥坑中采出的土样。土壤在同一种应用功能下,其外界环境条件与土壤理化性质类似,因此,关于示范区重金属含量的分析以采样区为单位分别说明。

表 4 - 35　采样区分布说明

采样区域	采样点	说明
采样区 1	1, 2, 3, 4, 5, 7, 8, 9, 19	菜地
采样区 2	10, 11, 12, 13	围墙内曾堆放过废渣
采样区 3	6, 14, 15, 16, 17, 18	房屋前闲置空地、部分为水泥地
采样区 4	20, 21, 22	住宅房屋区

4.4.2.2　工程重金属含量与空间分布特征

示范区土壤 pH 范围为 6.33 ~ 6.70,均值为 6.51,为中性偏弱酸性土壤,且其变化辐度较小。土壤样品重金属含量的变异系数较大,说明土壤中重金属含量分布不均匀。与国家《土壤环境质量标准》三级限值相比,该示范区污染比较严重,土壤中镉超标率达 100%,砷和铅超标率均为 86.36%。污染较重的土样主要分布在采样区 2 和采样区 4,如表 4 - 36 所示。

示范区镉含量的变异系数高达 107.08%,变化辐度极大,然而整个采样区域的镉含量均远远超过土壤环境质量标准的三级限值(1 mg/kg),平均值为 434.78 mg/kg。含量最低的样点其镉含量高达 25.33 mg/kg,出现在采样区 1,这可能是由于外来的菜地覆土稀释了镉的含量造成的。除采样区 1 外,其他各采样区的镉的最低含量均在 100 mg/kg 以上,以采样区 2 的含量最高,最高值达 1661.63 mg/kg,需高度重视。各采样区的镉的平均含量:采样区 2 > 采样区 4 > 采样区 3 > 采样区 1。其中污染最为严重的采样区 2 的镉的平均含量高达 1163.45 mg/kg,超标 1600 倍以上;污染最轻的采样区 1 的平均含量也有 130.67 mg/kg,超标 100 倍以上。

示范区铅平均含量为 2908.27 mg/kg,其中含量最高的达 10671.85 mg/kg,

超标20倍以上。各采样区的铅总量平均含量:采样2>采样区4>采样区3>采样区1。其中污染最严重的为采样区2,铅的平均含量高达5540.62 mg/kg,超标11倍以上;污染最轻的采样区1的铅的平均含量为1321.80 mg/kg,超标约2倍。

总的来说,镉、铅在各个采样区的分布均为采样区2>采样区4>采样区3>采样区1。整个采样区域重金属污染很严重,势必对当地居民的生活、生产造成相当大的影响,需要尽快对其进行处理,减小重金属对该地区的危害。

表4-36 采样区重金属 Cd、Pb 含量

采样区	项目	pH	重金属含量/(mg·kg^{-1})	
			Cd	Pb
采样区1	范围	6.35~6.70	25.33~325.09	282.84~3608.51
	均值	6.48	130.67	1321.80
	标准偏差	0.11	115.83	1219.48
	变异系数/%	1.65	88.65	92.26
采样区2	范围	6.35~6.55	417.82~1661.63	2346.97~8265.83
	均值	6.43	1163.45	5540.62
	标准偏差	0.09	566.62	2878.18
	变异系数/%	1.33	48.70	51.95
采样区3	范围	6.56~6.69	129.00~628.73	975.24~4411.72
	均值	6.63	320.88	2324.37
	标准偏差	0.05	213.42	1613.88
	变异系数/%	0.71	66.51	69.43
采样区4	范围	6.33~6.66	331.00~847.13	2069.8~10671.35
	均值	6.50	603.37	5325.65
	标准偏差	0.17	259.25	4666.07
	变异系数/%	2.55	42.97	87.62
示范区	范围	6.33~6.70	25.33~1661.63	282.84~10671.35
	均值	6.51	434.78	2908.27
	标准偏差	0.12	465.58	2788.26
	变异系数/%	1.83	107.08	95.87

将 Cd、Pb 的含量数据以及 pH 分别进行 K-S 检验,均符合正态分布。以拟合的半方差函数模型为计算模型,采用普通克里格法进行最优内插,借助 Surfer8.0 软件绘制示范区的表层土壤重金属空间分布特征图,图 4-50 为 Cd、Pb 的含量以及土壤 pH 分布特征图。示范区表层土壤 Cd、Pb 的空间分布表现出非常相似的分布特征。三种重金属的分布按功能分区对应,在采样区 2、4 污染较重且较为集中;采样区 1 污染整体较轻;采样区 3 处于污染过渡地带,污染较采样区 1 重,较采样区 2 和采样区 4 轻。Pb 与 As 的空间分布图中出现未污染区域,均集中于采样区 1 的一小部分。Cd、As 污染最严重的区域为采样区 2,而 Pb 污染最严重的则是采样区 4,整体来看 3 种重金属的污染均比较严重。

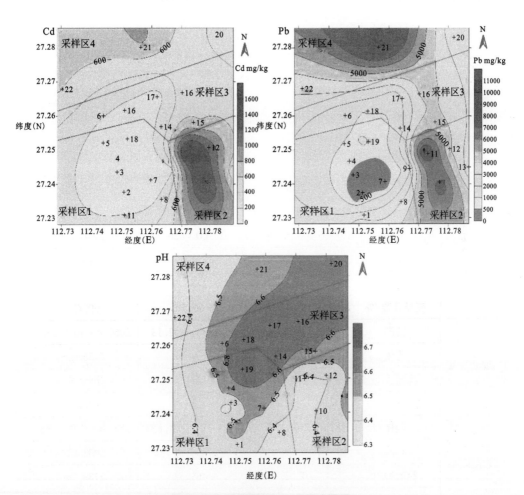

图 4-50 重金属与 pH 空间变异图

工程示范区的 pH 虽然变异系数较低,仅为 1.83% (表 4 - 36),但是对其在空间的分布进行绘图发现,pH 从西南向东北方向呈放射状逐渐增加。这可能是由于冶炼厂的烟囱处于西南方向,而示范区属亚热带季风型气候,长年主导风向为东北风,风向对冶炼烟气朝东北方向飘散起到了一定的阻碍作用,继而烟气中的 SO_2 等酸性气体多沉降于示范区的西部和南部沿线,使该区域 pH 偏低。而从图 4 - 52 中可以看出,采样区 2 的 pH 较低,这可能是由于废渣浸出液呈酸性,而酸性条件有利于土壤中重金属的溶出,且浸出液中含有一定量的重金属,致使该区域污染较重。此外,住宅区土壤 pH 自西向东递增,Cd、Pb 均自南向北污染加重,而采样区 4 距离湘江最近,因此,示范区的污染情况需引起重视,应摸清来源,尽早防治,以防土壤中污染物质迁移进而影响湘江水质。

4.4.2.3 土壤重金属风险评价

潜在生态风险指数法是国际上土壤/沉积物重金属研究方法之一,可以定量地划分出重金属的潜在生态风险程度。示范点土壤中重金属 Cd、Pb 含量较高,超标现象严重。采用瑞典学者 Hakanson 提出的潜在生态风险指数法对示范区污染土壤中 Cd、Pb 的潜在生态风险进行评价。

其计算公式如下:

①单个金属污染系数: $C_f^i = C_s^i / C_n^i$

②土壤中重金属综合污染程度: $C_d = \sum_i^m C_f^i$

③某单个重金属的潜在生态危害系数: $E_r^i = T_r^i \times C_f^i$

④土壤多种重金属潜在生态风险系数:

$$RI = \sum_{i=1}^n E_r^i = \sum_{i=1}^n T_r^i \times C_f^i = \sum_{i=1}^n T_r^i \times C_s^i / C_n^i$$

式中: C_f^i 为单一重金属 i 的污染系数; C_s^i 为土壤中重金属 i 的实测含量,mg/kg; C_n^i 为计算选用的参比值(本书选用国家标准对土壤中重金属的三级限值); C_d 为土壤中重金属综合污染程度; T_r^i 为单一重金属 i 的毒性响应系数,反映重金属的毒性水平及土壤对重金属污染的敏感程度。采用 Hakanson 制定的标准化重金属毒性响应系数为评价依据,各重金属的毒性响应系数分别为: Zn = 1 < Cu = Pb = Ni = 5 < As = 10 < Cd = 30。

依据 Hakanson 方法,采用 C_f^i 来表征土壤中单个污染物的污染程度: $C_f^i < 1$ 时为低污染; $1 \leq C_f^i < 3$ 时为中污染; $3 \leq C_f^i < 6$ 时为较高污染; $C_f^i \geq 6$ 时为重度污染。由于本次对衡阳重金属污染评价所选用的重金属污染要素共 2 种(Pb、Cd),因此以 C_d 表征的综合污染程度为: $C_d < 6$ 时为低污染; $6 \leq C_d < 12$ 时为中污染; $12 \leq C_d < 24$ 时为较高污染; $C_d \geq 24$ 时为重度污染。

根据重金属的潜在生态危害系数(E_r^d)可将土壤中重金属污染状况分为 5 个

等级;根据重金属的潜在生态风险指数(RI)可将土壤中重金属污染程度分为 4 个等级。如表 4-37 所示。

表 4-37 重金属污染潜在生态危害指标与分级关系

潜在生态风险 参数 E_r^i 范围	单因子污染物 生态风险程度	潜在生态 风险指数 RI 范围	总的潜在 生态风险程度
$E_r^i < 40$	低	$RI < 150$	低度
$40 \leqslant E_r^i < 80$	中	$150 \leqslant RI < 300$	中度
$80 \leqslant E_r^i < 160$	较重	$300 \leqslant RI < 600$	重度
$160 \leqslant E_r^i < 320$	重	$RI \geqslant 600$	严重
$E_r^i \geqslant 320$	严重		

各采样区重金属污染系数及综合污染指数计算结果统计如表 4-38 所示。镉在各采样区的污染系数 C_f^i 的最小值均大于 6,表明示范点所有采样点的镉的污染程度均为重度污染。整个采样区的镉的污染系数均值为 434.78,远远大于 6,需引起高度重视。整个示范点镉的单因子污染系数远远高于铅,达到 50 倍以上,说明镉是示范点土壤中的主要污染因子。综合污染指数 C_d 由于镉的污染系数值贡献较大,引起各采样区的综合程度达到重度污染,且整个示范点的综合污染指数均值亦达到重度污染的范畴。

表 4-38 重金属污染系数及综合污染指数

采样区域	项目	单金属污染系数 C_f^i		综合污染 指数 C_d	综合污 染程度
		Cd	Pb		
采样区 1	最小值	25.33	0.57	26.48	重
	最大值	325.09	7.22	342.14	重
	平均值	130.67	2.64	136.36	重
采样区 2	最小值	417.82	4.69	429.08	重
	最大值	1661.63	16.53	1706.83	重
	平均值	1163.45	11.08	1197.53	重
采样区 3	最小值	129.00	1.95	135.07	重
	最大值	628.73	8.82	645.18	重
	平均值	320.88	4.65	330.21	重

续表 4 - 38

采样区域	项目	单金属污染系数 C_f^i		综合污染 指数 C_d	综合污染程度
		Cd	Pb		
采样区4	最小值	331.00	4.14	338.85	重
	最大值	847.13	21.34	886.89	重
	平均值	603.37	10.65	623.59	重
示范区均值		434.78	5.82	448.61	重

铅的污染程度较镉轻。表 4 - 39 表明了铅在各个采样区以及整个示范点的污染程度与分布情况。整个示范区土壤铅的各级污染程度的分布较为均匀,重度污染与中度污染的样品数一致,占 36.4%,轻度污染与较高污染的样品数一致,占比 13.6%。从各个采样区来看,铅在采样区 1 的污染程度较为分散,平均污染程度为中度污染。采样区 2 的铅污染程度以重度污染为主,占 75%,而其余均为较高污染,平均污染程度为重度污染。采样区 3 主要为中度污染,占 66.7%,其余均为重度污染,平均污染程度为较高污染。采样区 4 主要为较高污染和重度污染,以较高污染为主,平均污染程度为重度污染。可见,采样区 2 和采样区 4 的污染程度重于采样区 3,采样区 1 污染程度最轻,为中度污染。整个示范点铅的污染程度为较高程度污染。

表 4 - 39 土样中铅污染程度与空间分布

元素	采样区	重金属污染程度(样品比例%)				平均污染程度
		低	中	较高	重	
Pb	采样区 1	33.3	44.4	0	22.3	中
	采样区 2	0	0	25.0	75.0	重
	采样区 3	0	66.7	0	33.3	较高
	采样区 4	0	0	66.7	33.3	重
	示范区	13.6	36.4	13.6	36.4	较高

各采样区重金属镉、铅对环境的风险计算结果统计如表 4 - 40 所示。各采样区镉的潜在生态危害系数最小值均远远大于 320,说明整个示范点镉具有严重的生态危害,其风险大小为:采样区 2 > 采样区 4 > 采样区 3 > 采样区 1。风险最小的采样区 1 的镉的潜在生态危害系数均值亦超过 320 的约 10 倍。镉的生态危害程度较高,且镉的潜在生态危害系数是铅的数百倍,导致整个示范点的潜在生态风险达到严重的程度。

表 4 − 40　各采样区土样潜在生态危害系数（E_r^i）和风险指数（RI）

采样区	项目	潜在生态危害系数 E_r^i		RI	风险程度
		Cd	Pb		
采样区 1	范围	759. 85 ~ 9752. 71	2. 83 ~ 36. 09	768. 57 ~ 9887. 13	严重
	均值	3920. 14	13. 22	3963. 84	
采样区 2	范围	31014. 44 ~ 49848. 91	38. 89 ~ 82. 66	31373. 06 ~ 50218. 29	严重
	均值	34903. 64	55. 41	35189. 03	
采样区 3	范围	3870. 07 ~ 18861. 78	9. 75 ~ 44. 12	3917. 69 ~ 18982. 21	严重
	均值	9626. 30	23. 24	9696. 39	
采样区 4	范围	9929. 87 ~ 25413. 97	20. 70 ~ 106. 71	9987. 70 ~ 25704. 81	严重
	均值	18101. 09	53. 26	18250. 08	
示范区均值		13043. 49	29. 08	13152. 69	严重

　　示范点潜在生态危害最主要的影响因子为镉，其次为铅。铅在各采样区的生态危害程度不一，如表 4 − 41 所示。从铅的生态危害程度来看，各采样区铅的生态风险均较低，采样区 1 所有样品均为低度生态风险；采样区 2 样品均为较重风险及以下，以低度风险为主；采样区 3 样品中铅的生态危害均为中度及以下，以低度为主；采样区 4 土样铅的潜在生态危害集中于低度，少量为较重。虽然采样区 2 和采样区 4 的铅污染达到重度，但是其潜在生态危害为中度。整个示范点铅的潜在生态危害为低度。

表 4 − 41　土样中铅生态危害程度与空间分布

元素	采样区	重金属生态风险程度 E_r^i（样品比例%）					生态危害程度
		低	中	较重	重	严重	
Pb	采样区 1	100	0	0	0	0	低
	采样区 2	50	25	25	0	0	中
	采样区 3	66. 7	33. 3	0	0	0	低
	采样区 4	66. 7	0	33. 3	0	0	中
	示范区	77. 3	13. 6	9. 1	0	0	低

4.4.2.4 重金属有效态含量分析

前述潜在生态风险评价是以重金属镉、铅的总量为依据进行评价的,然而对土壤生态系统具有不良影响的重金属形态一般用有效态含量来表征,因此,有必要对镉、铅的有效态含量进行分析(表4–42)。镉、铅有效态含量采用 DTPA 浸提剂提取。

表4–42　各采样区土样重金属有效态含量

采样区域	项目	重金属含量/(mg·kg^{-1})	
		Cd	Pb
采样区1	最小值	6.51	25.55
	最大值	46.65	173.53
	平均值	26.42	79.51
采样区2	最小值	47.08	27.68
	最大值	79.10	50.64
	平均值	61.53	42.30
采样区3	最小值	33.23	28.48
	最大值	53.71	44.73
	平均值	41.92	37.68
采样区4	最小值	39.26	31.71
	最大值	109.66	86.55
	平均值	62.97	64.63
总平均值		42.02	59.31

目前国家对土壤中重金属的有效态含量并未设定标准。而示范点土壤中镉的有效态含量均值达到 42.02 mg/kg,是国家土壤环境质量标准三级限值的 40 余倍。综合比较各采样区镉的有效态含量发现,示范点所取土壤样品中镉的有效态含量最小值为 6.51 mg/kg,最大值达 109.66 mg/kg。从各采样区的镉有效态平均含量来看,采样区 2 > 采样区 4 > 采样区 3 > 采样区 1。其中污染最为严重的采样区 2 的平均含量高达 61.53 mg/kg;污染最轻的采样区 1 的平均含量也达 26.42 mg/kg。这说明取样点周围土壤中所生长的植物中极有可能富集有镉,但采样区 1 作为菜地需引起注意,且通过下雨浇菜等作用,镉极有可能随着水流进入地下水中,影响周边饮用水安全。

　　重金属有效态含量的测试结果与以总量为基准的潜在生态风险评价的结果相印证。镉具有严重的生态风险,铅次之。

　　铅有效态平均含量为 59.31 mg/kg,含量最高的为 173.53 mg/kg,位于采样区 1。

　　重金属有效态含量在土壤中稳定性差,容易被植物吸收,进而进入整个生物链,从而影响人的身体健康。总的来看,示范区对周围生物影响最大的主要是镉,对周围生物的影响较大,而且,此次的采样区域中采样区有大片菜地,这对周围居民的生活影响会比较大,应当予以足够的重视。

　　示范点内经调查取样分析,土壤 pH 范围为 6.33~6.70,均值为 6.51,为中性偏弱酸性土壤。土壤样品重金属含量在各采样区内分布不均匀。以土壤环境质量标准中重金属的三级限值为基准,镉超标率达 100%,铅超标率为 86.36%。污染较重的土样主要分布在采样区 2 和采样区 4,其他采样区重度污染样品较少。镉、铅的含量均值呈采样 2 > 采样区 4 > 采样区 3 > 采样区 1 的趋势。总的来看,该示范区污染比较严重。

　　镉在示范点的平均含量达 434.78 mg/kg(土壤环境质量标准三级限值:1 mg/kg),最低含量为 25.33 mg/kg,最高含量达 1661.63 mg/kg。镉的有效态含量均值达 42.02 mg/kg,镉的有效态含量最小值为 6.51 mg/kg,最大值达 109.66 mg/kg。示范区铅平均含量为 2908.27 mg/kg(土壤环境质量标准三级限值:500 mg/kg),其中最高含量达 10671.85 mg/kg。铅有效态平均含量为 59.31 mg/kg,最高为 173.53 mg/kg。

　　采用 Hakanson 潜在生态风险指数法进行评价,各重金属影响因子的污染程度顺序为:Cd > Pb。镉在该地土壤中的富集程度最大,平均单因子污染指数达 432.78,为重度污染;其潜在生态危害系数高达 13043.49,风险程度为严重。铅的平均单因子污染指数为 5.82,为较高污染;其潜在生态危害系数为 29.08,风险程度为低度。采样区的综合污染指数达 448.61,表明采样区土壤为重度污染;潜在生态风险指数为 13152.69,具有严重的潜在生态风险。

4.4.3　工程建设技术方案

4.4.3.1　示范工程设计构思与主要工程建设任务

　　(1)示范工程设计构思

　　针对废弃区整治规划与建设要求,采用废渣清运、污染土壤中重金属化学稳定技术,结合抗性植物群落优化配置一体化生态修复技术,治理示范点污染土壤,修复植被与生态景观。具体来说,将废弃场地污染土壤表层残留废渣进行清理、集中堆置,进行防蚀防渗处置,待正在建设中的废渣堆场建成后,即将其清运到废渣堆场集中安全处置;采用化学 - 植物联合生态修复解决污染土壤中重金属的污染风险。将示范区划分为不同植物群落复合功能区，种植香樟、银杏、桂花、芦竹、女贞、珊瑚树、海桐等先锋植物和耐性植物，形成具有生态型园林景观效果的修复示范区，为矿冶区居民构建一个环境优美并具有消夏避暑、休闲健身、科普与生态文明教育多重功能的示范工程。

（2）主要工程建设内容

依据示范工程设计构思，主要完成以下建设任务：

①示范点场地危房的拆除，垃圾的清理与处置；场地废渣的清理和安全堆置，相应防护措施工程建设；

②场地平整与分区；

③排水沟渠、灌溉系统与路面工程建设；

④化学固定工程和植被恢复工程；

⑤水电、照明和围栏工程。

4.4.3.2 污染土壤治理方案比选及其修复技术路线框图

（1）治理方案比选

在充分比较研究客土法等物理方法、化学固定等化学方法、植物修复等生物方法的基础上，选取化学－植物联合修复技术建设本示范工程。具体来说，是将示范点废弃场地污染土壤表层残留的部分废渣和历史遗留废渣进行清理、集中堆置，进行安全处置；污染土壤添加化学稳定材料后，通过种植香樟、银杏、桂花、芦竹、女贞、珊瑚树、海桐等先锋植物和耐性植物，形成具有生态型园林景观效果的修复示范区。具体来说，植被搭配方式采用以草本植被覆盖为主，灌木修复、常绿乔木立体搭配为辅，重建污染土壤生态及其景观的方法，形成稳定的生态系统，减少污染土壤修复区水土流失和土壤侵蚀，减轻污染物的扩散和迁移。乔灌木在选择上主要考虑乡土物种和耐污能力强，且易于成活的苗木树种。

（2）修复技术路线框图

对示范区土壤取样，分析其中重金属镉、铅的含量，明确示范区土壤重金属污染程度；根据示范区表层土壤（0～20 cm）的污染程度分区，平整土地，将筛选、复配出的适量重金属钝化剂和各区表层土壤翻耕、破碎、混匀，调节土壤水分含量至最大田间持水量的70%，经过15天反应期，实现污染土壤中重金属的钝化稳定；在钝化剂化学修复后的污染土壤中加入适量的生物质或肥料进行土壤改良和土地细平整，按照设定的植物搭配模式种植植物，具体工艺流程如图4-51所示。

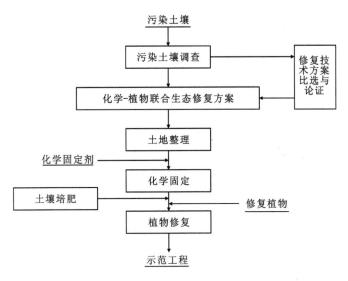

图 4 - 51　污染土壤修复工艺路线

4.4.3.3　修复技术实施方案

1. 施工步骤

①示范区域的前期整理：开展土地上危房拆除、杂物清理和土地平整；按照地块形状，明确示范区域，修建周边排水沟渠。

②示范区域污染土壤分区：根据示范区土壤污染程度，为便于修复技术实施和化学稳定材料的适量投加，将示范区分区，开展土壤修复。

③化学固定建设工程：a. 化学固定剂使用量核算。选用两种化学固定剂 A 和 B。根据每小区待处理土方量和每方土需要的固定剂用量，计算出一亩土壤所需固定剂 A 和固定剂 B 的用量，结合固定剂 A 和 B 袋装规格，折合成每亩地所需试剂袋数量。b. 化学试剂的使用。把所需固定剂 A 和 B 用装载机运往修复区域，人工拆封固定剂 A 和 B，通过装载机往复装料和卸料把两种试剂混合均匀，运往划定区域均匀铺撒。c. 固定剂的破碎、混匀。待固定剂全部均匀铺撒在被处理土壤区域后，用旋耕机横向旋耕 4 次、纵向旋耕 4 次以上，直到大块土壤破碎以及土壤和试剂充分混合均匀为止。d. 土壤水分调节。根据土壤最大田间持水量的 70% 计算需要的用水量，通过水管将工程用水施入田间，使固定剂与土壤重金属充分反应 15 天以上。e. 固定效果检测。修复后的土壤，按 S 路线，在示范区域随机取 20 个土壤样品，检测土壤有效态重金属含量。若有效态重金属含量达到项目考核指标要求，则进行后续土地平整与植被恢复；若有效态重金属含量未达到项目考核指标要求，则按上述步骤再补充固定剂用量。

④平整土地与培肥：待土壤中水分自然蒸发到约 50% 的最大田间持水量，在

土壤中施一定量的基肥，基肥可用有机肥、熟化处理后的生活垃圾肥、氮磷钾复合肥等，再次对土地进行平整，平整过程中，将各小区土壤平整为具有一定坡度（为2~3度）的缓坡地形，坡地周边高、中间低，形成一中部稍凹的缓坡地集水区域，利于污染土壤中污染物的稳定和固化。

⑤供水系统工程：采用PVC管在示范区各小区铺设供水管网系统，为干旱时修复植被生长提供水源。

⑥植被搭配与生态景观重建工程：土壤平整与培肥、供水管网铺设完成后，采取人工植苗法进行污染土壤修复示范区植被恢复。根据生态修复工程技术原理，选择抗重金属污染、适应干湿交替环境、有一定重金属元素吸收能力的香樟、银杏、桂花、芦竹、女贞、珊瑚树、海桐、蜈蚣草等先锋植物（耐性植物和富集植物），形成乔–灌–草多元一体搭配的重金属污染土壤生态恢复与重建模式，实现示范区景观生态修复。

2. 施工方法

(1) 治理土块分区

在土壤修复施工之前，测量人员熟练掌握修复土块的基本形状，用标准钢尺分别测量标定区域的长和宽，做好测量记录，计算划分的每个区域的面积，用白灰沿线圈定。

(2) 化学固定剂使用量的核算和使用

由工程技术人员依据测量记录数据，核算修复区土壤量，结合科学试验得出的土与试剂配合比例，计算出所需两种化学固定剂的用量。施工人员负责试剂的拆封、混合、铺洒，整个过程由技术人员监督，确保各个环节施工无误。

(3) 土壤和化学固定剂破碎、混匀

由现场管理人员指挥现场施工人员配合旋耕机旋耕已覆盖固定剂的土壤，使土壤破碎、和固定剂混合均匀。要求技术人员严格检查土壤大块是否破碎，固定剂和土壤是否混合均匀，旋耕深度是否达到20 cm等关键环节。

(4) 土壤水分调节

由现场管理人员指挥洒水车将工程用水均匀洒入田间。技术人员检查水分是否洒入均匀，湿度是否达到要求。静置15天以上。静置期间，技术人员每3天测定一次水分含量，计算水分损失量，并指挥施工人员及时补充水分。

(5) 土壤有效态重金属的检测

土壤有效态Cd、Pb等重金属采用DTPA浸提–原子吸收分光光度计测定（GB/T 23739—2009）。

(6) 土壤培肥

处理后的土壤待自然蒸发到50%的田间持水量时，用旋耕机配合人工旋耕0~20cm表层土，土壤粒径控制在50 mm以下，使土壤尽量呈疏散状态。将土壤

平整为坡度为 2 ~ 3 度的缓坡地。平整后的土壤施有机肥(当地猪粪、牛粪)
1500 kg/亩,增加土壤中有机质含量,改善土壤通透性,促进根际微生物活动,使
土壤中难溶性矿质元素变为可给态的养料,起到培肥地力的效果;施复合肥料做
基肥,复合肥使用量为 200 kg/亩,复合肥各营养成分含量为 15% , 15% , 15% ,
表示该复合肥料含有 N、P_2O_5、K_2O 各 15% 。

(7)植物搭配及种植要求

根据前期研究,拟选配的植物种苗和种植要求如表 4 - 43 所示。所选择的常
绿植物为香樟、四季桂、女贞、珊瑚树、海桐、夹竹桃等,季相植物为银杏、杜英、
芦竹、蜈蚣草等。在苗木移栽后撒播苜蓿、三叶草或狗牙根等草籽,起到在植被
完全成活前覆盖表土和绿化作用。

根据表 4 - 43 修复植物搭配种植要求,香樟和银杏选择胸径在 18 ~ 20 cm 的
树苗,海桐选择冠径在 30 ~ 50 cm 的树苗,四季桂和杜英选择胸径在 5 cm 左右的
树苗,珊瑚树和夹竹桃选择在株高 100 ~ 150 cm 的树苗,女贞选择苗高 20 cm 以
上的幼苗,芦竹选择选 1 ~ 2 年生健壮芦竹根进行移栽。

表 4 - 43 示范区生态修复植物种类配置方式及说明

种植区域	植物名称	种植要求	备注
示范区一	珊瑚树、海桐、四季桂、杜英、女贞	沿边界 1 m 处种植,珊瑚树间距为 0.2 m;其他灌木间距为 1 m × 3 m,草本间距为 0.3 m × 0.3 m	沿示范区正面依次种海桐、杜英和四季桂,左边一排珊瑚树,道路两侧种女贞
示范区二	四季桂、芦竹、蜈蚣草、女贞	要求同示范区一	
废渣堆场	夹竹桃、芦竹、蜈蚣草	种植密度为 0.3 m × 0.3 m	四周矮墙,防逸散,上覆土,种植先锋植物和富集植物
示范区中心广场、道路	硬化处理,与给排水管网同时建设	香樟种植间距为 3 ~ 6 m,女贞种植密度为 0.3 m × 0.3 m	硬化处理,广场四周和道路两侧种女贞做绿篱,香樟作行道树
示范区三	珊瑚树、银杏、四季桂、芦竹、女贞	沿边界 1 m 处种植,银杏间距为 3 m × 6 m,珊瑚树间距为 0.3 m;其他灌木间距为 1 m × 3 m,草本间距为 0.3 m × 0.3 m	沿示范区正面依次种四季桂、芦竹和银杏,左边种一排珊瑚树,道路边侧种女贞
示范区四	银杏、四季桂、芦竹、女贞	沿边界 1 m 处种植,银杏间距为 6 m,灌木间距为 1 m × 3 m,草本间距为 0.3 m × 0.3 m	沿示范区正面依次种四季桂、芦竹和银杏,道路两侧种女贞

(8)植物种植密度及种植方法

根据修复区的特点和植被修复要求,拟每亩种植苗木 1800 ~ 2000 株。其中,作为行道树的乔木共种植约 100 株,间距为 3 ~ 6 m,建群植物灌木每亩种植 300 株,间距为 1 ~ 3 m,建群植物草本植物每亩 1500 株,间距为 0.3 ~ 1 m。

种植过程中,具体说来,要求做到以下几点:采用机耕整地和疏松土壤,根据密度设计和污染土壤的实际厚度,采用人工挖坑种植建群植物和灌木,建群植物种植坑直径约为 0.4 m,深度 1 m 或以上,灌木种植坑的尺寸视苗木大小确定,先锋植物直接移植或播种。灌木与先锋植物直接移植或播种,并施用有机复合肥 1 kg 左右,用以改良根际环境,提高植物成活率和生长率。

(9)植物栽种前的准备工作

① 整地:清除施工场地内的建渣、砖石,更换种植土,按要求整平。

② 定点放线:根据图纸要求,将各树种位置以及造型图案等给予标记落实,待苗木运到现场后,进行挖坑栽植;施工场地测量、放线必须严格按照施工平面图进行定点测量、放线要求施工人员放线准确无误,经甲方检查合格后方可进行下一步工作。

③ 整理绿化用地:首先,按施工图要求用水准仪测出标高,再对绿地进行深翻(深度必须掌握在 35 cm 以下)。对含有大量砖石、水泥块等杂质的土进行更换处理,做到表层土壤 30 ~ 40 cm 为壤质土壤,土质要求均一,严禁将生土和熟土混合作为种植土,对较差的地块应追加有机肥。上述细节做完后可进行绿地造型,保持 0.3% ~ 0.5% 的坡度,利于排水或地表径流汇集。

④ 植树坑的要求:由于树坑的质量对树木的生长有很大的影响,所以除按设计确定位置外,还应根据根系或土球大小、土质情况来确定坑径的大小、深度、形状等。本示范植被种植过程中,主要考虑香樟和四季桂的树坑大小,一般比树木土球直径大 20 ~ 30 cm 为佳,坑的上下应垂直,以免树木根系不能伸展或填土不实。为了保证树木成活率,树坑的挖掘必须做到以下几点:

(a)位置要准确,严格按照放线定点来挖坑;

(b)规格要适当;

(c)挖出的土与杂质应分开堆放于坑边;

(d)坑的上、下口大小应一致;

(e)在新填土方处挖坑,应将坑的底边适当踩实;

(f)土质不好,应加大坑的规格,如遇有石灰、炉渣、混凝土等对树木生长不利的物质,应将坑径加大 1 ~ 2 倍,换上好土;

(g)底部土壤要求挖掘疏松 20 cm;

(h)坑内应浇少量水,使土壤湿润但不留有泥浆。

⑤ 树苗的保护:主要考虑树苗的起挖、包捆、打箱,根据所选苗木的胸径、类型、开挖相应大小的土球。为防止土球在吊卸过程中损伤,应对香樟和四季桂树苗根部土球进行草绳缠绕、加固。此五环节必须做到以下几点:

（a）起挖之前,必须对植物全部了解,如根系分布情况、树木自身带土功能、对植物移植时间的要求等。

（b）苗木规格的检查,如树型是否完美、枝条是否齐全。

（c）起挖时间、装车时间、运输时间必须控制在 24 h 之内以便提高成活率。对于过旺盛的枝条应进行捆绑处理,防止运输损苗。

⑥ 苗木入坑:苗木栽植入坑前必须进行初步的修剪。主要作用为:（a）防止水分蒸发调节地上部分与地下部分植物相关性;（b）整形,使其美观;（c）防止树苗移植后一段时间无法修剪;（d）树型和高度必须符合设计要求,如果树杆有弯曲,其弯曲向应朝至风向栽植。要提高成活率必须做到以下两点:

香樟、银杏和四季桂树苗栽植深度应比原根径土痕深 5~10 cm,其他带土球苗木比土球顶部深 2~3 cm。

填土和浇水:栽植时要做到"三埋两踩一提苗"和"一水浇透,二水稳根,三水封土"。

⑦ 支架搭设:为了防止香樟和四季桂树苗在不良自然条件下倾斜、倒伏,如遭遇大风、大雨等,因而对其进行支架搭设,以"三支一捆"处理,在必要时采取遮阳网措施,力争保栽保活,支架搭设必须做到以下几点:

（a）支架必须及时搭设,只可防治,不可补救。

（b）支架选取一般以竹子为主,其耐久性较好,但可视实际情况而定。

（10）植物栽植

① 在检查树坑大小、深度符合标准后,将花木逐一进行适当修剪、整理、去除破烂根须。对部分花木进行适当疏枝后对号栽植。女贞栽植时应注意扶正树冠、移动位置使花木姿势端正,观赏面突出,并捣实土球、整理好地貌;再次观看,进行第二次修剪、整形。芦竹采用地下茎方式移栽,按照造型和种植密度进行种植即可。

② 香樟、银杏和四季桂栽植时,须先修剪断根,入坑定位,回土捣实,作水堰,修剪树形,然后浇足定根水,用竹先进、木棒等支柱扶正。尤其是香樟需剪去大部分叶片的 1/2~2/3,并摘去一部分叶片,用草绳等缠绕树干,以减少水分蒸发,增加成活率。对坑要求一般应做到以下几点:

（a）病虫害的防治应以预防为主,治疗为辅的原则。栽植时必须把握好苗木质量关;处理病虫害以生物防治为主,药剂选取尽量符合高效、低毒、低残、无公害的原则。

（b）栽植小乔、灌木时应对土壤进行消毒处理,选用杀虫、杀螨类药剂杀灭土层中的地老虎等害虫。

(c)浇水:新栽的乔、灌木应浇足定根水,以后每月 2 ~ 3 次。每次浇足、浇透,特别在冬末春初和秋末冬初需定期浇透水一次,渗水深度达 80 cm 左右,若一次性下渗不到 80 cm,应二次补水,雨季排水,一般在 12 月至次年 3 月。

(d)栽植乔木、灌木时应施足基肥,将有机肥(发酵家禽粪便和腐殖土等配合而成)回填沟内捣实。

(e)修剪:一般在栽植时修剪为好,花灌木修剪不超过 40 cm,修剪原则根据树类型而定,争取达到均衡树势,树姿优美,花繁叶茂,球冠整齐的目的。要求上下错落有致、分布均匀、方向合理、保持自然树型、树冠丰满、内膛通风透光。

(11)现场清理

清除施工现场内剩余的机具、残枝落叶、砖块、杂物等,对场地进行清扫、冲洗。保持整洁、美观。

(12)栽植结束后的管理工作

① 乔木栽植结束后,在栽植坑外缘筑好水围子,浇足定根水并及时封堰,整理好地貌,利于花木成活。最后用竹竿或木棒等支柱将花木牢固地支撑好,以免被大风吹倒。以上工作完成后,应加强栽植后期的一般性管理。注意适当浇水、病虫害检查及防治,尽量做到栽植一株,成活一株,保障风景、减少损失。

② 及时浇水灌溉,根据不同植物按季节、大小、土壤干湿,确定浇水量及浇水次数,做到适时适量,每次浇水要浇足浇透。新栽乔木,每月不少于 4 次,灌木和草本每月不少于 8 次,另需每月用水冲洗树木树叶,以增强观赏性及利于植物生长。

③ 施肥,在树木定植前,在树木栽植穴中施以腐熟的渣肥或其他有机复合肥作为基肥,在树木栽植成活后,适时追施速效肥,乔木一年 1 ~ 2 次,花灌木一年 4 ~ 6 次,花灌木在花后应追施一次以磷钾为主的肥料。尤其是种植后的第一年,必须追施足够的肥料保障灌木和草本植被快速成活和生长起来。

④ 修剪,应根据树种习性、养护季节、景观效果来进行,常绿乔木一般在生长期内进行,剪去枯病枝、待长枝、细弱枝及分枝点下萌蘖,保持树冠丰满完整,灌木和草本在生长季节定期修剪,以使其花繁叶茂,图案鲜明,色彩分明。

⑤ 扶正、支柱,应定期检查,将因刮风、下雨及各种因素造成的树木缺株按同规格的原则进行补栽。

⑥ 病虫害防治。根据不同树种及不同病虫害危害的日期,有针对性地制定植保方案,加以防治。应定期施以各类型的杀虫、杀菌剂杀灭致病源,特别是在高温季节,每隔 7 ~ 10 d 即应喷药一次,以防止病、虫害发生。

(13)栽植时限

根据项目进度要求,建议施工在 2014 年 5 月以前完成。

3. 栽培抚育与管理维护措施

按照拟定的修复方案,项目组采取以下栽培抚育与管理维护措施:

(1)应用固定剂 A、B 改良污染场地,降低土壤重金属元素有效性含量和毒性水平。

(2)应用有机复合肥改良建群植物生长的根际环境,提高建群植物成活率和生长率。

(3)密植间种先锋草本和木本植物,迅速恢复植被,提高覆盖率和降低土壤侵蚀模数。

(4)沿污染区边缘种植水土保持能力强的植物绿篱,配置景观植物,形成景观型的生态拦截绿化带,控制水土流失,美化环境。

(5)采用修剪抚育方式每年抚育管理两次,维持修复前期土壤植被覆盖率,直到建群植物成林形成自然林下植被。

(6)每年四次定期做好植物换季、清理枯枝落叶等工作,加强修复区的清洁管理。

4. 示范工程建设的基本要求

(1)示范场地工程平整和表土建设要求:采用挖掘机等机械作业,将示范区平整为坡度约为 5 度的阶梯状缓坡地,形成中部稍凹的阶梯状缓坡地集水区域,利于调控污染土壤中污染物的稳定和固化。

(2)示范区植被搭配与生态景观重建要求:采取人工植苗法进行污染土壤修复示范区植被恢复。根据生态修复工程技术原理,形成乔-灌-草多元一体搭配的重金属污染土壤生态恢复与重建模式,实现示范区景观生态修复。具体说来,植被搭配方式采用以草本植被覆盖为主,灌木、常绿乔木立体搭配为辅,重建污染土壤生态及其景观,形成稳定的修复生态系统,减少污染土壤修复区水土流失和土壤侵蚀,减轻污染物的扩散和迁移。乔灌木在选择上主要考虑乡土物种和耐污能力,且易于成活的苗木树种。修复植物搭配种植要求,乔木选择胸径在 5~10 cm 的树苗,灌木选择苗高 10 cm 以上的幼苗,草本选择选 1~2 年生健壮根进行移栽。

5. 示范工程效果

2014 年 10 月份开始示范工程的工程平整等准备工作,2015 年 3 月开始化学固定剂的施入与固定工艺应用,2015 年 5 月完成修复植物种植工作。修复后土壤有效态镉、铅的含量平均值分别由 11.59 mg/kg、127.29 mg/kg 降低到 3.50 mg/kg、37.47 mg/kg,镉、铅的有效态(平均值)分别降低了 69.8%、70.6%。植被覆盖率达到 82% 以上。

参考文献

[1] 柴立元, 彭兵. 冶金环境工程学[M]. 北京:科学出版社, 2010.

[2] 邱定蕃, 柴立元. 有色冶金与环境保护[M]. 长沙:中南大学出版社, 2015.

[3] 闫缓. 基于铁酸锌选择性还原的锌浸出渣处理研究[D]. 中南大学, 长沙, 2014.

[4] Mei Chi, Zhou Jiemin, Peng Xiaoqi, et al. Simulation and Optimization on the Furnaces and Kilns for Nonferrous Metallurgical Engineering[M]. Springer press, 2010.

[5] 李密. 锌焙砂选择性还原与铁锌分离的基础研究[D]. 长沙: 中南大学, 2013.

[6] 吴克明, 孙大林, 胡杰. 湿法炼锌过程中除铁工艺的进展[J]. 矿产综合利用, 2014, 6: 6 - 9.

[7] 刘环平. 铅银渣、铁矾渣中锌的物相分析[J]. 甘肃冶金, 2011, 1:83 - 85.

[8] 贾宝亮. 锌冶炼黄钾铁矾渣中银的回收新工艺及机理[D]. 长沙:中南大学, 2013.

[9] 刘超. 微波硫酸化焙烧 - 水浸法处理铁矾渣新工艺[D]. 昆明:昆明理工大学, 2015.

[10] 王令明. 一种用于湿法锌冶炼清洁生产的高效除铁方法[J]. 铜业工程, 2014, 6:19 - 21.

[11] 张纯. 锌冶炼中浸渣镉还原强化浸出基础研究[D]. 长沙: 中南大学, 2016.

[12] 张海静. 含锌中和渣的水热硫化及可浮性研究[D]. 长沙: 中南大学, 2012.

[13] 陈涛, 吴燕玉, 张学询, 等. 张士灌区镉土改良和水稻镉污染防治研究[J]. 环境科学, 1980, 5(5) : 7 - 11.

[14] 朱礼学. 成都平原西部土壤中镉的分布与镉污染[J]. 四川环境, 2001, 20(2) : 41 - 43.

[15] 朱凤鸣, 邹学贤, 刘芳. 昆明西郊镉污染对人体健康的影响[J]. 中国卫生检验杂志, 2002, 12 (5) : 602 - 603.

[16] 王济, 王世杰, 欧阳自远. 贵阳市表层土壤中镉的环境地球化学基线研究[J]. 环境科学, 2007, 28 (6) :1344 - 1348.

[17] Zhai L M, Liao X Y, Chen T B, et al. Regional assessment of cadmium pollution in agricultural lands and thepotential health risk related to intensive mining activities: A case study in Chenzhou City, China[J]. Journal of Environmental Sciences, 2008, 20(6) : 696 - 703.

[18] 杨建广, 雷杰, 彭思尧, 等. 从铜镉渣浸出液中电加强置换提取镉[J]. 中国有色金属学报. 2015, 25(8):2268 - 2275.

[19] 邵琼, 杜霞, 汪玲, 等. 铜镉渣的回收利用现状[J]. 湿法冶金, 2003, 22(2): 66 - 68.

[20] Sadegh Safarzadeh M, Bafghi M S, Moradkhani D, et al. A review on hydrometallurgical extraction and recovery of cadmium from various resources[J]. Minerals Engineering, 2007, 20(3), 211 - 220.

[21] 汤顺贤, 陈科彤, 万宁, 等. 从铜镉渣中提取海绵镉的试验研究[J]. 矿冶, 2014, 23(5): 65 - 68.

［22］邹小平，汪胜东，蒋训雄，等. 铜镉渣提取镉绵工艺研究［J］. 有色金属：冶炼部分，2010，(6)：2 - 5.

［23］卢国俭，朱英杰，欧阳春. 铜镉渣综合利用研究［J］. 无机盐工业，2014，46(7)：63 - 66.

［24］成应向，刘喜珍，漆燕，等. 有色冶炼铜镉渣中镉的提取工艺研究［J］. 环境工程，2012，30：331 - 334.

［25］Casaroli S J G, Cohen B, Tong A R, et al. Petrie J G. Cementation for metal removal in zinc electrowinning circuits［J］. Minerals engineering, 2005, 18(13)：1282 - 1288.

［26］Safarzadeh M S, Moradkhani D, Ilkhchi M O. Determination of the optimum conditions for the cementation of cadmium with zinc powder in sulfate medium［J］. Chemical Engineering and Processing：Process Intensification, 2007, 46(12)：1332 - 1340.

［27］Gouvea L R, Morais C A. Recovery of zinc and cadmium from industrial waste by leaching/cementation［J］. Minerals engineering, 2007, 20(9)：956 - 958.

［28］袁城. 旋流电积技术从铜镉渣中综合回收金属的试验研究［D］. 赣州：江西理工大学，2013.

［29］YANG Bo, WANG Cheng - yan, LI Dun - fang, et al. Selective separation of copper and cadmium from zinc solutions by low current density electrolysis［J］. Transactions of Nonferrous Metals Society of China, 2010, 20(3)：533 - 536.

［30］Kumar A, Hodder D, Gupta M L. Recovery of cadmium from hydrometallurgical zinc smelter by selective leaching［J］. Hydrometallurgy, 2010, 102(1)：31 - 36.

［31］Safarzadeh M S, Moradkhani D. The electrowinning of cadmium in the presence of zinc［J］. Hydrometallurgy, 2010, 105(1)：168 - 171.

［32］路殿坤，金哲男，涂赣峰，等. 铜镉渣浸出液中铜锌镉的萃取分离研究［J］. 全国"十二五"铅锌冶金技术发展论坛暨驰宏公司六十周年大庆学术交流会论文集，2010.

［33］马捍东. 铜镉渣资源化利用中分离过程的研究［D］. 上海：华东理工大学，2010.

［34］Lu D, Jin Z, Shi L, et al. Asselin E. A novel separation process for detoxifying cadmium - containing residues from zinc purification plants［J］. Minerals Engineering, 2014, 64：1 - 6.

［35］Bidari E, Irannejad M, Gharabaghi M. Solvent extraction recovery and separation of cadmium and copper from sulphate solution［J］. Journal of Environmental Chemical Engineering, 2013, 1(4)：1269 - 1274.

［36］杨建广，郑诗礼，何静，等. 从铜镉渣中回收铜、镉的方法及从富镉硫酸锌溶液中回收镉的装置：中国专利，CN103556180A［P］.

［37］黄炳辉，张仲甫，汪德先. 用液膜技术提取镉的研究［J］. 膜科学与技术，1989，9(2)：56 - 63.

［38］Baker A J M, Brooks R R. Terrestrial higher plants which hyperaccumulate metallic elements. A review of their distribution, ecology and phytochemistry ［J］. Biorecovery, 1989, 1(2)：81 - 126.

［39］Lestan D, Luo C, Li X. The use of chelating agents in the remediation of metal - contaminated soils：a review［J］. Environmental pollution, 2008, 153(1)：3 - 13.

[40] Misaelides P. Application of natural zeolites in environmental remediation: A short review[J]. Microporous and Mesoporous Materials, 2011, 144(1): 15 – 18.

[41] Page MM, Page C L. Electroremediation of contaminated soils[J]. Journal of Environmental Engineering, 2002, 128(3): 208 – 219.

[42] Tica D, Udovic M, Lestan D. Immobilization of potentially toxic metals using different soil a-mendments[J]. Chemosphere, 2011, 85(4): 577 – 583.

[43] Udovic M, Lestan D. EDTA and HCl leaching of calcareous and acidic soils polluted with poten-tially toxic metals: remediation efficiency and soil impact[J]. Chemosphere, 2012, 88(6): 718 – 724.

[44] 陈同斌, 韦朝阳. 砷超富集植物是蜈蚣草及其对砷的富集特征[J]. 科学通报, 2002, 47 (3):207 – 210.

[45] 高梁. 土壤污染及其防治措施[J]. 农业环境保护, 1992, 11(6): 272 – 273.

[46] 郭朝晖, 朱永官. 典型矿冶周边地区土壤重金属污染及有效性含量[J]. 生态环境, 2004, 13(4): 553 – 555.

[47] 刘威, 束文圣, 蓝崇钰. 宝山堇菜 (Viola baoshanensis)———一种新的镉超富集植物[J]. 科学通报, 2003, 48(19): 2046 – 2049.

[48] 聂发辉. 镉超富集植物商陆及其富集效应[J]. 生态环境, 2006, 15(2): 303 – 306.

[49] 秦樊鑫, 魏朝富, 李红梅. 重金属污染土壤修复技术综述与展望[J]. 环境科学与技术, 2015, 2.

[50] 王激清, 茹淑华, 苏德纯. 印度芥菜和油菜互作对各自吸收土壤中难溶态镉的影响[J]. 环境科学学报, 2004, 24(5): 890 – 894.

[51] 王松良. 芸苔属蔬菜重金属累积特性及抗镉基因的差异表达与克隆 [D]. 福州: 福建农林大学, 2004.

[52] 魏树和, 周启星, 王新, 等. 一种新发现的镉超积累植物龙葵 (Solanum nigrum L)[J]. 科学通报, 2004, 49(24): 2568 – 2573.

[53] 文秋红, 史锟. 部分植物富集镉能力探讨[J]. 环境科学与技术, 2006, 29(12): 90 – 92.

[54] 吴启堂. 环境土壤学[M]. 北京: 中国农业出版社, 2011.

[55] 熊愈辉. 东南景天对镉的耐性生理机制及其对土壤镉的提取与修复作用的研究 [D]. 杭州: 浙江大学, 2005.

[56] 徐良将, 张明礼, 杨浩. 土壤重金属镉污染的生物修复技术研究进展[J]. 南京师大学报: 自然科学版, 2011, 34(1): 102 – 106.

[57] 姚向君. 生物质能资源清洁转化利用技术[M]. 北京: 化学工业出版社, 2005.

[58] 张海燕, 刘阳, 李娟, 等. 重金属污染土壤修复技术综述[J]. 四川环境, 2010, 29(6): 138 – 141.

[59] 张慧翀, 谢炳庚. 基于生态足迹理论的生态经济协调发展研究———以常德市临澧县为例 [J]. 湖南师范大学自然科学学报, 2010, 33(3):119 – 123.

[60] Abollino O, Aceto M, Malandrino M, et al. Heavy metals in agricultural soils from Piedmont, Italy. Distribution, speciation and chemometric data treatment [J]. Chemosphere, 2002, 49

(6): 545 –557.

[61] Baker A J M, McGrath S P, Sidoli C M D, et al. The possibility of in situ heavy metal decontamination of polluted soils using crops of metal – accumulating plants [J]. Resources, Conservation and Recycling, 1994, 11(1 – 4): 41 –49.

[62] Baker A J M, Reeves R D, Hajar A S M. Heavy metal accumulation and tolerance in British populations of the metallophyte Thlaspi caerulescens J. & C. Presl (Brassicaceae) [J]. New Phytologist, 1994, 127(1): 61 –68.

[63] Beesley L, Moreno – Jiménez E, Gomez – Eyles J L. Effects of biochar and greenwaste compost amendments on mobility, bioavailability and toxicity of inorganic and organic contaminants in a multi – element polluted soil [J]. Environmental Pollution, 2010, 158(6): 2282 –2287.

[64] Berti W R, Cunningham S D. Phytostabilization of metals [J]. Phytoremediation of toxic metals: using plants to clean – up the environment. New York, John Wiley & Sons, Inc, 2000, 160(5): 1073 –1075.

[65] Bolan N S, Adriano D C, Duraisamy P, et al. Immobilization and phytoavailability of cadmium in variable charge soils. I. Effect of phosphate addition [J]. Plant and Soil, 2003, 250(1): 83 –94.

[66] Celelekli A, Kapi M, Bozkurt H. Effect of cadmium on biomass, pigmentation, malondialdehyde, and proline of scenedesmus quadricauda var. longispina [J]. Bulletin of Environmental Contamination and Toxicology, 2013, 91(5): 571 –576.

[67] Chaudhry T M, Hayes W J, Khan A G. Phytoremediation – focusing on accumulator plants that remediate metal – contaminated soils [J]. Australasian Journal of Ecotoxicology, 1998 (4): 37 –51.

[68] Chen Y, Shen Z, Li X. The use of vetiver grass (Vetiveria zizanioides) in the phytoremediation of soils contaminated with heavy metals [J]. Applied Geochemistry, 2004, 19(10): 1553 –1565.

[69] Chen Z S, Zhang H Y, Guo W, et al. Cadmium stress on wheat morphology: germination and growth [J]. Progress in Environmental Science and Engineering, 2011, (356): 1075 –1078.

[70] Cheng S, Hseu Z. In – situ immobilization of cadmium and lead by different amendments in two contaminated soils [J]. Water, Air, and Soil Pollution, 2002, 140(1 –4): 73 –84.

[71] Chrastny V, Vaněk A, Teper L, et al. Geochemical position of Pb, Zn and Cd in soils near the Olkusz mine/smelter, South Poland: effects of land use, type of contamination and distance from pollution source [J]. Environmental Monitoring and Assessment, 2012, 184(4): 2517 –2536.

[72] Contin M, Mondini C, Leita L, et al. Enhanced soil toxic metal fixation in iron (hydr)oxides by redox cycles [J]. Geoderma, 2007, 140(1 –2): 164 –175.

[73] Cui L, Li L, Mail A Z, et al. Biochar amendment greatly reduces rice Cd uptake in a contaminated paddy soil: a two – year field experiment [J]. Bioresources, 2011, 6(3): 2605 –2618.

[74] Davidson C M, Duncan A L, Littlejohn D. A critical evaluation of the three – stage BCR sequential extraction procedure to assess the potential mobility and toxicity of heavy metals in in-

dustrially – contaminated land [J]. Analytica Chimica Acta, 1998, 363(1): 45 –55.

[75] Domínguez M T, Madrid F, Maranon T, et al. Cadmium availability in soil and retention in oak roots: Potential for phytostabilization [J]. Chemosphere, 2009, 76(4): 480 –486.

[76] Ekmekci Y, Tanyola D, Ayhan B. Effects of cadmium on antioxidant enzyme and photosynthetic activities in leaves of two maize cultivars [J]. Journal of Plant Physiology, 2008, 165(6): 600 –611.

[77] Fan K, Hsi H, Chen C, et al. Cadmium accumulation and tolerance of mahogany (Swietenia macrophylla) seedlings for phytoextraction applications [J]. Journal of Environmental Management, 2011, 92(10): 2818 –2822.

[78] Franco – Uría A, López – Mateo C, Roca E, et al. Source identification of heavy metals in pastureland by multivariate analysis in NW Spain [J]. Journal of Hazardous Materials, 2009, 165 (1 –3): 1008 –1015.

[79] Friesl W, Friedl J, Platzer K, et al. Remediation of contaminated agricultural soils near a former Pb/Zn smelter in Austria: Batch, pot and field experiments [J]. Environmental Pollution, 2006, 144(1): 40 –50.

[80] Gao Y, Miao C, Xia J, et al. Effect of citric acid on phytoextraction and antioxidative defense in Solanum nigrum L. as a hyperaccumulator under Cd and Pb combined pollution [J]. Environmental Earth Sciences, 2012, 65(7): 1923 –1932.

[81] Giannis A, Gidarakos E. Washing enhanced electrokinetic remediation for removal cadmium from real contaminated soil [J]. Journal of Hazardous Materials, 2005, 123(1 –3): 165 –175.

[82] Giannis A, Pentari D, Wang J, et al. Application of sequential extraction analysis to electrokinetic remediation of cadmium, nickel and zinc from contaminated soils [J]. Journal of Hazardous Materials, 2010, 184(1 –3): 547 –554.

[83] Golia E E, Tsiropoulos N G, Dimirkou A, et al. Distribution of heavy metals of agricultural soils of central Greece using the modified BCR sequential extraction method [J]. International Journal of Environmental Analytical Chemistry, 2007, 87(13 –14): 1053 –1063.

[84] Gray C W, Dunham S J, Dennis P G, et al. Field evaluation of in situ remediation of a heavy metal contaminated soil using lime and red – mud [J]. Environmental Pollution, 2006, 142 (3): 530 –539.

[85] Ha H, Olson J R, Bian L, et al. Analysis of heavy metal sources in soil using kriging interpolation on principal components [J]. Environmental Science & Technology, 2014, 48(9): 4999 –5007.

[86] Hani A, Pazira E. Heavy metals assessment and identification of their sources in agricultural soils of Southern Tehran, Iran [J]. Environmental Monitoring and Assessment, 2011, 176(1 – 4): 677 –691.

[87] Hao X, Zhou D, Li D, et al. Growth, cadmium and zinc accumulation of ornamental sunflower (Helianthus annuus L.) in contaminated soil with different amendments [J]. Pedosphere, 2012, 22(5): 631 –639.

[88] Hong K J, Tokunaga S, Kajiuchi T. Evaluation of remediation process with plant – derived bio-surfactant for recovery of heavy metals from contaminated soils [J]. Chemosphere, 2002, 49 (4): 379 – 387.

[89] IARC. Beryllium, cadmium, mercury, and exposures in the glass manufacturing industry [J]. Bulletin of the World Health Organization, 1994, 72(4): 687.

[90] Jelusic M, Lestan D. Effect of EDTA washing of metal polluted garden soils. Part I: Toxicity hazards and impact on soil properties [J]. Science of the Total Environment, 2014, 475: 132 – 141.

[91] Jiang J, Xu R, Jiang T, et al. Immobilization of Cu(II), Pb(II) and Cd(II) by the addition of rice straw derived biochar to a simulated polluted Ultisol [J]. Journal of Hazardous Materials, 2012, 229 – 230: 145 – 150.

[92] Kachenko A G, Singh B. Heavy metals contamination in vegetables grown in urban and metal smelter contaminated sites in Australia [J]. Water, Air, and Soil Pollution, 2006, 169(1 – 4): 101 – 123.

[93] Kaitantzian A, Kelepertzis E, Kelepertsis A. Evaluation of the sources of contamination in the suburban area of Koropi – Markopoulo, Athens, Greece [J]. Bulletin of Environmental Contamination and Toxicology, 2013, 91(1): 23 – 28.

[94] Lee S S, Lim J E, El – Azeem S A M A, et al. Heavy metal immobilization in soil near abandoned mines using eggshell waste and rapeseed residue [J]. Environmental Science and Pollution Research, 2013, 20(3): 1719 – 1726.

[95] Li J T, Liao B, Dai Z Y, et al. Phytoextraction of Cd – contaminated soil by carambola (Averrhoa carambola) in field trials [J]. Chemosphere, 2009, 76(9): 1233 – 1239.

[96] Linger P, Mussig J, Fischer H, et al. Industrial hemp (Cannabis sativa L.) growing on heavy metal contaminated soil: fibre quality and phytoremediation potential [J]. Industrial Crops and Products, 2002, 16(2): 33 – 42.

[97] Liu Q, Liu Y, Zhang M. Mercury and cadmium contamination in traffic soil of Beijing, China [J]. Bulletin of Environmental Contamination and Toxicology, 2012, 88(2): 154 – 157.

[98] Liu Z, He X, Chen W, et al. Accumulation and tolerance characteristics of cadmium in a potential hyperaccumulator—Lonicera japonica Thunb [J]. Journal of Hazardous Materials, 2009, 169(1 – 3): 170 – 175.

[99] Makino T, Takano H, Kamiya T, et al. Restoration of cadmium – contaminated paddy soils by washing with ferric chloride: Cd extraction mechanism and bench – scale verification [J]. Chemosphere, 2008, 70(6): 1035 – 1043.

[100] Martin T A, Ruby M V. Review of in situ remediation technologies for lead, zinc, and cadmium in soil [J]. Remediation Journal, 2004, 14(3): 35 – 53.

[101] Mobin M, Khan N A. Photosynthetic activity, pigment composition and antioxidative response of two mustard (Brassica juncea) cultivars differing in photosynthetic capacity subjected to cadmium stress [J]. Journal of Plant Physiology, 2007, 164(5): 601 – 610.

[102] Moreno – Jiménez E, Vázquez S, Carpena – Ruiz R O, et al. Using Mediterranean shrubs for the phytoremediation of a soil impacted by pyritic wastes in Southern Spain: A field experiment [J]. Journal of Environmental Management, 2011, 92(6): 1584 – 1590.

[103] Nabulo G, Oryem – Origa H, Diamond M. Assessment of lead, cadmium, and zinc contamination of roadside soils, surface films, and vegetables in Kampala City, Uganda [J]. Environmental Research, 2006, 101(1): 42 – 52.

[104] Nedelkoska T V, Doran P M. Hyperaccumulation of cadmium by hairy roots of Thlaspi caerulescens [J]. Biotechnology and Bioengineering, 2000, 67(5): 607 – 615.

[105] Padmavathiamma P K, Li L Y. Phytoremediation technology: Hyper – accumulation metals in plants [J]. Water, Air, and Soil Pollution, 2007, 184(1 – 4): 105 – 126.

[106] Park J H, Choppala G K, Bolan N S, et al. Biochar reduces the bioavailability and phytotoxicity of heavy metals [J]. Plant and Soil, 2011, 348(1 – 2): 439 – 451.

[107] Prasad M N V. Phytoremediation of metal – polluted ecosystems: hype for commercialization [J]. Russian Journal of Plant Physiology, 2003, 50(5): 686 – 701.

[108] Pulford I. Phytoremediation of heavy metal – contaminated land by trees—a review [J]. Environment International, 2003, 29(4): 529 – 540.

[109] Reddy K R, Xu C Y, Chinthamreddy S. Assessment of electrokinetic removal of heavy metals from soils by sequential extraction analysis [J]. J Hazard Mater, 2001, 84(2 – 3): 279 – 296.

[110] Sabiha – Javied, Mehmood T, Chaudhry M M, et al. Heavy metal pollution from phosphate rock used for the production of fertilizer in Pakistan[J]. Microchemical Journal, 2009, 91 (1): 94 – 99.

[111] Soudek P, Petrová s, Vaňková R, et al. Accumulation of heavy metals using Sorghum sp. [J]. Chemosphere, 2014, 104(2): 15 – 24.

[112] Sun L, Zhang Y, Sun T. Temporal – spatial distribution and variability of cadmium contamina – tion in soils in Shenyang Zhangshi irrigation area, China [J]. Journal of Enuironmental Sciences, 2006, 18(6): 1241 – 1246.

[113] Sun Y, Zhou Q, An J, et al. Chelator – enhanced phytoextraction of heavy metals from contaminated soil irrigated by industrial wastewater with the hyperaccumulator plant (Sedum alfredii Hance) [J]. Geoderma, 2009, 150(1 – 2): 106 – 112.

[114] Sun Y, Zhou Q, Liu W, et al. Joint effects of arsenic and cadmium on plant growth and metal bioaccumulation: A potential Cd – hyperaccumulator and As – excluder Bidens pilosa L [J]. Journal of Hazardous Materials, 2009, 165(1 – 3): 1023 – 1028.

[115] Suthar V, Memon K S, Mahmood – ul – Hassan M. EDTA – enhanced phytoremediation of contaminated calcareous soils: heavy metal bioavailability, extractability, and uptake by maize and sesbania [J]. Environmental Monitoring and Assessment, 2014, 186(6): 3957 – 3968.

[116] Tang Y. Zn and Cd hyperaccumulating characteristics of Picris divaricata Vant. [J]. International Journal of Environment and Pollution, 2009, 31(1 – 2): 26 – 38.

［117］ Tanhan P, Kruatrachue M, Pokethitiyook P, et al. Uptake and accumulation of cadmium, lead and zinc by Siam weed［Chromolaena odorata（L.）King & Robinson＼］［J］. Chemosphere, 2007, 68(2): 323 – 329.

［118］ Van Slycken S, Witters N, Meiresonne L, et al. Field evaluation of willow under short rotation coppice for phytomanagement of metal – polluted agricultural soils［J］. International Journal of Phytoremediation, 2013, 15(7): 677 – 689.

［119］ Vandecasteele B, Meers E, Vervaeke P, et al. Growth and trace metal accumulation of two Salix clones on sediment – derived soils with increasing contamination levels［J］. Chemosphere, 2005, 58(8): 995 – 1002.

［120］ Vangronsveld J, Herzig R, Weyens N, et al. Phytoremediation of contaminated soils and groundwater: lessons from the field［J］. Environmental Science & Pollution Research, 2009, 16(7): 765 – 794.

［121］ Vázquez S, Agha R, Granado A, et al. Use of white lupin plant for phytostabilization of Cd and As polluted acid soil［J］. Water, air, and soil pollution, 2006, 177(1 – 4): 349 – 365.

［122］ Wang Y, Yan A, Dai J, et al. Accumulation and tolerance characteristics of cadmium in Chlorophytum comosum: a popular ornamental plant and potential Cd hyperaccumulator［J］. Environmental Monitoring and Assessment, 2012, 184(2): 929 – 937.

［123］ Wei B, Yang L. A review of heavy metal contaminations in urban soils, urban road dusts and agricultural soils from China［J］. Microchemical Journal, 2010, 94(2): 99 – 107.

［124］ Wieshammer G, Unterbrunner R, García T B, et al. Phytoextraction of Cd and Zn from agricultural soils by Salix ssp. and intercropping of Salix caprea and Arabidopsis halleri［J］. Plant and Soil, 2007, 298(1 – 2): 255 – 264.

［125］ Yan C G, Hong Y T, Fu S Z. Effect of Cd, Pb stress on scarenging system of activated oxygen in leaves of tobacco［J］. Acta Ecologica Sinica, 1997, 17(5): 488 – 492.

［126］ Yang X E, Long X X, Ye H B, et al. Cadmium tolerance and hyperaccumulation in a new Zn – hyperaccumulating plant species（Sedum alfredii Hance）［J］. Plant and Soil, 2004, 259 (1): 181 – 189.

［127］ Yoon J, Cao X, Zhou Q, et al. Accumulation of Pb, Cu, and Zn in native plants growing on a contaminated Florida site［J］. Science of the Total Environment, 2006, 368(2 – 3): 456 – 464.

［128］ Yu Z, Zhou Q. Growth responses and cadmium accumulation of Mirabilis jalapa L. under interaction between cadmium and phosphorus［J］. Journal of Hazardous Materials, 2009, 167(1 – 3): 38 – 43.

［129］ Zacchini M, Pietrini F, Scarascia Mugnozza G, et al. Metal tolerance, accumulation and translocation in poplar and willow clones treated with cadmium in hydroponics［J］. Water, Air, and Soil Pollution, 2009, 197(1 – 4): 23 – 34.

［130］ 安立会, 郑丙辉, 张雷, 等. 渤海湾河口沉积物重金属污染及潜在生态风险评价［J］. 中国环境科学, 2010, 30(5): 666 – 670.

[131] 白彦真, 谢英荷, 张小红. 重金属污染土壤植物修复技术研究进展[J]. 山西农业科学, 2012, (6): 695 – 697.

[132] 包丹丹, 李恋卿, 潘根兴, 等. 苏南某冶炼厂周边农田土壤重金属分布及风险评价[J]. 农业环境科学学报, 2011, 30(8): 1546 – 1552.

[133] 蔡晓东, 林光荣, 许文宝, 等. 三种观赏植物对土壤中镉的富集特征研究[J]. 亚热带植物科学, 2011, (2): 4 – 6.

[134] 曾咏梅, 毛昆明, 李永梅. 土壤中镉污染的危害及其防治对策[J]. 云南农业大学学报, 2005, 20(3): 360 – 365.

[135] 陈志霞, 黄益宗, 赵中秋, 等. 不同粒径磷矿粉对玉米吸收积累重金属的影响[J]. 安全与环境学报, 2012, (6): 1 – 4.

[136] 单丽丽, 袁旭音, 茅昌平, 等. 长江下游不同源沉积物中重金属特征及生态风险[J]. 环境科学, 2008, 29(9): 2399 – 2404.

[137] 董萌, 赵运林, 雷存喜, 等. 蒌蒿(Artemisia selengensis)对土壤中镉的胁迫反应及修复潜力研究[J]. 环境科学学报, 2012, (6): 1473 – 1480.

[138] 杜平, 马建华, 韩晋仙. 开封市化肥河污灌区土壤重金属潜在生态风险评价[J]. 地球与环境, 2009, 37(4): 436 – 440.

[139] 杜晓, 申晓辉. 镉胁迫对珊瑚树和地中海荚蒾生理生化指标的影响[J]. 生态学杂志, 2010, (5): 899 – 904.

[140] 樊梦佳, 袁兴中, 祝慧娜, 等. 基于三角模糊数的河流沉积物中重金属污染评价模型[J]. 环境科学学报, 2010, 30(8): 1700 – 1706.

[141] 顾翠花, 王懿祥, 白尚斌, 等. 四种园林植物对土壤镉污染耐受性研究[J]. 生态学报, 2015, 35(8): 2536 – 2544.

[142] 关伟, 王有年, 师光禄, 等. 两个桃树品种对土壤中不同镉水平的响应[J]. 生态学杂志, 2007, (6): 859 – 864.

[143] 郭艳丽, 台培东, 冯倩, 等. 沈阳张士灌区常见木本植物镉积累特征[J]. 安徽农业科学, 2009, (7): 3205 – 3207.

[144] 韩露, 张小平, 刘必融, 等. 香根草对土壤中几种重金属离子富集能力的比较研究[J]. 生物学杂志, 2005, 22, (5): 20 – 23.

[145] 贺庭, 刘婕, 朱宇恩, 等. 重金属污染土壤木本 – 草本联合修复研究进展[J]. 中国农学通报, 2012, (11): 237 – 242.

[146] 侯晓龙, 庄凯, 刘爱琴, 等. 不同植被配置模式对福建紫金山金铜矿废弃地土壤质量的恢复效果[J]. 农业环境科学学报, 2012, (8): 1505 – 1511.

[147] 胡亚虎, 魏树和, 周启星, 等. 螯合剂在重金属污染土壤植物修复中的应用研究进展[J]. 农业环境科学学报, 2010, 29(11): 2055 – 2063.

[148] 胡钟胜, 章钢娅, 王广志, 等. 改良剂对烟草吸收土壤中镉、铅影响的研究[J]. 土壤学报, 2006, (2): 233 – 239.

[149] 黄本柱, 洪天求, 李如忠, 等. 基于三角模糊原理的沉积物重金属污染风险评价[J]. 合肥工业大学学报(自然科学版). 2009, 32, (9): 1386 – 1390.

[150] 贾锐鱼，杨索，林有红. 西安市南、北郊土壤重金属含量及对小青菜影响对比[J]. 安徽农业科学. 2011, 39, (20)：12164 - 12165.

[151] 金倩，杨远祥，朱雪梅. 汉源普陀山铅锌矿区优势植物铅锌富集特性研究[J]. 西南农业学报，2010, (6)：1976 - 1979.

[152] 金文芬，方晰，唐志娟. 3 种园林植物对土壤重金属的吸收富集特征[J]. 中南林业科技大学学报，2009, 29(3)：21 - 25.

[153] 孔令韶. 植物对金属元素的吸收积累及忍耐、变异[J]. 环境科学，1983, (1)：65 - 69.

[154] 雷冬梅，段昌群，张红叶. 矿区废弃地先锋植物齿果酸模在 Pb、Zn 污染下抗氧化酶系统的变化[J]. 生态学报，2009, (10)：5417 - 5423.

[155] 雷梅，岳庆玲，陈同斌，等. 湖南柿竹园矿区土壤重金属含量及植物吸收特征[J]. 生态学报，2005(05)：1146 - 1151.

[156] 李贵，童方平，刘振华，等. 植物原位阻截铅锌矿区土壤重金属效果和配置模式研究[J]. 中国农学通报，2012, (31)：61 - 64.

[157] 李名升，佟连军. 辽宁省污灌区土壤重金属污染特征与生态风险评价[J]. 中国生态农业学报，2008, 16(6)：1517 - 1522.

[158] 李玉双，孙丽娜，孙铁珩，等. 超富集植物叶用红恭菜(*Beta vulgaris var. cicla L.*)及其对 Cd 的富集特征[J]. 农业环境科学学报，2007, (4)：1386 - 1389.

[159] 李元，王焕校，吴玉树. Cd、Fe 及其复合污染对烟草叶片几项生理指标的影响[J]. 生态学报，1992, (2)：147 - 154.

[160] 刘成志，尚鹤，姚斌，等. 柴河铅锌尾矿耐性植物与优势植物的重金属含量研究[J]. 林业科学研究，2005, (3)：246 - 249.

[161] 刘德鸿，王发园，周文利，等. 洛阳市不同功能区道路灰尘重金属污染及潜在生态风险[J]. 环境科学，2012, (1)：253 - 259.

[162] 刘惠娜，杨期和，杨和生，等. 粤东铅锌尾矿三种优势植物对重金属的吸收和富集特性研究[J]. 广西植物，2012, (6)：743 - 749.

[163] 刘家女，周启星，孙挺. Cd - Pb 复合污染条件下 3 种花卉植物的生长反应及超积累特性研究[J]. 环境科学学报，2006, (12)：2039 - 2044.

[164] 刘家女. 镉超积累花卉植物的识别及其化学强化[D]. 沈阳：东北大学，2008.

[165] 刘俊祥，孙振元，巨关升，等. 结缕草对重金属镉的生理响应[J]. 生态学报，2011, (20)：6149 - 6156.

[166] 刘莉华，刘淑杰，陈福明，等. 两株镉抗性奇异变形杆菌对龙葵修复镉污染土壤的强化作用[J]. 环境工程学报，2013, (10)：4109 - 4115.

[167] 刘柿良，石新生，潘远智，等. 镉胁迫对长春花生长，生物量及养分积累与分配的影响[J]. 草业学报，2013, (3)：154 - 161. .

[168] 刘威，束文圣，蓝崇钰. 宝山堇菜(*Viola baoshanensis*)——一种新的镉超富集植物[J]. 科学通报，2003, (19)：2046 - 2049.

[169] 刘维涛，张银龙，陈喆敏，等. 矿区绿化树木对镉和锌的吸收与分布[J]. 应用生态学报，2008, (4)：752 - 756.

[170] 刘燕玲, 刘树庆, 薛占军, 等. 保定市郊污灌区土壤重金属潜在生态风险评价[J]. 安徽农业科学. 2011, 39(17): 10330 – 10332.

[171] 刘影, 伍钧, 杨刚, 等. 3 种能源草在铅锌矿区土壤中的生长及其对重金属的富集特性[J]. 水土保持学报, 2014, (5):291 – 296.

[172] 刘月莉, 伍钧, 唐亚, 等. 四川甘洛铅锌矿区优势植物的重金属含量[J]. 生态学报, 2009, 29(4): 2020 – 2026.

[173] 刘玥. 寺沟铅锌矿区土壤重金属污染评价研究 [J]. 中国西部科技. 2008, 7(33):22 – 23.

[174] 刘周莉, 何兴元, 陈玮, 等. 镉胁迫下金银花的生长反应及积累特性[J]. 生态学杂志, 2009, (8): 1579 – 1583.

[175] 栾文楼, 温小亚, 崔邢涛, 等. 石家庄污灌区表层土壤中重金属环境地球化学研究[J]. 中国地质, 2009, 36(2): 465 – 473.

[176] 罗红艳. 三种木本植物幼树重金属抗性的比较研究[D]. 南京: 南京林业大学, 2003.

[177] 律琳琳, 金美玉, 李博文, 等. 四种矿物材料改良 Cd 污染土壤的研究[J]. 河北农业大学学报, 2009, (1): 1 – 5.

[178] 马彩云, 蔡定建, 严宏. 土壤镉污染及其治理技术研究进展[J]. 河南化工, 2013, (16): 17 – 22.

[179] 马翠兰, 刘星辉, 庄伟强, 等. 水培条件下 NaCl 胁迫对坪山柚实生苗生理生化特性的影响[J]. 植物资源与环境学报, 2005, (3): 16 – 20.

[180] 马淑敏, 孙振钧, 王冲. 蚯蚓 – 甜高粱复合系统对土壤镉污染的修复作用及机理初探[J]. 农业环境科学学报, 2008, (1): 133 – 138.

[181] 梅娟, 李华, 郭翠花. Cd 超富集植物修复污染土壤的研究进展[J]. 能源与节能, 2013, (2): 80 – 82.

[182] 苗旭锋. 典型矿冶区重金属污染土壤芦竹—化学联合修复研究 [D]. 长沙: 中南大学, 2010.

[183] 聂发辉. 镉超富集植物商陆及其富集效应[J]. 生态环境, 2006, (2): 303 – 306.

[184] 宁晓波, 项文化, 方晰, 等. 贵阳花溪区石灰土林地土壤重金属含量特征及其污染评价[J]. 生态学报. 2009, 29(4):2169 – 2177.

[185] 齐丹卉, 刘文胜. 10 种常见绿化树种重金属积累特性的研究[J]. 浙江林业科技, 2014, (6): 55 – 58.

[186] 沈根祥, 谢争, 钱晓雅, 等. 上海市蔬菜农田土壤重金属污染物累积调查分析[J]. 农业环境科学学报, 2006, (S1): 37 – 40.

[187] 施鹏程, 陆桂红, 耿玉清, 等. 京北城区公路绿化带土壤重金属污染[J]. 城市环境与城市生态. 2009, (6) :39 – 42.

[188] 石润, 吴晓芙, 李芸, 等. 应用于重金属污染土壤植物修复中的植物种类[J]. 中南林业科技大学学报, 2015, (4): 139 – 146.

[189] 苏焕珍, 刘文胜, 郑丽, 等. 兰坪铅锌矿区不同污染梯度下优势植物的重金属累积特征[J]. 环境工程学报, 2014, (11): 5027 – 5034.

[190] 孙宗斌, 周俊, 胡蓓蓓, 等. 天津城市道路灰尘重金属污染特征[J]. 生态环境学报, 2014, (1): 157 - 163.

[191] 谭立敏, 李科林, 李顺. 株洲霞湾港域乡土植物及其根际土壤重金属蓄积特性[J]. 水土保持学报, 2013, (4): 161 - 165.

[192] 唐晓燕, 彭渤, 余昌训, 等. 湘江沉积物重金属元素环境地球化学特征[J]. 云南地理环境研究, 2008, 20(3):26 - 32.

[193] 童方平, 龙应忠, 杨勿享, 等. 锑矿区构树富集重金属的特性研究[J]. 中国农学通报, 2010, (14): 328 - 331.

[194] 汪有良. 园林灌木对城市环境中镉和铅吸收积累作用研究[J]. 北方园艺, 2010, (10): 103 - 106.

[195] 王爱霞, 张敏, 黄利斌, 等. 南京市14种绿化树种对空气中重金属的累积能力[J]. 植物研究, 2009, (3): 368 - 374.

[196] 王翠香, 房义福, 吴晓星, 等. 21种园林植物对环境重金属污染物吸收能力的分析[J]. 防护林科技, 2007, (S1): 1 - 2.

[197] 王海燕, 叶芳, 王登芝, 等. 北京市土壤重金属污染研究[J]. 城市环境与城市生态, 2005, (6):34 - 36.

[198] 王华章. 合肥市市区环境土壤中重金属污染的调查与评价[J]. 科协论坛(下半月), 2007, (12):52 - 52.

[199] 王陆军, 朱恩平. 秦岭铅锌矿冶炼厂区周边土壤重金属分布特征研究[J]. 宝鸡文理学院学报(自然科学版), 2008, (2): 150 - 152.

[200] 王新, 贾永锋. 杨树、落叶松对土壤重金属的吸收及修复研究[J]. 生态环境, 2007, 16, (2): 432 - 436.

[201] 王友保, 燕傲蕾, 张旭情, 等. 吊兰生长对土壤镉形态分布与含量的影响[J]. 水土保持学报, 2010, 24(6): 163 - 166, 172.

[202] 魏树和, 周启星, 王新, 等. 一种新发现的镉超积累植物龙葵(*Solanum nigrum L*)[J]. 科学通报, 2004, 49(24): 2568 - 2573.

[203] 吴月燕, 陈赛, 张燕忠, 等. 重金属胁迫对5个常绿阔叶树种生理生化特性的影响[J]. 核农学报, 2009, (5): 843 - 852.

[204] 徐华伟, 张仁陟, 谢永. 铅锌矿区先锋植物野艾蒿对重金属的吸收与富集特征[J]. 农业环境科学学报, 2009, (6): 1136 - 1141.

[205] 徐良将, 张明礼, 杨浩. 土壤重金属镉污染的生物修复技术研究进展[J]. 南京师大学报(自然科学版), 2011, 34(1): 102 - 106.

[206] 徐庆, 张锦平, 张明旭, 等. 上海某郊区农业土壤重金属环境质量评价[J]. 科技信息(学术研究), 2007, (34):292 - 294.

[207] 徐争启, 倪师军, 庹先国, 等. 潜在生态危害指数法评价中重金属毒性系数计算[J]. 环境科学与技术, 2008, 31(2):112 - 115.

[208] 许学慧, 姜冠杰, 胡红青, 等. 草酸活化磷矿粉对矿区污染土壤中 Cd 的钝化效果[J]. 农业环境科学学报, 2011, (10): 2005 - 2011.

[209] 燕傲蕾, 吴亭亭, 王友保, 等. 三种观赏植物对重金属镉的耐性与积累特性[J]. 生态学报, 2010, (9): 2491 – 2498.

[210] 张呈祥, 陈为峰. 德国鸢尾对 Cd 胁迫的生理生态响应及积累特性[J]. 生态学报, 2013, (7): 2165 – 2172.

[211] 张丽洁, 张瑜, 刘德辉. 土壤重金属复合污染的化学固定修复研究[J]. 土壤, 2009, (3): 420 – 424.

[212] 张兴, 王冶, 揭雨成, 等. 桑树对矿区土壤中重金属的原位去除效应研究[J]. 中国农学通报, 2012, (7): 59 – 63.

[213] 张宇, 刘俊杰, 梁成华, 等. 原沈阳市某冶炼厂厂区土壤重金属污染现状研究[J]. 安徽农业科学, 2008, (15): 6481 – 6483.

[214] 张钊, 黄瑾辉, 曾光明, 等. 3MRA 风险模型在铬渣整治项目制定过程中的应用[J]. 中国环境科学. 2010, 30(1):139 – 144.

[215] 张志权, 束文圣, 蓝崇钰, 等. 土壤种子库与矿业废弃地植被恢复研究:定居植物对重金属的吸收和再分配[J]. 植物生态学报, 2001, 25(3): 306 – 311.

[216] 招启柏, 朱卫星, 胡钟胜, 等. 改良剂对土壤重金属(Cd、Pb)的固定以及对烤烟生长影响[J]. 中国烟草学报, 2009, (4): 26 – 32.

[217] 赵胡, 郑文教, 陈杰. 土壤镉污染对大蒜幼苗生长及根系抗氧化系统的影响[J]. 生态学杂志, 2008, 27(5): 771 – 775.

[218] 赵娜, 李元, 祖艳群. 金属矿区先锋植物与废弃地的植被恢复[J]. 云南农业大学学报, 2008, (3): 392 – 395.

[219] 赵杨迪, 潘远智, 刘碧英. 玉竹对土壤 Cd、Pb 的吸收和耐性研究[J]. 农业环境科学报, 2010, (11): 2087 – 2093.

[220] 周耀渝, 杨胜香, 袁志忠, 等. 湘西铅锌矿区重金属污染评价及优势植物重金属累积特征[J]. 地球与环境, 2012, (3): 361 – 366.

[221] 朱桂芬, 张春燕, 王学锋, 等. 新乡市自来水自备水源地土壤中重金的形态研究[J]. 土壤通报, 2008, 39(1):125 – 128.

[222] 朱佳文, 邹冬生, 向言词, 等. 先锋植物对铅锌尾矿库重金属污染的修复作用[J]. 水土保持学报, 2011, (6): 207 – 210.

[223] 朱连秋, 祖晓明, 汪恩锋. 白花泡桐对土壤重金属的积累与转运研究[J]. 安徽农业科学, 2009, 37(25): 12063 – 12065, 12069.

[224] 祝慧娜, 袁兴中, 曾光明, 等. 基于区间数的河流水环境健康风险模糊综合评价模型[J]. 环境科学学报, 2009, 29(7):1527 – 1533.

图书在版编目（ＣＩＰ）数据

有色冶炼镉污染控制／闵小波，柴立元著. --长沙：中南大学出版社，2017.6

ISBN 978－7－5487－2721－7

Ⅰ.①有… Ⅱ.①闵… ②柴… Ⅲ.①有色金属冶金－镉－重金属污染－污染控制 Ⅳ.①X758

中国版本图书馆 CIP 数据核字（2017）第 035778 号

有色冶炼镉污染控制
YOUSE YELIAN GEWURAN KONGZHI

闵小波　柴立元　著

□责任编辑　胡　炜　史海燕
□责任印制　易红卫
□出版发行　中南大学出版社
　　　　　　社址：长沙市麓山南路　　　　邮编：410083
　　　　　　发行科电话：0731－88876770　　传真：0731－88710482
□印　　装　长沙超峰印刷有限公司

□开　　本　720×1000　1/16　□印张 16.75　□字数 333 千字
□版　　次　2017 年 6 月第 1 版　□印次　2017 年 6 月第 1 次印刷
□书　　号　ISBN 978－7－5487－2721－7
□定　　价　80.00 元